T0253589

eXamen.press ist eine Reihe, die Theorie und Praxis aus allen Bereichen der Informatik für die Hochschulausbildung vermittelt.

Helmut Bähring

Mikrorechner-Technik

Übungen und Lösungen

Mit 78 Abbildungen und

 Springer

Dr. Helmut Bähring
Fernuniversität Hagen
Technische Informatik
Postfach 940
58084 Hagen
helmut.baehring@fernuni-hagen.de

Bibliografische Information der Deutschen Bibliothek
Die Deutsche Bibliothek verzeichnet diese Publikation in der Deutschen
Nationalbibliografie; detaillierte bibliografische Daten sind im Internet über
http://dnb.ddb.de abrufbar.

Additional material to this book can be downloaded from http://extras.springer.com

ISSN 1614-5216
ISBN 3-540-20942-5 Springer Berlin Heidelberg New York

Die Firma Freescale Semiconductor Inc., vormals Motorola, hat dem Autor freundlicherweise das Recht eingeräumt, ihren frei verfügbaren Assembler AS9 für den Prozessor MC6809 und die Datenblätter der eingesetzten Bausteine auf einer CD-ROM zu diesem Übungsbuch mitzuliefern. Sie weist aber mit Nachdruck darauf hin, dass der Prozessor MC6809 und seine Peripheriebausteine MC6821, MC6840 von Motorola nicht mehr geliefert werden und nicht für neue Designs verwendet werden sollen. Ein Anwender, der ein neues Design auf Basis des MC6809 entwickelt, kann daher auf keinen Fall die Firma Motorola für die entstehenden Kosten haftbar machen.

Satz: Druckfertige Daten des Autors
Herstellung: LE-TeX Jelonek, Schmidt & Vöckler GbR, Leipzig
Umschlaggestaltung: KünkelLopka Werbeagentur, Heidelberg
Gedruckt auf säurefreiem Papier   33/3142/YL - 5 4 3 2 1 0

Für Hildegard und Marc

Vorwort

Dieses Übungsbuch enthält eine Vielzahl von Aufgaben zu allen Bereichen der Architektur und der Hardware-nahen Programmierung von universellen Mikroprozessoren, Digitalen Signalprozessoren und Mikrocontrollern. Es wendet sich hauptsächlich an Studierende und Dozenten der Technische n Informatik – insbesondere der Mikrorechner-Technik und der Rechne rarchitektur – an Universitäten und Fachhochschulen. In erster Linie ist das Buch als Ergänzung zu den beiden Springer-Lehrbüchern des Autors *Mikrorechner-Technik, Band I: Mikroprozessoren und Digitale Signalprozessoren* und *Mikrorechner-Technik, Band II: Busse, Speicher, Peripherie und Mikrocontroller* anzuse hen. Es eignet sich aber au ch als Studienm aterial für Leser, die ihr Fachwissen zum Thema aus anderen Quellen gewonnen haben.

Ziel des Buches ist es, den Stoff der genannten Bände zu vertiefen und weiterzuführen. Studierenden kann es helfen, sich gezielt auf Prüfungen und Klausuren vorzubereiten, und Dozenten können aus dem Text Ideen und Anregungen für eigene Klausuraufgaben entnehmen.

Das Buch besteht aus zwei Hauptteilen: der erste Teil bietet über 1 00 Übungsaufgaben unterschiedlichen Schwierigkeitsgrades, der zweite Teil enthält ausführliche Lösungsvorschläge dazu.

Die Aufgaben reichen von leichten Fragen, di e mit Ja oder Nein zu beantworten sind, über Fragen nach Begriffsdefinitionen, die durch Satzergänzungen zu lösen sind, bis hin zu komplexen Aufgaben, die die wichtigsten Komponenten eines Mikrorechners zum Gegenstand haben. Viele dieser Aufgaben wurden vom Autor in den letzten Jahren im Rahm en von Klausuren zu Kursen und Vorlesungen der Technischen Informatik eingesetzt und sind von vielen Studierenden bearbeitet und som it getestet worden.

Die in den meisten Aufgaben vorgegebe nen Lösungsfelder helfen zum Verständnis der Aufgabenstellung und m achen klar, welche Antworten jeweils gefordert werden. Es ist genügend freier Platz gelassen, in dem man mit spitzem Bleistift die selbst erarbeiteten Lösungen eintragen kann. Erst danach sollte m an die Lösungen der Aufgaben im zweiten Teil des Buches nachschlagen und m it den eigenen Ergebnissen vergleichen. Ein Hinweis am Ende jeder Aufgabe referenziert zudem die Musterlösung im Text.

Zum Aufbau des Buches

Die Kapi tel I und I I bilden d en zentrale n Teil des Buc hes. Sie enthalt en kom plexe Aufgaben zu allen Kapiteln der beiden o.g. Bücher zur Mikrorechner-Technik, die ei-ne umfangreiche Lösung erfordern. Kapitel I behandelt dabei die Them en aus Band I und entsprechend Kapitel II diejenigen aus Band II. Genau diese Num erierung findet sich auch als Präfix in den Bezügen zu allen Abschnitten und Bildern im Text. So bezieht sich etwa der Hinweis „im Unterabschnitt I.4.2.3" auf den Unterabschnitt 4.2.3

im Band I und der Hinweis „siehe Bild II.3.2-3" auf Bild 3.2-3 im   Band II. In der
Überschrift zu jeder Aufgabe wird in gleicher W eise aufgeführt, zu welchem   Abschnitt in welchem Band die Aufgabe gehört, und zusätzlich wird das „Them a" angegeben, das in der Aufgabe behandelt wird. Beziehen sich m ehrere Aufgaben auf dasselbe Thema, so wird versucht, ein weiteres Stichwort (in Klam mern) zum Schwer-
punkt der Aufgabe anzugeben.

Kapitel III enthält Verständnisfragen zum gesamten Inhalt beider Bände. Im Abschnitt III.1 wer den zunächst di e oben berei ts erwähnten Fr agen gestellt, die mit Ja
oder Nein beantwortet werden sollen und dem Studierenden zum Testen seines Wis-
sens dienen können. In den Lösungen zu di esen Aufgaben wird jedoch nicht nur die
richtige Ja/Nein-Antwort gegeben, sondern auch eine kurze Begründung für die Antwort selbst. In Abschnitt III.2 findet m an Aufgaben, die Vor- und Nachteile be-
stimmter Lösungsansätze in der Mikrorechner-Technik diskutieren und nach Abkürzungen und Begriffen fragen.

Kapitel IV liefert in den zwei Abschnitten IV.1 und IV.2 die Lösungen zu den
Aufgaben der Kapiteln I und II. In den Abschnitten IV.3 und IV.4   findet der Leser
Antworten auf die Fragen in den Abschnitten III.1 und III.2. Dabei nehmen natürlich
die Lösungen zu den beiden Kapiteln I und II den größten Raum ein.

Am Ende des Übungsbuches bietet ein ausführlicher Index schließlich die Möglichkeit zur gezielten Suche nach Aufgaben zu bestim mten Kom ponenten eines Mikrorechners. Auf die Angabe eines Literaturverzeichnisses wurde in diesem Buch be-
wußt verzichtet, da sich die Aufgaben dieses Lehrbuches auf die genannten Bücher
zur Mikrorechner-Technik I und II stützen. Das dort abgedruckte Literaturverzeichnis
kann daher bei der Suche nach ergänzender Literatur herangezogen werden.

Zur CD-ROM

Mit Hilfe der dem Übungsbuch beigefügten CD-ROM erhält der Leser die Möglichkeit, erste praktische Erfahrungen m it einem leistungsfähigen 8/16-bit-Mikropro-
zessor und häufig gebrauchten Schnittstelle nbausteinen zu gewinnen und somit viele
der in den beiden Bänden zur Mikrorechner-Technik beschriebenen Them enkreise
durch praktische Übungen vertiefen zu können. Das   auf der CD-ROM befindliche
Mikrorechner-Praktikum basiert auf einem leicht zu bedienenden Simulator mit einer
intuitiv zu handhabenden graphischen Benutzungsoberfläche und einfachen Soft-
ware-Werkzeugen zur Entwicklung von Assem bler-Programmen für diesen Proze s-
sor. Das Praktikum wird in Form eines HTML-Kurses durchgeführt, wozu lediglich
ein gewöhnlicher Browser (z. B. Netscape oder Internet Explorer) benötigt wird. Zusätzlich werden ausführliche Dokumentationen zu den simulierten Bausteinen und eine Reihe von Aufgaben unterschiedlichen Schwierigkeitsgrades, z.T. m it Lösungen,
zur Verfügung gestellt. Alle weiteren Details zum Praktikum findet der Leser in einer
ausführlichen Einführung, nachdem er die Datei St art.html im Stammverzeichnis der
CD-ROM mittels eines Browsers geöffnet hat.

Hemer, im Sommer 2004   Helmut Bähring

Inhaltsverzeichnis

I. Übungen zu Band I

I.1 Grundlagen

Aufgabe 1: Zu den Maßeinheiten Kilo, Mega, Giga, ... (I.1.1)

a) Geben Sie Konstanten c und d zur Umrechnung von Zweier-Potenzen 2^x in 10er-Potenzen 10^y und umgekehrt an, für die gilt: $2^x = 10^{c \cdot x} = 10^y$ bzw. $2^x = 2^{d \cdot y} = 10^y$.

b) Tragen Sie in die untenstehende Tabelle die Umrechnungswerte für die gebräuchlichsten Maßeinheiten kilo, Mega, Giga und Tera zur Bezeichnung von Speicherkapazitäten (2^n byte/bit) und Übertragungsraten (10^n bit/s bzw. byte/s) – auf drei Nachkommastellen genau – ein. Geben Sie außerdem den absoluten Fehler f an, den man macht, wenn man die Unterschiede zwischen beiden Bedeutungen nicht berücksichtigt. Berechnen Sie auch den absoluten relativen Fehler r in Prozent (auf zwei Nachkommastellen genau), der auftritt, wenn man in Angaben von Übertragungsraten die genannten Maßeinheiten falsch interpretiert.

	2^x	$10^{c \cdot x}$	10^y	$2^{d \cdot y}$	f	r (%)
kilo	2^{10}	$10^{\text{------}}$	10^3	$2^{\text{------}}$		
Mega	2^{20}	$10^{\text{------}}$	10^6	$2^{\text{------}}$		
Giga	2^{30}	$10^{\text{------}}$	10^9	$2^{\text{------}}$		
Tera	2^{40}	$10^{\text{------}}$	10^{12}	$2^{\text{------}}$		

(Lösung auf Seite 150)

Aufgabe 2: Zu den Begriffen bit, byte, bit/s, ... (I.1.1)

a) Ein Speicherbereich sei 2^n byte groß. Er werde über eine bitserielle Leitung mit 10^m bit/s übertragen.

Geben Sie eine allgemeine Formel für die Übertragungsdauer T des Speicherbereichs in Sekunden [s] an.

b) Berechnen Sie die Übertragungsdauer für einen 512 kbyte großen Speicherbereich über eine bitserielle Leitung mit einer Übertragungsrate von 10 Mbit/s.

c) Welche Übertragungsdauer T' erhält m an, wenn m an fälschlicherweise die in b) vorgegebene Übertragungsrate als 10 Mbit/s = $10 \cdot 2^{20}$ bit/s interpretiert? W ie groß ist der absolute relative Fehler r (in Prozent)?

(Lösung auf Seite 150)

Aufgabe 3: Moore'sches Gesetz   (I.1.2)

Gordon Moore hatte im Jahr 1965 vorhergesagt, daß – unter einschränkenden, m eist nicht erwähnten Bedingungen – die Anzahl der Transistoren auf einem Halbleiterchip in etwa jedes Jahr verdoppelt werden kann. Im Unterabschnitt I.1.2.2 wurde das daraus hergeleitete sog. Moore'sche Gesetz beschri eben, in dem häufig eine Verdopplung nach jeweils 1,5 Jahren unterstellt wi rd. Die im Bild 1.2-3 im Unterabschnitt I.1.2.2 eingezeichnete Gerade setzt bei Mikroprozessoren bereits einen größeren Zeitraum für die Verdopplung der Transistoren voraus.

a) Berechnen Sie die „realisierte" Anzahl von Jahren (auf drei Nachkom mastellen), nach der jeweils eine Verdopplung der Transistorenzahl erreicht wurde, wenn man einen gleichm äßigen Verlauf der Entwicklung unt erstellt. Gehen Sie dazu von den beiden folgenden Prozessoren aus:

   • 1971:   Intel 4004, 2.250 Transistoren,
   • 2004:   Intel Pentium 4E Prescott, 125 Millionen Transistoren.

   (Zur Kontrolle können Sie die Vorgaben für den Intel Pentium 4E im Diagramm in Bild 1.2-3 von Unterabschnitt I.1.2.2 nachtragen.)

b) Betrachten Sie den Fehler, den man macht, wenn m an das Ergebnis aus a) „großzügig" zu einer der gebräuchlichen Ze itangaben „ein Jahr", „anderthalb Jahre", „zwei Jahre" rundet.

c) Berechnen Sie die maximale Anzahl der Transistoren pro Prozessorchip, die heute erreichbar sein m üßten, wenn m an von der Annahm e des oft zitierten Moore'schen Gesetzes („Verdopplung alle 1,5 Jahre") oder sogar von Moore selbst („Verdopplung jedes Jahr") ausgeht.

(Lösung auf Seite 151)

Aufgabe 4: Leistungsangabe in MIPS   (I.1.2)

Der Intel-Prozessor Pentium 4 kann im (unrealistischen) Idealfall pro Taktzyklus mit der Bearbeitung von jeweils drei x86-Befehlen bzw. drei daraus erzeugten RISC-ähnlichen Operationen beginnen.

a) Berechnen Sie die Leistung in MIPS *(Million Instructions per Second)* des Pentium 4 mit einer Arbeitstaktrate von 3,4 GHz.

b) Überprüfen Sie, ob dieser Leistungswert im Jahr 2003 noch dem Joy'schen Gesetz genügt bzw. geben Sie an, wie weit er von diesem entfernt ist.

(Lösung auf Seite 152)

I.2   Komponenten eines Mikroprozessors

Aufgabe 5: Mikroprogramm-Steuerwerk (Ampelsteuerung)   (I.2.1)

Das folgende Bild 1 zeigt ein Mikroprogram m-Steuerwerk zur Steuerung einer Ver-
kehrsampel. Es wird durch einen 1-Hz-Takt betrieben, der durch eine „Vorteiler-
schaltung 1:10" *(Prescaler)* auf eine Frequenz von 0,1 Hz verlangsam t werden kann.
Die Aktivierung der Vorteilerschaltung geschieht   durch ein Eingangssignal (EN –
Enable), das im L-Pegel aktiv ist.
   Die Ampelanlage unterstütze zwei Betriebsmodi:

- Im „Norm albetrieb" durchlaufe sie zyklisch die übliche Zustandsfolge: Rot, Rot-
   Gelb, Grün, Gelb. Dabei sollen die Zustände Rot und Grün jeweils 20 Sekunden,
   die Zwischenzustände Rot-Gelb und Gelb jedoch nur 10 Sekunden dauern.

- Im „Störbetrieb" soll nur das gelbe Licht (G) im 2-Sekunden-Takt blinken, also
   jeweils 1 Sekunde an und 1 Sekunde aus sein. Die beiden anderen Lam pen (R,
   Gr) sollen dabei ausgeschaltet sein.

Die Auswahl zwischen beiden Modi geschehe durch   ein Signal S, das (durch einen
‚1'-Zustand) das Vorliegen einer Störung anzeigen soll.

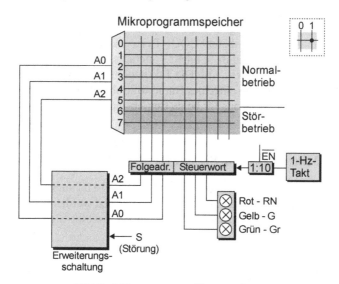

Bild 1: Mikroprogramm-Steuerwerk

a) Tragen Sie das Mikroprogramm für die Zustandsfolge im Normalbetrieb in den Mikroprogrammspeicher ein. Kennzeichnen Sie dazu eine logische ‚1' deutlich durch einen Knoten, wie es im Kasten rechts oben im Bild dargestellt ist. Für das Mikroprogramm stehen Ihnen die sechs ersten Speicherwörter (0 – 5) zur Verfügung.

Geben Sie eine kurze Beschreibung Ihres Mikroprogramms an, in der Sie auf die Programmierung der Folgeadressen, der Steuerwörter und der Ansteuerung des *Enable*-Eingangs EN des Frequenzteilers eingehen.

b) Tragen Sie in den Speicherwörtern 6 und 7 zwei Mikrobefehle ein, die den Blinkmodus im Störbetrieb realisieren. Erweitern Sie das Bild durch eine Schaltung, die dafür sorgt, daß in diesem Modus auf den Adreßleitungen zyklisch die Adressen 6 und 7 ausgegeben werden, solange das Störsignal S = 1 ist. Dabei muß sichergestellt werden, daß nach Verlassen des Blinkmodus (S → 0) zunächst der Zustand Rot eingenommen wird.

Geben Sie auch hier eine kurze Beschreibung Ihrer Mikrobefehle an, in der Sie auf die Programmierung der Folgeadressen, der Steuerwörter und der Ansteuerung des *Enable*-Eingangs EN des Frequenzteilers eingehen. Beschreiben Sie auch die Funktion Ihrer Erweiterungsschaltung!

(Lösung auf Seite 152)

Aufgabe 6: Mikroprogramm-Steuerwerk (Dualzähler)   (I.2.1)

Geben Sie das Schaltbild eines einfachen Mikroprogramm-Steuerwerks an, das – unter anderen Operationen – einen 2-bit-Aufwärts/Abwärts-Zähler realisiert. Die Zählrichtung werde durch ein Signal U#/D *(up/down)* vorgegeben. Der Zählvorgang werde durch einen Maschinenbefehl COUNT (im Befehlsregister) angestoßen, der durch den Befehlsdecoder auf die binäre Unteradresse ...10 000$_2$ des Mikroprogrammspeichers abgebildet wird. Die Taktsteuerung des Mikroprogramm-Steuerwerks werde durch ein einzelnes Bit im Mikrobefehl vorgenommen. Stellen Sie die Zustandsfolge der Zählerbits für beide Betriebsmodi dar.

(Lösung auf Seite 153)

Aufgabe 7: Mikroprozessor-Signale (HALT, HOLD)   (I.2.2)

Im Unterabschnitt I.2.2.2 wurden die beiden Signale HALT und HOLD beschrieben, durch die ein Prozessor in einen „Haltezustand" versetzt werden kann. Geben Sie die wesentlichen Unterschiede zwischen diesen beiden Prozessor-Signalen an.

(Lösung auf Seite 154)

Aufgabe 8: Interruptsteuerung (I.2.2)

Auf einem Computersystem mit einer Taktfrequenz von 1 MHz läuft in einer Endlosschleife ein Programm ab, während dessen Ausführung das IE-Flag *(Interrupt Enable)* ständig gesetzt ist, Unterbrechungen al so zugelassen sind. Für eine Systemuhr wird alle 100 Mikrosekunden eine nicht maskierbare Unterbrechungsanforderung (NMI) erzeugt, deren Ausführungsroutine 20 Takt zyklen be nötigt. Der NMI#-Eingang wird dazu 10 Zyklen lang auf L-Potential gezogen; das sei länger, als die Ausführung jedes Maschinenbefehls (m ax. 7 Zyklen) dauert. Außerdem erzeugt ein angeschlossenes Gerät in unregelm äßigen Abst änden immer dann eine maskierbare Unterbrechungsanforderung (IRQ), wenn es ein Zeichen an den Prozessor zu übertragen hat. Die IRQ-Routine dauert 40 Taktzyklen, der IRQ#-Eingang wird für 30 Zyklen auf L-Pegel gehalten. Das Diagramm in Bild 2 zeigt die auftretenden Unterbrechungsanforderungen.

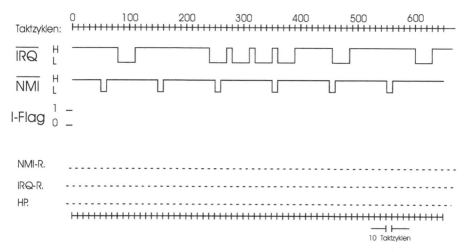

Bild 2: Zeitliche Lage der Unterbrechungsanforderungen

Vervollständigen Sie das Diagram m, indem Sie den Zustand des IE-Flags einzeichnen. Tragen Sie über der unteren Zeitachse in Form einer Treppenfunktion für jeden Zyklus ein, welchen Program mteil (Haupt programm, IRQ- oder NMI-Routine) der Prozessor gerade bearbeitet. Kennzeichen Si e dabei alle Zeitpunkte, z u denen ein e neue IRQ- oder NMI-Routine gestartet wird. Die Reaktio nszeit zum Um schalten auf eine Unterbrechungsroutine darf vernachlässigt werden, d.h. es wird angenom men, daß jede Anforderung genau zwischen zwei Befehlsausführungen auftritt.
Werden alle IRQ-Anforderungen ausgeführt?

(Lösung auf Seite 155)

Aufgabe 9: Interruptschachtelung   (I.2.2)

a) Ein Mikroprozessor besitze einen jeweils 16 bit breiten Adreß- und Datenbus.
   Sein integrierter Interrupt -Controller verwalte bis zu 7 Interruptquellen, die sich
   über eine Interruptvektor-Num mer I VN $\in$ { 1, 2, ..., 7} identifizieren. (Die IVN =
   0 kennzeichnet den Zustand „keine Interruptanforderung".) Der Beginn der Interruptvektor-Tabelle werde durch ein 16-bit-Regist er IBR festgelegt. Im Arbeitsspeicher liege die folgende Interrupt vektor-Tabelle 1, deren Einträge im *Little-
   Endian*-Format aufzufassen sind.

Tabelle 1: Interruptvektor-Tabelle

Byte Adresse	0	1	2	3	4	5	6	7
A780	80	B0	76	70	80	B0	04	C0
A788	A0	C0	66	50	44	20	7C	99

Geben Sie die Belegung des IBR für die oben stehende Interruptvektor-Tabelle
an:

IBR = $...............

Tragen Sie in die folgende Tabelle für alle Interruptvektor-Num   mern die Startadresse der *Interrupt Service Routine* (ISR) ein.

IVN	Startadresse	Priorität
1		
2		
3		
4		
5		
6		
7		

Geben Sie die Form el an, nach der aus der IVN und dem Inhalt des Basisregisters
IBR die Startadresse der zugehörigen *Interrupt Service Routine* (ISR) berechnet
wird:

Startadresse ISR = ...

Die Abarbeitung gleichzeitig anliege nder Unterbrechungswünsche werde vom
Interrupt-Controller durch Prioritäten gesteuert, wobei eine höherwertige IVN eine höhere Priorität bedeute.

   Zeichnen Sie in der m it „Priorität" bezeichneten Spalte der oben stehende Tabelle einen Pfeil von der niedrigsten zur höchsten Priorität!

b) Der Interrupt-Controller des Mikroprozessors unterstütze die Schachtelung von Interrupts, d.h. er erlaube die Unterbrechung einer *Interrupt Service Routine* ISR1 durch eine andere Routine ISR2. Diese Routine muß jedoch eine höhere Priorität besitzen, d.h. für ihre Interruptvektor-Nummern muß gelten: IVN1 > IVN2.

Ihre Aufgabe ist es nun, die Ausführung einer Reihe von Unterbrechungsanforderungen zu untersuchen:

- Zu Beginn des Beobachtungszeitraums t_0 werde eine ISR mit IVN = 2 ausgeführt.

- Während ihrer Bearbeitung trete ein Interrupt der Priorität 3 auf.

- Während der Bearbeitung dieses Interrupts werden weitere Interrupts der Prioritäten 1 und 4 sowie erneut der Priorität 3 angefordert.

- Während der Bearbeitung des zweiten Interrupts der Priorität 3 soll der Reihe nach

  - ein Interrupt der Priorität 7 und während dessen Bearbeitung ein Interrupt der Priorität 5 auftreten,

  - nach Beendigung des Interrupts mit der Priorität 5 ein Interrupt mit der Priorität 2 erfolgen.

- Nach Abarbeitung aller ISR soll das Hauptprogramm (mit der Priorität 0) fortgesetzt werden.

Tragen Sie in das folgende Diagramm alle Übergänge zwischen den Interrupt-Service-Routinen und ihre Verläufe ein. Gehen Sie vereinfachend davon aus, daß jede Ausführung einer ISR genau zwei Zeiteinheiten dauert und Übergänge nur zu den markierten Zeitpunkten geschehen können. Kennzeichnen Sie den Übergang von einer ISR zu einer ISR mit derselben IVN durch einen senkrechten Trennstrich.

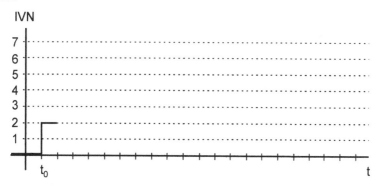

c) Kann eine ISR mit der IVN = 7 unterbrochen werden? (Begründung!)
   Welche Rolle übernimmt daher ein Interrupt mit der IVN = 7?

(Lösung auf Seite 156)

Aufgabe 10: Interruptsteuerung (Motorola MC680X0)   (I.2.2)

Gegenstand dieser Aufgabe ist die Interruptsteuerung der Motorola-Prozessoren MC680X0, die im Exkurs I.2.2.7 beschrieben wurde. Durch das Betriebssystem werde die Interruptmaske im Steuerregister SR des MC680X0 zunächst auf den Wert 2 gesetzt. Nun trete ein Interrupt der Klasse 3 auf. Während der Bearbeitung dieses Interrupts werden weitere Interrupts der Klassen 1, 3 und 4 angefordert. Während der Bearbeitung des zweiten Interrupts der Klasse 3 soll der Reihe nach ein NMI sowie ein Interrupt der Klasse 5 auftreten.

Geben Sie alle Zustände der Maskenbits $I_2 - I_0$ an.

(Lösung auf Seite 157)

Aufgabe 11: Interruptvektor-Tabelle (Lage und Größe)   (I.2.2)

Das 32-bit-Basisadreß-Register einer Interruptvektor-Tabelle IVT habe den Wert $A000 8C00. Die Tabelle enthalte 256 Einträge. Jeder Eintrag sei 4 byte lang. Geben Sie für die Interruptvektor-Nummer IVN = 22 die Speicheradressen, unter denen die Startadresse der zugehörigen Ausnahme-Behandlungsroutine ISR *(Interrupt Service Routine)* in der Tabelle abgelegt ist, sowie den Adreßbereich an, der von der Tabelle belegt wird.

Lage der Startadresse: .... – ....

Lage der Vektortabelle: .... – ....

Welche Information wird zusätzlich benötigt, um die Startadresse der ISR angeben zu können?

(Lösung auf Seite 157)

Aufgabe 12: Interruptvektor-Tabelle (Interrupt-Startadressen)   (I.2.2)

Ein Prozessor besitze eine Interruptvektor-Tabelle IVT, deren Lage im Arbeitsspeicher über das Basisadreßregister *(Interrupt Vector Base Register)* BR festgelegt werden kann. Das Basisadreßregister habe den Wert BR = $30AB A000. Jeder Eintrag in dieser Tabelle stellt die Startadresse einer Interrupt-Behandlungsroutine ISR im *Little-Endian*-Format dar und wird über eine 8 bit lange Interruptvektor-Nummer IVN selektiert.

Die folgende Tabelle 2 zeigt drei Ausschnitte aus der Belegung des Arbeitsspeichers.

a) Geben Sie die Größe und Lage der IVT im Speicher an, wenn diese maximal groß ist:

Größe: .... byte, Anfangsadresse: $................, Endadresse: $...............

Tabelle 2: Ausschnitte aus der Belegung des Arbeitsspeichers

Adresse \ X	F	E	D	C	B	A	9	8	7	6	5	4	3	2	1	0
F700 802X	00	6F	F9	FE	5D	43	AC	56	5F	EE	78	98	BC	76	5F	67
F700 801X	44	DE	FC	56	6F	ED	E3	21	FC	33	FF	37	AA	54	78	00
F700 800X	3A	CC	54	FF	ED	CC	52	AA	B6	B7	B8	54	43	32	DD	DE
30AB A03X	66	DC	DD	AD	DA	CC	54	F5	F7	00	80	14	FC	FC	CD	DC
30AB A02X	66	77	FD	DF	ED	4E	4D	D3	55	DC	AD	DE	EF	FF	65	DC
30AB A01X	2A	B0	7F	F8	55	66	DF	FD	FF	FC	CD	ED	DF	DE	55	3A
30AB A00X	CF	AA	55	00	11	FF	FC	CD	ED	DA	55	DE	DD	DA	AA	DC
2AB0 7FFX	55	66	DC	DE	AE	DE	4E	BD	DC	5E	4A	56	DE	DF	DD	EF
2AB0 7FEX	60	FF	F1	F4	EC	55	5F	78	BB	BA	FD	E3	D4	63	DF	77

b) Tragen Sie in die folgende Tabelle für die (dezimalen) Interruptvektor-Nummern IVN = 7 und IVN = 13 die

- Startadresse des Interruptvektors in der IVT,
- die Startadresse der Interrupt-Behandlungsroutine ISR,
- das erste Byte des ersten Befehls der ISR ein.

IVN (dez.)	Startadresse des Int.-Vektors in IVT	Startadresse der ISR	1. OpCode-Byte der ISR
7			
13			

(Lösung auf Seite 158)

Aufgabe 13: Indizierte Adressierung (I.2.3)

Im Abschnitt I.3.3 haben Sie die folgende Schreibweise für eine indizierte Adressierungsart mit Post-Inkrementierung kennengelernt:

<Offset>(B0)(I0)+ .

Die dadurch vorgegebene Berechnungsvorschrift für die Operandenadresse lautet:
„Addiere den Inhalt des (Basis-) Registers B0, des (Index-)Registers I0 sowie den im Befehl angegebenen Offset. Erhöhe nach dem Zugriff zum Operanden den Inhalt des (Index-)Registers I0 um 1".

Geben Sie alle Teilschritte an, di e zur Ausführung der Adreßberechnung nötig sind. Nehmen Sie dabei an, daß die Inkrem entierung des (Index-)Registers I0 durch das Adreßwerk vorgenommen werden muß.

(Lösung auf Seite 159)

Aufgabe 14: Virtuelle Speicherverwaltung   (I.2.3)

Im fo lgenden Bild 3 wird ein Beispie l einer einfachen „virtuellen" Speicherverwaltung dargestellt, deren Aufgabe die Um wandlung von logischen (virtuellen) 30-bit-
Adressen in physikalische 24-bit-Adressen ist.

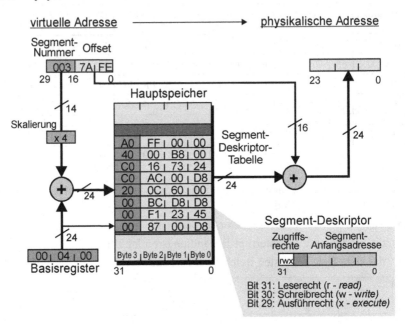

Bild 3: Prinzip der virtuellen Speicherverwaltung

Der (virtuelle) Program m-Adreßraum wird dazu in Bereiche („Segmente") unterteilt,
die (in unserem Beispiel – zunächst –) eine feste Länge von 64 kbyte haben. In einer
Tabelle im Hauptspeicher, der sog. Segm ent-Deskriptor-Tabelle (SDT), befindet sich
für jeden Adreßbereich ein 4-byte-Eintrag, der Segm ent-Deskriptor, der die 24-bit-
Anfangsadresse des Bereiches im Ha uptspeicher so wie gewisse „Z ugriffsrechte" zu
diesem B ereich enthä lt. Diese Zug riffsrechte regeln, ob ein Programm auf dieses
Segment lesend oder schreibend zugreifen oder es als Program mcode ausführen darf.
(Ein gesetztes Bit erlaubt den jeweiligen   Zugriff.) Bei einem Segmentzugriff ohne
entsprechend gesetztes Zugriffsrecht wird eine Ausnahm e *(Exception)* erzeugt. Sind
die Bits 31 bis 29 sämtlich 0, so soll dies bedeuten, daß zu diesem   Tabelleneintrag
kein gültiges Segment im Hauptspeicher existiert. Falls der Z ugriff auf die SDT in direkt über ein Basisregister geschieht, kann sie an einer beliebigen Stelle im   Hauptspeicher angelegt werden.

Bei der Einlagerung von neuen Segm enten muß das Betriebssystem beachten, daß
es kein Segment anlegt, welches sich mit einem bestehenden Segment überlappt. Falls
eine Überlappung vorliegt, m üssen di e überdeckten Segm ente ausgelagert werden.

Außerdem darf das Betriebssystem keinen Segment-Deskriptor überschreiben, dessen Segment durch seine Zugriffsrechte nicht als ungültig gekennzeichnet ist.

Wie im Bild graphisch dargestellt, geschieht der Zugriff auf einen Speicherwert durch die Angabe einer virtuellen (logischen) 30-bit-Adresse, die aus einer 14-bit-Segmentnummer und einem 16-bit-*Offset* besteht. Die Segmentnummer dient als Index zur Selektion eines bestimmten Segment-Deskriptors, der *Offset* bestimmt danach die Position des Wertes in diesem Segment.

a) Warum wird vor der Addition des Basisregister-Inhalts die Segmentnummer mit 4 skaliert (d.h. multipliziert)? Wie groß sind (im behandelten Beispiel) die maximalen logischen und physikalischen Adreßräume?

b) Im Bild 3 ist ein Ausschnitt der SDT im Hauptspeicher und der Inhalt des Basisregisters dargestellt. Welche physikalische Adresse wird mit der virtuellen Adresse $0037 AFE angesprochen und mit welchen Rechten darf auf diese physikalische Adresse zugegriffen werden?

c) Wie ändert sich die Deskriptor-Tabelle im Bild 3, wenn ein Segment mit der Nummer 6 und den Rechten zum Lesen, Schreiben und Ausführen ab der physikalischen Adresse $12A0F0 angelegt wird? Was muß das Betriebssystem beachten, wenn ein neues (64-kbyte-)Segment angelegt wird?

d) Wie viele Bytes des physikalischen Speichers stehen maximal für Programme und Daten zur Verfügung, wenn jedes Segment genau 64 kbyte lang ist, die SDT selbst maximal 64 kbyte groß ist und kein Ein-/Auslagerungsvorgang zwischen dem Hauptspeicher und einem Peripheriespeicher (z.B. der Festplatte) stattfinden soll?

e) Nun werde die Voraussetzung fester Segmentlängen fallengelassen, d.h. es werden Segmente variabler Länge bis zu 64 kbyte zugelassen. Skizzieren Sie den Aufbau eines möglichen Segment-Deskriptors, wenn seine Lage innerhalb der SDT weiterhin durch einfache Skalierung der Segmentnummer in der virtuellen Adresse mit einer Potenz von 2 gefunden werden soll.

Mit welchem Wert muß diese Skalierung durchgeführt werden? Wie viele Segmente können nun im Hauptspeicher maximal verwaltet werden? Wie viele Bits werden für die Segmentnummer in der virtuellen Adresse benötigt?

(Lösung auf Seite 160)

Aufgabe 15: Arithmetisch/logische Einheit (ALU)   (I.2.4)

Betrachtet werde eine 8-bit-ALU, die im wesentlichen aus einem Parallel-Addierer/ Subtrahierer besteht. Durch ein Steuersignal AS werde angezeigt, ob die augenblicklich ausgeführte Operation eine Addition (AS = 0) oder eine Subtraktion (AS = 1) zweier Operanden im Zweierkomplement ist.

Die Operanden seien mit $A = A_7 ... A_0$ und $B = B_7 ... B_0$, das Ergebnis mit $F = F_7 ... F_0$ bezeichnet.

a) Leiten Sie logische Gleichungen zur Bestimmung der *Flags* AF, CF, OF, ZF, SF , EF, PF aus A, B, F und AS her.

b) Nun sei angenommen, daß die ALU ihre Operanden wahlweise als vorzeichenlose ganze Zahlen oder als vorzeichenbehaftete Zahlen im Zweierkomplement verarbeiten kann. Leiten Sie für beide Fälle aus den *Flags* logische Beziehungen dafür her, daß für die beiden Operanden A, B einer Vergleichssubtraktion A – B gilt:

$$A < B, \quad A \le B, \quad A > B, \quad A \ge B.$$

c) Zeichnen Sie eine Schaltung, die aus den Operanden A, B, dem Ergebnis F sowie dem Steuersignal AS die Flags ZF, EF, SF, PF, OF erzeugt und aus diesen sowie aus dem Übertragsbit CF und dem Hilfs-Übertragsbit AF wiederum die unter b) hergeleiteten Vergleichsresultate. Ergänzen Sie Ihre Zeichnung um einen Testmultiplexer, der genau eines der aufgeführten Signale zum Steuerwerk durchschaltet.

d) A, B seien nun zweistellige BCD-Zahlen. Geben Sie an, wie die ALU nach einer Addition A + B das Ergebnis F wiederum in eine zweistellige BCD-Zahl verwandeln kann.

(Lösung auf Seite 161)

Aufgabe 16: Bereichsüberschreitung der ALU   (I.2.4)

a) Im Abschnitt I.2.4 haben Sie das *Overflow Flag* OF im Statusregister eines Mikroprozessors kennengelernt, das immer dann gesetzt wird, wenn im Zweierkomplement eine Bereichsüberschreitung auftritt.

  i. Geben Sie in allgemeiner Form an, wann bei der Addition eine Bereichsüberschreitung vorliegt.

  ii. Gegeben seien zwei vorzeichenbehaftete 8-bit-Zahlen A und B im Zweierkomplement. Tragen Sie in die folgende Tabelle die Ergebnisse der Addition ein und geben Sie jeweils an, ob nach der Operation das OF-Bit gesetzt ist oder nicht.

		\$A6	OF	S	\$6C	OF	S
B	\$7A						
	\$80						

(Spalten überschrieben mit **A**)

  iii. Tragen Sie in die mit ‚S' beschrifteten Spalten der Tabelle unter ii. die Zahlen ein, die man erhält, wenn das betrachtete Rechenwerk mit „Sättigung" arbeitet.

b) Das Statusregister eines 16-bit-Prozessors enthalte ein Bit UOF *(Unsigned Overflow Flag)*, das genau dann gesetzt wird, wenn bei der Verknüpfung zweier vorzeichenloser ganzer Zahlen eine Bereichsüberschreitung stattfindet. Tragen Sie in die folgende Tabelle die Ergebnisse der Addition der angegebenen Zahlen und den Zustand des Bits UOF nach der Operation ein. Geben Sie in den mit ‚S' bezeichneten Spalten wiederum die Ergebnisse an, die m an erhält, wenn das Rechenwerk mit Sättigung arbeitet.

		A		
		$A604	UOF	S
B	$40A5			
	$8066			

c) Die 8-bit-Register R0, R1, R2 eines Mikroprozessors werden m it den folgenden Werten initialisiert: R0 := \$1A, R1 := \$80, R2 := \$08.

Der Prozessor führe danach die nachstehende Operationsfolge solange aus, bis im Register R3 ein Wert ungleich \$00 steht:

$R3 := R0 \wedge R1$ *Logische Und-Verknüpfung*

$R2 := R2 - 1$ *Dekrementieren um 1*

$R1 :=\; >> R1$ *Logisches Rechtsschieben um 1 bit*

Welche Werte stehen danach in R0 bis R3?
Welche Bedeutung hat der Wert in R2 nach Beendigung aller Operationen?

(Lösung auf Seite 165)

Aufgabe 17: Schiebe- und Rotationsoperationen   (I.2.4)

Es seien $A := 10101101_2$ und $CF := 0$. Geben Sie für alle im Abschnitt I.2.4 beschriebenen Schiebe- und Rotationsoperationen das Ergebnis an.

(Lösung auf Seite 165)

Aufgabe 18: 4-bit-Multiplexer   (I.2.4)

a) Geben Sie eine Realisierung für einen 4-bit-Multiplexer derart an, daß der Index des durchgeschalteten Eingangs E_i gerade mit der durch die Steuerleitungen S_1, S_0 gegebenen Dualzahl übereinstimmt.

b) Entwerfen Sie ein Schi eberegister, das in Abhängigkeit von zwei Steuersignalen S_1, S_0 wahlweise die folgenden Funktionen ausführt:

S_1	S_0	Register ...
0	0	... unverändert lassen
0	1	... parallel über die Dateneingänge D_i laden
1	0	... mit dem Doppelten des alten Registerinhalts laden
1	1	... mit dem Vierfachen des alten Registerinhalts laden

c) Betrachten Sie Bild I.2.3-1. Geben Si e eine Hardwarelösung für die Beschaltung
der Eingänge des Adreßaddierers an, um   eine Skalierung der IVN um den konstanten Faktor 8 zu erreichen.

(Lösung auf Seite 166)

Aufgabe 19: MMX-Operationen (einfache Operationen)   (I.2.4)

Die 64-bit-MMX-Register R0, R1 enthalten die folgenden hexadezimalen Werte:

$$R0 = (7FAD\ 84AE\ 59CA\ FCFF), \qquad R1 = (AD5F\ 01DD\ 6C00\ F6FA).$$

Geben Sie die W erte der Regist er nach der Ausführung der folgenden MMX-Opera-
tionen an. Dabei werde in den Operationen durch die Buchstaben B,   W, D, Q angegeben, ob die Registerinhalte als gepackt e Bytes, W örter, Doppelwörter oder Quad-
words aufgefaßt werden sollen.

a) Logisches Linksschieben (D):

$$R0 = (\text{...})$$

b) Arithmetisches Rechtsschieben (W):

$$R1 = (\text{...................................})$$

c) Vorzeichenbehaftete Addition mit Sättigung (W):

$$R0 + R1 = (\text{...})$$

d) Vorzeichenlose Addition mit Sättigung (B):

$$R0 + R1 = (\text{...})$$

e) Vorzeichenloser Vergleich auf „größer als" (W):

$$R0 > R1 = (\text{...})$$

(Lösung auf Seite 168)

Aufgabe 20: MMX-Operationen (Operationenfolge)   (I.2.4)

Ein MMX-Rechenwerk stellt die paral lele (vorzeiche nlose) Verglei chsoperation >
(größer als – gt) sowie die bitweise, parallel ausgeführten logischen Operationen $\wedge$
(und), $\vee$ (oder), $\neq$ (Antivalenz) zur Verfügung. Die ebenfalls bitweise ausgeführte logische Operation $-\wedge$ (Inhibition) invertiert zunächst den „linken" Operanden und bil-
det dann die Und-Verknüpfung m it dem „rechte n" Operanden. Die Transportopera-
tion := überträgt (u.a.) einen Operanden in ein MMX-Register.

Die Operationen (op) werden im Zweiadreß-Form at auf den Inhalten der 64-bit-
MMX-Register Rn ausgeführt: Ri := Ri op Rj. Das bedeutet, daß das erste Operandenregister Ri durch das Ergebnis der Operation überschrieben wird.

a) Geben Sie für die Anfangsbelegung der Register R0, R1 mit jeweils vier 16-bit-Wörtern (in Hexadezimaldarstellung):

R0 = (CD70 5F8C 0DC5 95F4),   R1 = (B5F0 FFFF 105A 94FF)

die Ergebnisse der nachstehenden Operationen an, die parallel auf den vier Paaren von 16-bit-Wörtern in den Registern ausgeführt werden.

R2 := R0   R2 = (......................................)

R2 := R0 > R1   R2 = (......................................)

R3 := R2   R3 = (......................................)

R3 := R3 −∧ R0   R3 = (......................................)

R2 := R2 ∧ R1   R1 = (......................................)

R2 := R2 ∨ R3   R2 = (......................................)

b) Was berechnet diese Operationsfolge?

c) Geben Sie eine Operationsfolge an, die parallel die Maxima über die 16-bit-Teildaten der Register R0 und R1 berechnet.

(Lösung auf Seite 168)

Aufgabe 21: Universelles Schiebe-/Zähl-Register   (I.2.5)

Skizzieren Sie den A ufbau eines un iversellen Regi sters, das alle er wähnten Funktionen ausführen kann: Rücksetzen, Vorwärts/Rückwärts-Schieben, Vorwärts/Rückwärts-Zählen.

(Lösung auf Seite 168)

Aufgabe 22: Register mit automatischer Modifikation   (I.2.5)

Ein 8-bit-Mikropro zessor besitze ein 16-bit-Basis(adreß)register BR sowie ein 8-bit-Indexregister IR. Bei der indizier ten Adressierung mit 8-bit-Offset werde die effektive Adresse EA eines Operanden durch die Addition des Inhalts von IR und eines im Befehl angegebenen Offsets zum Inhalt von BR gewonnen. Die Inhalte von IR und BR werden dabei als vorzeichenlose ganze Zahlen, der Offset als vorzeichenbehaftete Zahl im Zweierkomplement aufgefaßt.

Die Adressierungsart und die Anfangsbelegung des Speichers sind im folgenden Bild 4 dargestellt.

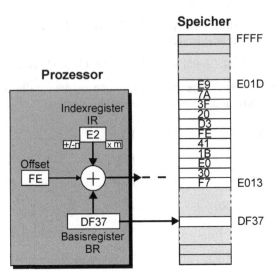

Bild 4: Indizierte Adressierung mit Offset

a) Das Indexregister IR verfüge über die Möglichkeit der autom atischen Modifikation (autoinkrement/autodekrement) um die Werte n = 1, 2, 4.

   Geben Sie in der unten stehenden Tabe   lle an, welche effektive Adresse   EA
jeweils durch einen Lesebefehl mit indizierter Adressierung m it Offset ausgegeben wird, welches Byte B dadurch im   Speicher angesprochen wird und welchen
Wert das Indexregister IR (nach der Befehlsausführung) hat, wenn n   = 4 ist und
alle Möglichkeiten der Modifikation betrachtet werden.

   Im oben stehenden Bild sind dazu die aktuellen W erte für die Register BR, IR
und den Offset angegeben. Diese W erte sollen jeweils für alle Teilaufgaben erneut zugrunde gelegt werden.

Modifikation	EA	B	IR
ohne			
predekrement			
postdekrement			
preinkrement			
postinkrement			

b) Das Indexregister IR besitze nun zusätzlich die Möglichkeit der Skalierung m   it
dem Faktor m = 1, 2, 4. Die aktuellen Inhalte der Register und der W ert des Offsets seien:

$$BR = \$DF37, \quad IR = \$39, \quad Offset = \$00.$$

Welche effektive Adresse EA wird durch   einen Lesebefehl angesprochen, welches Byte B wird dadurch aus dem Speicher geholt und welchen Wert hat das Register IR nach der Ausführung der Operation, wenn m   = 4, n = 1 sind und die Adressierung mit Predekrement-Modifikation des Indexregisters gewählt wird?

EA = ... = $.............,   B = $............,   IR = $................

c) Die indizierte Adressierung m it Offset aus a) werde nun indirekt angewandt, d.h. unter der effektiven Adresse ist nicht der Operand selbst, sondern der höherwertige Teil der 16-bit-Adresse des Operanden abgelegt, unter der folgenden Adresse der niederwertige Teil (*Big-Endian*-Format).

Der aktuelle Inhalt der Register und der Wert des Offsets seien:

$$BR = \$DF80, \quad IR = \$80, \quad Offset = \$15.$$

Welche effektive Adresse wird durch einen Lesebefehl m it dieser Adressierungsart angesprochen und welches Byte B wird dadurch aus dem Speicher geholt?

„Zwischenadresse" = ... = $.............

EA = $.........................,   B = $.............

Hinweis: Der Inhalt der Register BR bzw. IR werde – wie üblich – in den Berechnung für EA mit (BR) und (IR) bezeichnet.

(Lösung auf Seite 170)

Aufgabe 23: Register (einfache Operationen)   (I.2.5)

a) Ein 16-bit-Indexregister IR verfüge über die Möglichkeiten der autom   atischen Modifikation durch Inkrem entierung bzw. Dekrem entierung um einen wählbaren Offset n sowie der Skalierung m it einem Faktor m. Das Register besitze den m o-mentanen (Hexadezim al-)Wert $0A80. Vom Befehl werde eine skalierte Adressierung m it Postdekrem ent m it dem Faktor m = 4 und dem   Offset n = – 4 ausgeführt. Geben Sie an, welche Speicheradresse durch den Befehl ausgegeben wird und welcher Wert danach im Indexregister steht.

Angesprochene Speicheradresse: EA = ...

Indexregister nach Befehlsausführung: IR = ...

b) Die 8-bit-Register R0, R1, R2 eines Mikroprozessors werden m it den folgenden Werten initialisiert:

$$R0 = \$E5, \quad R1 = \$00, \quad R2 = \$00.$$

i. Der Prozessor führe 8-mal hintereinander das folgende Operationspaar aus:

    R0 := << R0   *Logisches Linksschieben um 1 bit*

    R1 := R1 + R2 + CF   *Addition mit Carry Flag*

    Welche Werte stehen danach in R0 und R1?

    R0 = ...   R1 = ...

    Welche Zahl gibt der Wert in R1 allgemein an?

ii. Zum Abschluß der genannten Operationsfolge werde nun zusätzlich die fol-
    gende Operation ausgeführt wird:

    R1 := R1 ^ #$01   *Und-Verknüpfung mit der Konstanten $01.*

    Welcher Wert steht danach in R1?

    Um welchen Wert in R1 handelt es sich allgemein?

iii. Was ändert sich, wenn m an in i) den Befehl zum   logischen Linksschieben
     durch den Befehl zur Rotation nach links mit *Carry Flag* ersetzt?

iv. Was ändert sich, wenn m an in i) den Befehl zum   logischen Linksschieben
    durch den Befehl zur Rotation nach links durchs *Carry Flag* ersetzt?

(Lösung auf Seite 170)

Aufgabe 24: Systembus-Multiplexer   (I.2.6)

Bild I.2.6-16 im Unterabschnitt I.2.6.5 zeigt die Schnittstelle eines Multiplexbusses.

a) Skizzieren Sie den Aufbau des in diesem Bild beschriebenen Adreßbuspuffers mit
    Multiplexer für je ein Bit des Programmzählers bzw. des Adreßpuffers.

b) Skizzieren Sie für den betrachteten Multiplexbus den Aufbau des Multiplexers für
    je ein Bit des Datenbuspuffers sowie des   Adreßbuspuffers. Die dazu benötigten
    bidirektionalen Datenbustreiber stehen als Bausteine zur Verfügung.

(Lösung auf Seite 171)

Aufgabe 25: Busarbiter   (I.2.6)

Gegeben sei ein Parallelbus-System mit vier angeschlossenen Knoten K0, ..., K3, die
als *Bus Master* auf den Bus zugreifen können. Die Buszuteilung werde durch einen
zentralen Arbiter nach dem Verfahren der unabhängigen Anforderung *(Independent
Request* vorgenommen. Dazu verfügt jeder Knoten i über zwei Steuerleitungen: BRQi
(Bus Request) und BGRi *(Bus Grant)*. Der Arbiter realisiere ein Zuteilungsverfahren
nach folgenden Vorgaben:

- Jeder Knoten kann jederzeit über seine BRQ-Leitung (BRQ = 1) den Buszugriff anfordern und erhält ggf. über die BGR-Leitung (BGR = 1) den Zugriff zugeteilt. Während des gesamten Zugriffs hält der Knoten sein BRQ-Signal aktiv.

- Bei gleichzeitigen Zugriffen geben die Nummern der Knoten in absteigender Reihenfolge die Prioritäten des Buszugriffs an, d.h. Knoten 0 hat die höchste Priorität, Knoten 3 die niedrigste.

- Ein Knoten bekommt frühestens dann das Zugriffsrecht eingeräumt, wenn der zuletzt zugriffsberechtigte Knoten den Bus durch Rücknahme seines BRQ-Signals freigibt.

- Solange keine neue Anforderung vorliegt, bleibt der Bus bei dem zuletzt zugriffsberechtigten Knoten „geparkt", d.h. sein BGR-Signal bleibt aktiviert und er kann sofort wieder auf den Bus zugreifen – parallel zur Ausgabe seines BRQ-Signals.

a) Gesucht ist ein synchrones Schaltwerk aus logischen Grundschaltungen (Inverter, AND, NAND, OR, NOR, XOR bzw. Antivalenz, Äquivalenz) und getakteten D-Flipflops. Realisieren Sie die Schaltung aus „übersichtlichen" Teilmodulen, indem Sie:

- zunächst den Prioritätendecoder entwickeln,

- ein getaktetes Register aus vier D-FFs zur Ausgabe der BGR-Signale aufbauen,

- eine Steuerlogik entwerfen, die den Takt genau dann zum Register durchschaltet, wenn wenigstens ein Knoten j den Buszugriff verlangt (BRQj = 1) und

  - ein Knoten i das Zugriffsrecht hat (BGRi = 1), dieses aber nicht mehr weiter anfordert (BRQi = 0), oder

  - nach dem Einschalten der Spannungsversorgung noch kein Knoten den Zugriff hatte.

Geben Sie einen Schaltplan des gesamten Schaltwerks an und beschreiben Sie die Funktion der Schaltung und ihrer Module.

b) Ergänzen Sie Ihre Arbiter-Schaltung nun um eine Logik zur Ausgabe eines Signals BGACK (bzw. BUSY), über das jedem Konten angezeigt wird, daß der Bus einem momentan den Zugriff anfordernden Knoten zugeteilt ist.

Hinweis: Es reicht, eine „intuitive" Lösung anzugeben. Eine Lösung mit Methoden des formalen Schaltwerksentwurfs – Zustandsdiagramm, Übergangstabelle usw. – ist hier nicht zu empfehlen.

(Lösung auf Seite 173)

Aufgabe 26: Prioritätendecoder   (I.2.6)

Bild 5 stellt die Methode der unabhängigen, parallelen Busanforderung *(Independent Request)* dar.

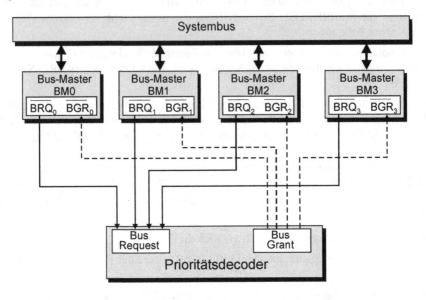

Bild 5: Prinzip der unabhängigen Anforderung

Der Zugriff der vier *Bus Master* BM0, BM1, BM2, BM3 auf den gemeinsamen Systembus wird von einem Prioritätsdecoder gesteuert. Die Priorität sinkt mit steigender Nummer des *Bus Masters* (BM0: höchste Priorität, BM3: niedrigste Priorität).

a) Entwerfen Sie aus logischen Grundschal tungen einen Prioritätendecoder, der das Zugriffsrecht je nach Priorität vergibt. Geben Sie die Funktionsgleichungen für $BGR_i\#$ an und zeichnen Sie ein Blockschaltbild.

b) Ergänzen Sie Ihre Schaltung aus a) zu einem synchronem Schaltwerk, das m it jedem Tatzyklus eine Vergabe des Buszugriffs vornim mt. Eine Neuvergabe findet nur dann statt, wenn:

- der Bus augenblicklich nicht belegt ist oder

- der Bus zwar belegt ist, jedoch der zur Zeit zugreifende Master für den nächsten Taktzyklus keinen Zugriff m ehr beantragt; d.h., das BRQ-Signal dieses Masters ist inaktiv.

(Lösung auf Seite 174)

Aufgabe 27: Systembus (Übertragungen)   (I.2.6)

a) Ein Prozessor führt die Transaktionen Ti auf dem   System bus in verschiedenen
   Phasen aus, wie es im Bild 6 für Leseoperationen im Burst-Modus dargestellt ist.
   Jeder Burst besteht aus vier Datentransfers über einen 64-bit-Datenbus.

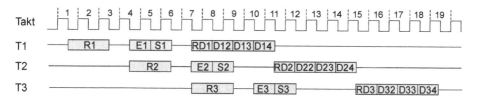

Bild 6: Phasen-Zeitdiagramm der Burst-Übertragung

Im Bild stehen

   Ri   für die *Request*-Phasen,
   Ei   für die *Error*-Phasen,
   Si   für die *Snoop*-Phasen,
   RDi für die simultanen *Response*-/Datenphasen,
   Dij für die anderen Datenphasen der Transaktionen Ti ($i = 1, 2, 3$, $j = 2, 3, 4$).

- In der *Request*-Phase wird die Art der gewünscht en Transaktion (Schreiben,
  Lesen, *Interrupt Acknowledge* usw.) festgelegt und die Adresse ausgegeben.

- In der *Error*-Phase wird ein eventuell während der *Request*-Phase aufgetrete-
  ner Paritätsfehler gemeldet.

- In der *Snoop*-Phase wird angezeigt, ob das angesprochene Datum   bereits im
  Cache abgelegt ist oder nicht.

- In der *Response*-Phase wird angezeigt, ob die Transaktion erfolgreich war
  oder mit einem Fehler abgeschlossen wurde.

- In den Datenphasen werden die Daten übe rtragen. Dabei wird bei Lesezugrif-
  fen die erste Datenphase überlappend mit der *Response*-Phase ausgeführt.

Zeichnen Sie den Ablauf der Transaktionen   in das „übliche" Zeitdiagramm der
Bussignale um, das im Bild 7 vorgegeben ist. Darin sind die für die verschiedenen
Phasen der Transaktionen benötigten Si gnale zu Signalgruppen zusam mengefaßt.
Außerdem wird unterstellt, daß keine Fehler auftreten, die *Error*-Phase also nicht
ausgewertet werden muß.

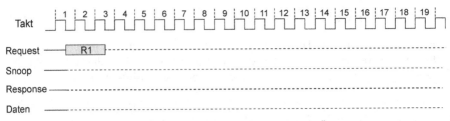

Bild 7: Zeitdiagramm der Bussignale für die Burst-Übertragung

Geben Sie an, wie viele Taktzykl en die Ausführung der Transaktionen Ti jeweils dauert, wenn man die Zyklen, in denen die *Request*-Phasen beginnen und in denen die Datenphasen enden, mitzählt.

T1: ...., T2: ...., T3: ....

b) Vervollständigen Sie nach dem in a) dargestellten M uster das im Bild 8 vorgege-bene Zeitdiagramm für eine ununterbr ochene Folge von Burst-Übertragungen. Die Anzahl der ausstehenden Transaktionen sei dazu   als unbegrenzt angenom-men.

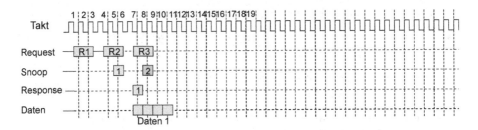

Bild 8: Zeitdiagramm für ununterbrochene Burst-Übertragungen

Leiten Sie aus dem Diagramm (heuristisch) eine Form el für die Dauer der Trans-aktion Tn ab und diskutieren Sie   das damit in Verbindung stehende Problem für die Verwaltung der Transaktionen im Prozessor.

Zeit für Tn: .... (für n = 1, ..., 6)

Formel: .... (für n allgemein)

Problem: ....

c) Nun sei vorausgesetzt, daß der Prozessor nur m aximal vier ausstehende Transak-tionen verwalten kann, d.h. max. vier Transaktionen können gleichzeitig in Bear-beitung und noch nicht beendet sein. Dazu besitzt der Prozessor einen als Warte-schlange *(In-Order-Queue,* FIFO – *First-in, First-out)* organisierten Puffer, in

dem die aktiven Transaktionen eingetragen werden. Ergänzen Sie das vorgegebene Zeitdiagramm im Bild 9 und tragen sie die jeweils in der FIFO gespeicherten
Transaktionen ein.

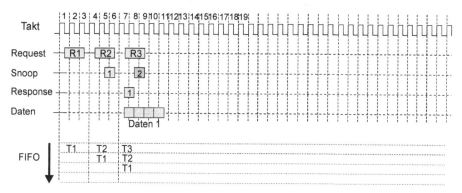

Bild 9: Zeitdiagramm für ununterbrochene Burst-Übertragungen

Es werde dabei vorausgesetzt, daß

- der Eintrag einer Transaktion in die FIFO in dem Taktzyklus geschieht, in dem
  ihre *Request*-Phase beginnt,

- das Entfernen einer Transaktion aus der FIFO mit dem letzten Taktzyklus der
  Datenphase vorgenommen wird,

- eine neue Transaktion erst dann begonnen werden kann, wenn in der FIFO
  (wenigstens) eine Position frei ist.

Geben Sie für die Transaktionen T1 – T8 die Ausführungsdauer in Taktzyklen an
und leiten Sie daraus (heuristisch) eine allgemeine Formel für die Ausführungsdauer der Transaktion Tn her.

T1: ...., T2: ...., T3: ...., T4: ....,

T5: ...., T6: ...., T7: ...., T8: ....

Allgemeine Formel für die Ausführungsdauer von Tn:

....

d) Geben Sie für einen 66-MHz-Takt des Systembusses die erreichbaren Übertragungsraten in MByte/s an, wenn

- nur auf einzelne 64-bit-Speicherwörter in nicht überlappenden Transaktionen,

- nur im unter c) dargestellten ununterbrochenen Burst-Modus

zugegriffen wird.

(Lösung auf Seite 176)

Aufgabe 28: Systembus (Zeitverhalten)   **(I.2.6)**

Ein Mikroprozessor kommuniziere mit einer Peripheriekomponente über einen asynchronen Systembus. Zur Synchronisation der Kommunikation im Handshake-Verfahren besitze der Prozessor das Signal REQ *(Request)*, die angesprochene Komponente das Signal ACK *(Acknowledge)*, die beide im ‚0'-Pegel aktiv sind. Tabelle 3 gibt die Funktion dieser Signale wieder.

Tabelle 3: Funktion der Signale REQ und ACK

Signal	negative Flanke	positive Flanke	
		Lesen	Schreiben
REQ	Komponenten-Selektion	Datum empfangen	Datenübernahme erkannt
ACK	Selektion erkannt	Datum bereitgestellt	Datum übernommen

Im Unterschied zur vereinfachenden Da rstellung der asynchronen Übertragung im Buchtext sollen in dieser Aufgabe nun die folgenden realistischen Param eter berücksichtigt werden, die in den Zeitdiagrammen eingezeichnet sind:

- **Einschwingzeiten:** Signalwechsel auf den Daten- und Adreßleitungen benötigen eine bestimmte Zeit, bis ein stabiler Zustand eingenom men ist. Das gelte auch für einen Wechsel in den Tristate-Zustand.

- **Signallaufzeiten:** Alle Signale benötigen eine gewi sse Zeit, bis sie auf dem Systembus von der Que lle zum Ziel gela ufen sin d. In diesen Zeiten sei die Reaktionszeit des Signalempfängers mit berücksichtigt.

- **Arbeitstakt des Mikroproz essors:** Die Zustandswechsel der Ausgangssignale des Prozessors werden durch die positive Flanke des Takts ausgelöst und m üssen z.T. mit einer Verzögerung auftreten, die die o.g. Einschwingzeiten berücksichtigt. Die Übernahm e der Daten in den Prozessor wird ebenfalls durch die positiven Taktflanken veranlaßt.

- **Zugriffszeit:** Die Peripheriekomponente kann frühest ens nach dieser Zeit ein angebotenes Datum übernehmen bzw. mit der Ausgabe eines angeforderten Datum s beginnen. Sie stim me hier – ve reinfachend – mit der Taktzykluszeit des Prozessors überein.

Benutzen Sie für die geforderten Lösungen die im Bild 10 angegebenen Sym bole bzw. Zeitangaben.

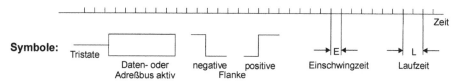

Symbole:

Tristate — Daten- oder Adreßbus aktiv — negative Flanke — positive — E Einschwingzeit — L Laufzeit — Zeit

Bild 10: Symbole zur Darstellung der Zeitbedingungen

a) Tragen Sie in das folgende Diagram m den zeitlichen Verlauf der Adreß-, Daten- und Handshake-Signale für das **Lesen eines Datums** von der Peripheriekom - ponente ein. Geben Sie dabei für die Signal wechsel die frühest m öglichen Zeit- punkte an und berücksichtigen Sie dabei die eingezeichneten Param eter. Kenn- zeichnen Sie die zugrunde liegenden Ka usalbeziehungen durch Pfeile und num e- rieren Sie sie. Geben Sie für jede Kausalbeziehung und ihre Auswirkung eine kurze Interpretation an.

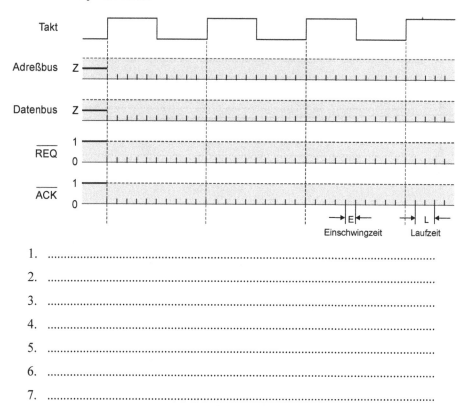

1. ....

2. ....

3. ....

4. ....

5. ....

6. ....

7. ....

b) Tragen Sie nun in das folgende Diagram m den zeitlichen Verlauf der genannten
   Signale für das **Schreiben eines Datums** in die Peripheriekomponente ein. Gehen
   Sie dazu völlig analog zum Punkt a) vor.

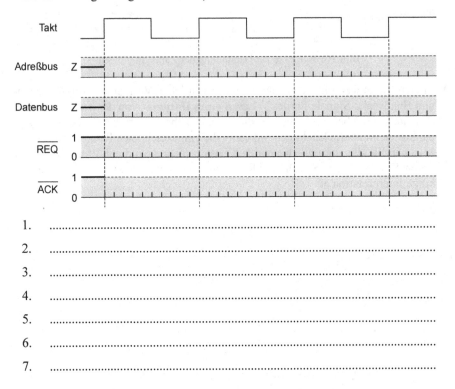

1. ....

2. ....

3. ....

4. ....

5. ....

6. ....

7. ....

c) Eine „langsame" Peripheriekomponente benötige sehr viel Zeit, bevor sie ein ge-
   fordertes Datum liefern bzw. annehmen kann. Ist bei der dargestellten Form der
   Handshake-Synchronisation durch die Signale REQ und ACK ein zusätzliches Signal erforderlich, mit dem die Kom ponente vom Prozessor das Einfügen von
   Wartezeiten anfordern kann? Begründen Sie Ihre Antwort.

(Lösung auf Seite 177)

I.3   Hardware/Software-Schnittstelle

Aufgabe 29: Integer-Zahlen (Zahlenbereich)   (I.3.1)

Bestimmen Sie näherungsweise für 32- und 64-bit-Integer-Zahlen m it bzw. ohne Vorzeichen den darstellbaren Zahlenbereich.

(Lösung auf Seite 179)

Aufgabe 30: Integer-Zahlen (Vorzeichenerweiterung)   (I.3.1)

Die zwei vorzeichenbehafteten 8-bit-Zahlen A_8 = \$63, B_8 = \$A7 (im Zweierkomplement) sollen so in 16-bit-Zahlen A_{16}, B_{16} um gewandelt werden, daß sich ihr W ert nicht ändert. Geben Sie A_{16}, B_{16} an und begründen Sie Ihre Lösung!

(Lösung auf Seite 179)

Aufgabe 31: Gleitpunktzahlen (8 bit)   (I.3.1)

Gegeben sei das im Bild 11 dargestellte Format einer 8-bit-Gleitpunktzahl.

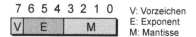

Bild 11: Ein 8-bit-Gleitpunktformat

Der Dezimalwert einer Zahl Z ergibt sich aus der Formel

$$Z = (-1)^V \cdot 2^{E-3} \cdot (1.M)_2$$

für alle möglichen binären Belegungen der Felder V, E, M.

a) Berechnen Sie den Dezimalwert der Belegung 1010 0100.

b) Wie lautet die größte Dezimalzahl, die mit diesem Format darstellbar ist?

c) Wie lautet die kleinste positive Dezim alzahl, die m it diesem Format darstellbar ist?

d) Welche „wichtige" Dezimalzahl kann m it diesem Form at nicht dargestellt werden?

(Lösung auf Seite 179)

Aufgabe 32: IEEE-754-Format (Zahlenbereich)   (I.3.1)

a) Bestimmen Sie für die 32– bzw. 64-bit-Gleitpunkt-Zahlenformate des IEEE-754-Standards den darstellbaren (absoluten) Zahlenbereich.

b) Stellen sie die Zahlen $Z1_{10} = -1,75$ und $Z2_{10} = 36.864$ im 32-bit-Zahlenformat als Binärzahl dar.

(Lösung auf Seite 180)

Aufgabe 33: IEEE-754-Format (Addition)   (I.3.1)

Die folgenden zwei Dezimalzahlen sollen im 32-bit-Format des IEEE-754-Standards dargestellt werden:
$$Z1_{10} = 5,875, \quad Z2_{10} = -3,125.$$

a) Geben Sie Charakteristik C, Exponent E und Mantisse M in hexadezimaler, binärer und dezimaler Form an.

Z1: Vorzeichen: VZ = ...

Charakteristik: C = $............. = ...$_{10}$

Exponent: E = $............. = ...$_{10}$

Mantisse: (1.M) $_2$ = (.....................................)$_2$ = ...$_{10}$

Z2: Vorzeichen: VZ = ...

Charakteristik: C = $............. = ...$_{10}$

Exponent: E = $............. = ...$_{10}$

Mantisse: (1.M)$_2$ = (.....................................)$_2$ = ...$_{10}$

b) Tragen Sie diese Zahlen in binärer und hexadezimaler Form ein. Kennzeichnen Sie die unterscheidbaren Bitfelder sowie die Lage des Punktes (Kommas).

$Z1_{32}$ = $.........................

31	30	29	28	27	26	25	24	23	22	21	20	19	18	17	16	15	14	13	12	11	10	9	8	7	6	5	4	3	2	1	0

$Z2_{32}$ = $.........................

31	30	29	28	27	26	25	24	23	22	21	20	19	18	17	16	15	14	13	12	11	10	9	8	7	6	5	4	3	2	1	0

c) Es soll die Summe S der Zahlen $Z1_{32}$ und $Z2_{32}$ im IEEE-54-Format gebildet werden. Wie erfolgt die Angleichung der Charakteristik von $Z2_{32}$? Geben Sie die Mantisse von $Z2_{32}$ vor der Ausführung der Addition als hexadezimale Zahl an. Führen Sie die Addition durch und tragen Sie die Summe ein.

Mantisse von $Z2_{32}$ vor der Addition: $.................................

$Z1_{32} + Z2_{32} = ...$

(Lösung auf Seite 180)

Aufgabe 34: IEEE-754-Format (IEEE → dezimal)   (I.3.1)

Z_{32} sei eine 32-bit-Zahl nach dem IEEE-754-Standard, deren hexadezimale Darstellung gegeben sei durch: $Z_{32} = \$9F5A\ 0000$

a) Tragen Sie Z_{32} in binärer Form in den folgenden Bitrahmen ein. Kennzeichnen und benennen Sie die unterscheidbaren Bitfelder.

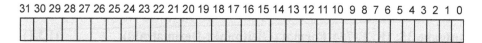

....

b) Geben Sie die Zahl Z_{32} als Dezimalzahl Z_{10} an (VZ: Vorzeichen, C: Charakteristik, E: Exponent, $..._{32}$: Zahl im IEEE-754-Format, $..._{10}$: Dezimalzahl, $..._2$: Binärzahl). Dabei soll die Mantisse (mit ihren signifikanten Stellen) zunächst in binärer, dann in dezimaler Form angegeben werden. Das Endergebnis soll in Exponentschreibweise zur Basis 10 dargestellt werden (3 Nachpunktstellen).

$Z_{32} = (-1)^{VZ} \cdot 2^C \cdot (1.M)_2 = (-1)^{........} \cdot 2^{............} \cdot (........................)_2 \Rightarrow$

$Z_{10} = (-1)^{VZ} \cdot 2^E \cdot (1.M)_{10} = (-1)^{........} \cdot 2^{............} \cdot ...._{10}$

$\approx ....$ (zur Basis 10)

c) Durch die beiden Befehle FGETEXP, FGETMAN werden für eine Gleitpunktzahl der Exponent $\mathscr{E}$ (nicht die Charakteristik) bzw. die Mantisse $\mathscr{M}$ (einschließlich ihres Vorzeichens) nach dem IEEE-754-Standard selbst als 32-bit-Zahlen nach diesem Standard dargestellt. Wenden Sie diese beiden Befehle auf die oben angegebene Zahl Z_{32} an. (Verwenden Sie zur Hilfe die Bitdarstellungen.)

FGETEXP

$$\mathscr{E}_{10} = \ldots\ldots_{10} = (-1)^{VZ} \cdot 2^E \cdot (1.M)_{10} = (-1)^{\ldots} \cdot 2^{\ldots} \cdot \ldots\ldots_{10} \Rightarrow$$

$$\mathscr{E}_{32} = (-1)^{VZ} \cdot 2^C \cdot (1.M)_2 = (-1)^{\ldots} \cdot 2^{\ldots} \cdot (\ldots\ldots)_2$$

$$= \$\ldots\ldots\ldots$$

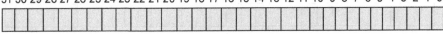

FGETMAN

$$\mathscr{M}_{10} = \ldots\ldots_{10} = (-1)^{VZ} \cdot 2^E \cdot (1.M)_{10} = (-1)^{\ldots} \cdot 2^{\ldots} \cdot \ldots\ldots_{10} \Rightarrow$$

$$\mathscr{M}_{32} = (-1)^{VZ} \cdot 2^C \cdot (1.M)_2 = (-1)^{\ldots} \cdot 2^{\ldots} \cdot (\ldots\ldots)_2$$

$$= \$\ldots\ldots\ldots$$

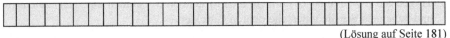

(Lösung auf Seite 181)

Aufgabe 35: IEEE-754-Format (Gleitpunkt-Dezimalzahl)   (I.3.1)

a) Stellen Sie die Dezim alzahl $Z_{10} = -22{,}5$ im 32-bit-Form at des IEEE-754-Standards in binärer Form dar. Kennzeichnen Sie die unterscheidbaren Bitfelder (Vorzeichen, Charakteristik, Mantisse). W ie sieht di e hexadezim ale Darstellung aus?

$$Z_{32} = (-1)^{VZ} \cdot 2^C \cdot (1.M)_2 = \ldots\ldots\ldots, \qquad Z_{32} = \$\ldots\ldots$$

b) Welche Dezim alzahl Z_{10} ist durch die 32-bit-Gleitpunktzahl $Z_{32} = \$3EEC\ 0000$ (nach dem IEEE-754-Standard) gegeben? Geben Sie Z auch als Dezimalzahl in Exponential-Schreibweise zur Basis 2 an.

$$Z_{10} = (-1)^{VZ} \cdot 2^E \cdot (1.M)_{10} = (-1)^{\ldots} \cdot 2^{\ldots} \cdot 1{.}\ldots\ldots = \ldots,\ldots\ldots$$

c) Eine Arithmetikeinheit verarbeite gepackte Gleitpunkt-Dezim alzahlen, wie sie im Abschnitt I.3.1 beschrieben wurden. Die Belegung ‚00' im Typfeld kennzeichne dabei jede gültige Zahl des darstellbaren Zahlenbereichs. De r Exponent bezieht sich auf die Basis 10.

    i. Geben Sie den positiven bzw. negativen darstellbaren Zahlenbereich durch die jeweils größte und kleinste Zahl (außer der Zahl 0) an.

ii. Welche Dezimalzahl Z_{10} wird durch die folgende Bitfolge dargestellt:

010000000001011000000000000000011000101000001010110010010011001010011010110001001010111100100110101

Stellen Sie zunächst diese Zahl Z   als 24-stellige-Hexadezim alzahl, dann als Dezimalzahl dar.

Z = \$............................

Z_{10} = ...

Um welche wichtige Zahl handelt es sich?

(Lösung auf Seite 182)

Aufgabe 36: IEEE-754-Format (Konstanten-ROM)   (I.3.1)

a) Ein Gleitpunkt-Rechenwerk verarbeite nur das 32-bit-Gleitpunktform at des IEEE-754-Standards. In seinem   Konstanten-Festwertspeicher fi nde sich die folgende Zahl Z_{32}:

Geben Sie zunächst die Zahl Z in hexadezimaler Form an.

Z_{32} = \$...................................

Kennzeichnen Sie nun die verschiedenen Bitfelder in der oben dargestellten Zahl.
    Berechnen Sie (näherungsweise) die   Dezimalzahlen-Darstellung dieser Konstanten. Dabei reicht es, die höchstwertigen $7-8$ Stellen der Mantisse auszuwerten.

Z_{32} $= (-1)^{VZ} \cdot 2^C \cdot (1.M)_2$ $\approx$ .... $\Rightarrow$

Z_{10} $\approx$ .... , ...

Um welche wichtige Konstante handelt es sich? ....

b) Wandeln Sie die dezimale Konstante 10 in das 32-bit-Form at des IEEE-754-Standards und tragen Sie sie in den folgenden Bitrahm en ein. Kennzeichnen Sie die verschiedenen Bitfelder. Stellen Sie die Gleitpunktzahl als hexadezimale Zahl dar.

$Z_{10} = 10$ = ...$_2$ $\Rightarrow$

$Z_{32} = (-1)^{VZ} \cdot 2^C \cdot (1.M)_2$ = ...

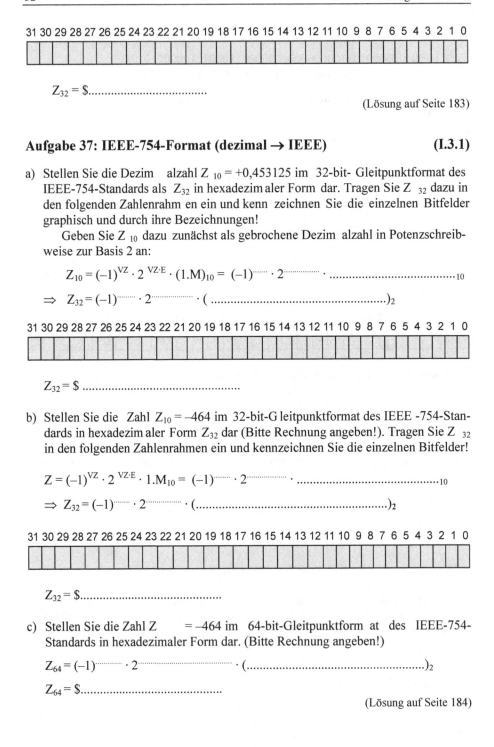

31 30 29 28 27 26 25 24 23 22 21 20 19 18 17 16 15 14 13 12 11 10 9 8 7 6 5 4 3 2 1 0

$Z_{32} = \$\dots\dots\dots\dots\dots\dots\dots$

(Lösung auf Seite 183)

Aufgabe 37: IEEE-754-Format (dezimal → IEEE)   (I.3.1)

a) Stellen Sie die Dezim alzahl $Z_{10} = +0{,}453125$ im 32-bit- Gleitpunktformat des
   IEEE-754-Standards als Z_{32} in hexadezim aler Form dar. Tragen Sie Z_{32} dazu in
   den folgenden Zahlenrahm en ein und kenn zeichnen Sie die einzelnen Bitfelder
   graphisch und durch ihre Bezeichnungen!

   Geben Sie Z_{10} dazu zunächst als gebrochene Dezim alzahl in Potenzschreibweise zur Basis 2 an:

$$Z_{10} = (-1)^{VZ} \cdot 2^{VZ \cdot E} \cdot (1.M)_{10} = (-1)^{\dots} \cdot 2^{\dots} \cdot \dots\dots\dots\dots\dots_{10}$$

$$\Rightarrow Z_{32} = (-1)^{\dots} \cdot 2^{\dots} \cdot (\dots\dots\dots\dots\dots\dots)_2$$

31 30 29 28 27 26 25 24 23 22 21 20 19 18 17 16 15 14 13 12 11 10 9 8 7 6 5 4 3 2 1 0

$Z_{32} = \$\dots\dots\dots\dots\dots\dots\dots\dots\dots$

b) Stellen Sie die Zahl $Z_{10} = -464$ im 32-bit-G leitpunktformat des IEEE -754-Stan-
   dards in hexadezim aler Form Z_{32} dar (Bitte Rechnung angeben!). Tragen Sie Z_{32}
   in den folgenden Zahlenrahmen ein und kennzeichnen Sie die einzelnen Bitfelder!

$$Z = (-1)^{VZ} \cdot 2^{VZ \cdot E} \cdot 1.M_{10} = (-1)^{\dots} \cdot 2^{\dots} \cdot \dots\dots\dots\dots\dots_{10}$$

$$\Rightarrow Z_{32} = (-1)^{\dots} \cdot 2^{\dots} \cdot (\dots\dots\dots\dots\dots\dots)_2$$

31 30 29 28 27 26 25 24 23 22 21 20 19 18 17 16 15 14 13 12 11 10 9 8 7 6 5 4 3 2 1 0

$Z_{32} = \$\dots\dots\dots\dots\dots\dots\dots$

c) Stellen Sie die Zahl Z $= -464$ im 64-bit-Gleitpunktform at des IEEE-754-
   Standards in hexadezimaler Form dar. (Bitte Rechnung angeben!)

$$Z_{64} = (-1)^{\dots} \cdot 2^{\dots} \cdot (\dots\dots\dots\dots\dots\dots)_2$$

$$Z_{64} = \$\dots\dots\dots\dots\dots\dots\dots$$

(Lösung auf Seite 184)

Aufgabe 38: IEEE-754-Format (Gleitpunkt-Multiplikation)   (I.3.1)

Für das Produkt zweier Gleitpunktzahlen $Z1 = M1 \cdot 2^{E1}$, $Z2 = M2 \cdot 2^{E2}$ gilt bekanntlich:

$$Z = Z1 \cdot Z2 = M1 \cdot M2 \cdot 2^{E1+E2}$$

(Darin seien mit M1, M2 die vorzeichenbehafteten Mantissen und E1, E2 die vorzeichenbehafteten Exponenten benannt.)

a) Stellen Sie zunächst die beiden folgenden Zahlen im 32-bit-Format des IEEE-754-Standards in „Potenzschreibweise" dar:

   $Z1_{32} = \$C2D8\ 0000 = (-1)^{\cdots} \cdot (\dots\dots\dots\dots\dots\dots)_2 \cdot 2^{\cdots}$

   $Z2_{32} = \$39B4\ 0000 = (-1)^{\cdots} \cdot (\dots\dots\dots\dots\dots\dots)_2 \cdot 2^{\cdots}$

b) Berechnen Sie nun „schriftlich" das Produkt der Mantissen:

   $(1.M1)_2 \cdot (1.M2)_2 = (\dots\dots\dots\dots\dots)_2 = (1.\dots\dots\dots\dots)_2 \cdot 2^{\cdots}$

c) Ermitteln Sie jetzt die Charakteristik des Produkts und berücksichtigen Sie dabei das Ergebnis der Multiplikation der Mantissen!

   $C = \dots\dots\dots\dots\dots\dots\dots$

d) Geben Sie nun das Produkt Z in „Potenzschreibweise" sowie in binärer und hexadezimaler Form an.

   $Z_{32} = (-1)^{\cdots} \cdot (\dots\dots\dots\dots\dots\dots)_2 \cdot 2^{\cdots}$

   $Z_{32} = (\dots\dots\dots\dots\dots\dots\dots\dots\dots\dots\dots\dots)_2$

   $Z_{32} = \$\dots\dots\dots\dots\dots\dots$

(Lösung auf Seite 184)

Aufgabe 39: IEEE-754-Format (Umwandlung: 32 bit → 64 bit)   (I.3.1)

a) Geben Sie allgemein an, wie eine Gleitpunktzahl nach dem 32-bit-IEEE-Format in eine 64-bit-IEEE-Gleitpunktzahl umgewandelt werden kann.

b) Demonstrieren Sie das Vorgehen am Beispiel der Zahl $Z_{32} = \$C3B4\ 0000$.

(Lösung auf Seite 185)

Aufgabe 40: Festpunktzahlen (einfache Beispiele)   (I.3.1)

Ein 16-bit-Festpunktrechenwerk verarbeite vorzeichenbehaftete gebrochene Zahlen im 1.15-Format (1 Vorkomma-, 15 Nachkommastellen) nach der Skizze in Bild 12.

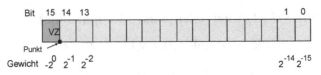

Bild 12: 1.15-Format

In der Skizze ist für jedes Bit seine Wertigkeit angegeben.

a) Geben Sie für das beschriebene Format den darstellbaren Zahlenbereich an.

b) Welche Dezimalzahlen werden durch folgende, in hexadezimaler Darstellung gegebenen Festpunktzahlen (Format 1.15) repräsentiert:

$Z1 = \$7000$ $Z2 = \$5B00$

$Z3 = \$9000$ $Z4 = \$FFFF$

c) Stellen Sie die folgenden Zahlen als 16-bit-Festpunktzahlen in hexadezimaler Form dar:

$Z1 = -0,5625$ $Z2 = -1,0$

$Z3 = 0,5625$ $Z4 = 0,0625$

(Lösung auf Seite 185)

Aufgabe 41: Festpunktzahlen (Komplement und Runden) (I.3.1)

a) Z sei eine 16-bit-Festpunktzahl im 1.15-Format (nach Bild 12). Man kann zeigen, daß man die zu Z komplementäre Zahl $-Z$ nach folgendem Verfahren gewinnen kann:

- Invertiere jedes Bit von Z.

- Addiere zum Ergebnis der Inversion den Wert des LSB *(Least Significant Bit)*.[1]

Überprüfen Sie dieses Verfahren an den beiden in dezimaler Form gegebenen Zahlen $Z_1 = 0,3125_{10}$ und $Z_2 = -0,25_{10}$.

Z_1: _ . _ _ _ _ _ _ _ _ _ _ _ _ _ _ (1.15)

Z_{1inv}: _ . _ _ _ _ _ _ _ _ _ _ _ _ _ _ (1.15)

+ LSB: _ . _ _ _ _ _ _ _ _ _ _ _ _ _ _ (1.15)

$-Z_1$: _ . _ _ _ _ _ _ _ _ _ _ _ _ _ _ (1.15) = ... , ...₁₀

---

[1] Dieses Verfahren entspricht der Umwandlung einer negativen Integer-Zahl in ihr Zweierkomplement.

Z_2: $\_\,.\,\_\,\_\,\_\,\_\,\_\,\_\,\_\,\_\,\_\,\_\,\_\,\_\,\_\,\_\,\_$ (1.15)

Z_{2inv}: $\_\,.\,\_\,\_\,\_\,\_\,\_\,\_\,\_\,\_\,\_\,\_\,\_\,\_\,\_\,\_\,\_$ (1.15)

$+$ LSB: $\_\,.\,\_\,\_\,\_\,\_\,\_\,\_\,\_\,\_\,\_\,\_\,\_\,\_\,\_\,\_\,\_$ (1.15)

$-Z_2$: $\_\,.\,\_\,\_\,\_\,\_\,\_\,\_\,\_\,\_\,\_\,\_\,\_\,\_\,\_\,\_\,\_$ (1.15) $=$ ...., ...10

b) Leiten Sie das Verfahren nach a) m athematisch her. Beachten Sie dabei, daß für einen Binärwert $d \in \{0, 1\}$ gilt: $1 - d \triangleq \overline{d}$. Gehen Sie von folgen der trivialen A ussage aus, indem Sie die aufgeführten Zahlen als Sum men von Potenzen von 2 mit den entsprechenden Koeffizienten darstellen: $-Z = 1 - 1 - Z = 1 + (-1) + (-Z)$. Benutzen Sie folgende binäre Darstellung der Zahl Z: $Z = (d_0 . d_1 d_2 ... d_{15})_2$.

$1 = $ ....

$-1 = $ ....

$-Z = $ ....

$-Z = 1 + (-1) + (-Z) = $ ....

....

....

c) Ein Festpunkt-Rechenwerk arbeite intern mit einer erhöhten Genauigkeit, indem es eine im 1.15-Form at gegebene Zahl Z um einen Teil R aus vier Bits nach folgendem Bild 13 zum 1.19-Format mit den angegebenen Wertigkeiten ergänzt:

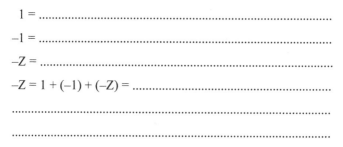

Bild 13: Das erweiterte 1.19-Format

Jedes berechnete Ergebnis E wird nac h folgender Vorschrift in s 1.15-Form at gerundet:

- $E \rightarrow Z$ falls $R < 2^{-16}$ (nächst kleinere 1.15-Zahl)

- $E \rightarrow Z + 1 \cdot 2^{-15}$ falls $R \geq 2^{-16}$ (nächst größere 1.15-Zahl).

i. Geben Sie für das betrachtete Rundungsverfahren die m öglichen Belegungen des Restes R ($\neq 0000_2$) an, für die ein Ergebnis aufwärts bzw. abwärts gerundet wird:

aufwärts: $R = $ ...., ..., ..., ..., ..., ..., ..., ...

abwärts: $R = $ ...., ..., ..., ..., ..., ..., ..., ...

ii. Führen Sie diese Rundung an den folgenden Beispielen durch:

$E_1 = 1.011100111010111\ 1000_{(1.19)} \rightarrow Z_1 = \_._____$ (1.15)

$E_2 = 0.101101100111001\ 0101_{(1.19)} \rightarrow Z_2 = \_._____$ (1.15)

$E_3 = 1.001001110100100\ 1101_{(1.19)} \rightarrow Z_3 = \_._____$ (1.15)

iii. Geben Sie an, durch welche einfach e arithmetische Operation man dieses Rundungsverfahren realisieren kann! (Hinweis: Denken Sie an das „kaufmännische Runden", das Sie in der Schule gelernt haben.)

d) Betrachten Sie weiter das in c) beschriebene Rundungsverfahren. In einer Folge von Ergebnissen mit gleichmäßig verteilten Resten R führt diese Verfahren zu einer „positiven" Abweichung *(biased rounding)*, da der m ittlere W ert $R = 1000_2$ stets nach oben gerundet wird. Di es wird durch die folgende Modifikation des Rundungsverfahrens vermieden *(unbiased rounding)*:

- Verfahre zunächst wie in c).
- Nur für $R = 1000_2$ setze Bit 0 (LSB) im Rundungsergebnis auf den Wert 0.

i. Wenden S ie dieses Rundungsve rfahren auf die beiden fol genden Ergebnisse im 1.19-Format an:

$E_1 = 1.100111011011111\ 1000\ _{(1.19)} \rightarrow Z_1 = \_._____$ (1.15)

$E_2 = 0.001110011011010\ 1000\ _{(1.19)} \rightarrow Z_2 = \_._____$ (1.15)

ii. Geben Sie an, ob ein Ergebnis m it $R = 1000_2$ aufwärts oder abwärts gerundet wird, wenn es, aufgefaßt als 16-bit-Integerzahl Z, gerade bzw. ungerade ist.

- gerade: ....
- ungerade: ....

(Lösung auf Seite 186)

Aufgabe 42: Festpunktzahlen (Vergleich)   (I.3.1)

a) Für vorzeichenbehaftete Festpunktzahlen Z im 1.15-Format gilt die folgende Darstellung in Potenzschreibweise zur Basis 2:

$$Z = d_0 \cdot (-2^0) + d_1 \cdot 2^{-1} + d_2 \cdot 2^{-2} + ... + d_{15} \cdot 2^{-15}$$

In Binärschreibweise gilt: $Z = d_0.d_1...d_{15}$ mit $d_i \in \{0, 1\}$

Man kann die Zahlen $Z_{(1.15)}$ aber auch als vorzeichenlose ganze Zahlen *(Integer)* interpretieren und erhält dann:

$$Z_I = d_0 d_1...d_{15}   \text{mit}   0 \le Z_I \le 65535.$$

Dabei ist $d_0 = MSB(Z_I)$ das höchstwertige Bit.   (MSB – *Most Significant Bit*)

Beweisen Sie die folgende Umrechnungsvorschrift für Z aus Z_I:

$$Z = Z_I \cdot 2^{-15} - 2 \cdot d_0$$

Herleitung

....

....

....

....

....

b) Der Vergleich zweier Festpunktzahlen Z, Z' kann durch die Vergleicherschaltung (Komparator) einer Integer-ALU durchgeführt werden, indem die beiden Zahlen als vorzeichenlose ganze Zahlen Z_I, Z'_I interpretiert und verglichen werden. Dies sollen Sie hier schrittweise beweisen. Dazu seien $Z \neq Z'$ und wie unter a): $d_0 = MSB(Z_I)$ und $d_0' = MSB(Z'_I)$.

i. Es seien: $d_0 \neq d_0'$, d.h. die beiden Zahle n Z, Z' haben entgegengesetzte Vorzeichen.

Zeigen Sie:

$$Z_I > Z'_I \iff Z < Z'$$

....

....

....

....

ii. Es gelte nun: $d_0 = d_0'$, d.h. die beiden Zahlen Z, Z' haben dasselbe Vorzeichen. Zeigen Sie nun mit der Formel aus a):

$$Z_I > Z'_I \iff Z > Z'$$

....

....

....

....

....

c) Die Aussage von b) gilt auch für die Beträge von   32-bit-Gleitpunktzahlen nach dem IEEE-754-Zahlen, d.h. man kann diese dadurch vergleichen, daß man sie als vorzeichenlose ganze Zahlen interpretiert und durch eine Integer-ALU bearbeiten läßt.

  i. Geben Sie an, durch welche Operation man den Betrag einer 32-bit-Zahl nach dem IEEE-Standard ermitteln kann.

      ....

      ....

  ii. Gegeben seien nun zwei 32-bit-Zahlen Z, Z' und ihre Beträge $|Z|$, $|Z'|$. Die Beträge werden wie unter a) als vorzeichenlose ganze Zahlen interpretiert und dann mit $|Z|_I$, $|Z'|_I$ bezeichnet. Zeigen Sie:

$$|Z|_I > |Z'|_I \;\Leftrightarrow\; |Z| > |Z'|$$

      Das heißt, wenn die als vorzeichenlose ganze Zahlen aufgefaßten Beträge der Zahlen in einem bestimmten Größenverhältnis stehen, so stehen auch die Beträge selbst in diesem Verhältnis.

      ....

      ....

      ....

      ....

(Lösung auf Seite 187)

Aufgabe 43: Festpunktzahlen (Konvertierung)   (I.3.1)

Wandeln Sie die folgende 16-bit-Festpunktzahl Z direkt in eine 32-bit-Gleitpunktzahl Z' nach dem IEEE-754-Format um, ohne den Umweg über die Berechnung des Dezimalwertes zu gehen. Geben Sie den Lösungsweg an.

  Z = \$1750 = (.....................................)$_2$ $\Rightarrow$ Z' = \$...

Tragen Sie Z' in den Bitrahmen ein und kennzeichnen Sie das Vorzeichen, die Charakteristik und die darzustellende Mantisse.

31 30 29 28 27 26 25 24 23 22 21 20 19 18 17 16 15 14 13 12 11 10 9 8 7 6 5 4 3 2 1 0

(Lösung auf Seite 188)

Aufgabe 44: Festpunktzahlen (Konvertierung) (I.3.1)

a) Geben Sie allgemein an, wie eine negative, nach Betrag und Vorzeichen angegebene binäre 16-bit-Festpunktzahl $Z = -0.d_1....d_{15}$ in eine vorzeichenbehaftete Festpunktzahl im 1.15-Format umgerechnet werden kann. (Berücksichtigen Sie dabei das LSB = 2^{-15}.)

b) Demonstrieren Sie das Vorgehen am Beispiel der Festpunktzahl:
$Z = -0.101101000000000$.

(Lösung auf Seite 188)

Aufgabe 45: Dynamik der Zahlenbereiche (I.3.1)

a) Vorzeichenbehaftete Festpunktzahlen der Länge n bit seien im Format (1.n-1) gegeben, d.h. eine Stelle vor dem Dezimalpunkt, n-1 Stellen dahinter.

Geben Sie in allgemeiner Form die kleinste und die größte darstellbare positive (>0) Festpunktzahl in binärer Form ($XX........XX_2$) und in Potenzen von 2 an:

$Z_{fix,min} = ..._2 = ...$ (Potenz von 2)

$Z_{fix,max} = ..._2 = ...$ (Potenz von 2)

Welchen Wert haben beide Zahlen für n = 32, also 32-bit-Festpunktzahlen, in Potenzen von 2?

$Z_{fix,min} = ...$; $Z_{fix,max} = ...$ ≈ $....................$

b) Geben Sie für (normalisierte) 32-bit-Gleitpunktzahlen nach dem IEEE-754-Standard den minimalen und maximalen (positiven) Wert für die Mantisse in binärer Form und in Potenzen von 2 an:

$(1.M)_{min} = ..._2 = ...$

$(1.M)_{max} = ..._2 = ...$ ≈ $....................$

Berechnen Sie daraus (näherungsweise) die kleinste bzw. größte positive (>0) Zahl des IEEE-Standards. Beachten Sie dabei, daß für die 8-bit-Charakteristik C gilt:

$$1 \leq C \leq 254!$$

$Z_{min} = ... \cdot 2^{........} = ...$

$Z_{max} = ... \cdot 2^{........} = ...$

c) Bekanntermaßen gilt für die Umrechnung von Potenzen von 2 in Potenzen von 10 die Beziehung (vgl. Aufgabe 1):

$$2^n = 10^x \Rightarrow x = n \cdot \log_{10} 2 \approx 0.301 \cdot n \qquad (\log_{10}: \text{Logarithmus zur Basis 10})$$

Unter dem **Dynamikbereich** einer Zahlendarstellung versteht m an das Verhältnis zwischen der größten und der kleinsten darstellbaren positiven Zahl.

Geben Sie für die unter a) und b) betrach teten 32-bit- Festpunkt- bzw. Gl eit-punktzahlen den Dynam ikbereich, jeweils in Potenzen von 2 und 10 (näherungs-weise) an.

D_{fix} = ...   = ... (2) = ... (10)

D_{float} = ...   = ... (2) = ... (10)

d) Der Dynam ik-Bereich wird typischerweise in Dezibel (dB) angegeben. Für eine Größe X berechnet sich dieser Wert X' zu:

$$X' = 20 \cdot \log_{10} X \quad (dB).$$

Geben Sie für die unter c) berechneten Werte D_{fix} und D_{float} die entsprechenden Werte D'_{fix} und D'_{float} in dB an:

D'_{fix} = ... dB

D'_{float} = ... dB

(Lösung auf Seite 189)

Aufgabe 46: Berechnung des Divisionsrests   (I.3.2)

a) Geben Sie die Form el für die Berechnung des Restes der Division zweier Operan-den A und B an. Geben Sie den Rum pf eines Assemblerprogramms zur Berech-nung dieser Formel durch die anderen arithmetischen Operationen an.

b) Wie sieht das Ergebnis der Befehle FGETEXP und FGETMAN im 32-bit-Format nach dem I EEE-754-Standard aus, wenn m an sie auf die f olgende Dezim alzahl anwendet? $Z = -1{,}625 \cdot 2^{160}$.

(Lösung auf Seite 189)

Aufgabe 47: MMX-Rechenwerk (einfache Befehle)   (I.3.2)

Ein MMX-Rech enwerk *(Multimedia Extension)* unterstützt gepackt e Datenformate, die in einem 64-bit-Regist er wahlweise 8 Bytes, 4 (16-bit-)Wörter, 2 (32-bit-)Dop-pelwörter oder ein 64-bit-Wort (Quadword) unterbringen. Alle W erte können vorzei-chenlos oder vorzeichenbehaftet sein. Negative W erte werden dabei im Zweierkom-plement dargestellt. Spezielle MMX-Befehle wirken parallel auf diese Datenform ate, d.h. es können z.B. durch einen einzigen Addier-Befehl zweimal 8 Bytes addiert werden. Ein Übertrag zwischen den einzelnen W erten der gepackten Daten findet da-bei nicht statt. Die Datenbreite wird im Assem blerbefehl sp ezifiziert. Der erwähnte Addier-Befehl hat z.B. die Form : PADDX, wobei X = B, W, D für 8 Bytes, 4 Wörter bzw. 2 Doppelwörter steht.

a) Die Addition mit vorzeichenbehafteten Werten kann wahlweise in einer der beiden folgenden Formen geschehen:

- **mit Abschneiden** (Befehl PADD, *Wrap Around*):
  Ein (Teil-)Ergebnis, das nicht ins vorgegebene Datenformat paßt, verursacht einen Über- oder Unterlauf im darstellbaren Zahlenbereich und wird auf die durch die Datenlänge definierte Anzahl von (niederwertigen) Bits abgeschnitten (modulo-2^n-Rechnung, n = 8, 16, 32, 64).

- **mit Sättigung** (Befehl PADDS, PADDUS, *Saturation*):
  Das Ergebnis wird bei einem Überlauf auf den größten darstellbaren Wert aufgerundet bzw. bei einem Unterlauf auf den kleinsten Wert abgerundet. Dabei können die als Zahlen vorzeichenlos (U) oder vorzeichenbehaftet angesehen werden.

Geben Sie den Wert des Ergebnisregisters R1 an nach Ausführung der Befehle

1. PADDD   R1, R2   (R1 := R1 + R2 mit *Wrap Around*)
2. PADDUSB   R1, R2   (R1 := R1 + R2 vorzeichenlos, mit Sättigung)
3. PADDSW   R1, R2   (R1 := R1 + R2 vorzeichenbehaftet, mit Sättigung)

mit der Eingabe

R1 = $ 6AE303D2835A7F34, R2 = $ 12F0A234AF061707.

(Diese Eingabe soll für jeden Befehl erneut verwendet werden.)

b) Geben Sie für den Eingabewert R1 = $8756 5432 F234 00F5 das Ergebnis des folgenden Befehls zum arithmetischen Rechtsschieben an:
PSRAW   R1, #5 (Ergebnis in R1)

in dem #5 die Anzahl der Bitpositionen angibt, um die (parallel) verschoben werden soll.

(Lösung auf Seite 190)

Aufgabe 48: MMX-Rechenwerk (Multiplikation)   (I.3.2)

Ein MMX-Rechenwerk *(Multimedia Extension)* unterstützt gepackte Datenformate nach untenstehendem Bild 14, die in einem 64-bit-Register wahlweise 8 Bytes, 4 (16-bit-)Wörter, 2 (32-bit-)Doppelwörter oder ein 64-bit-Wort (Quadword) unterbringen. Alle Werte können vorzeichenlos oder vorzeichenbehaftet sein. Negative Werte werden dabei im 2er-Komplement dargestellt. Spezielle MMX-Befehle wirken parallel auf diese Datenformate, d.h. es können z.B. durch einen einzigen Addier-Befehl zweimal 8 Bytes addiert werden. Ein Übertrag zwischen den einzelnen Werten der gepackten Daten findet dabei nicht statt. Die Datenbreite wird im Assemblerbefehl spezifiziert. Der erwähnte Addier-Befehl hat z.B. die Form: PADDX, wobei X = B, W, D für 8 Bytes, 4 Wörter, 2 Doppelwörter steht. Alle Befehle werden im Zweiadreß-Format benutzt, d.h. das Ergebnis wird in einem der Eingaberegister abgelegt.

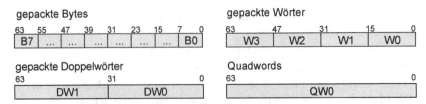

Bild 14: Datenformate des MMX-Rechenwerks

Der MMX-Befehlssatz enthält u.a. die in Tabelle 4 angegebenen Befehle.

Tabelle 4: MMX-Befehlssatz

Mnemo		Bemerkung
Logische Operationen (wirken auf alle 64 Bits)		
PAND	*Packed And*	bitweise Und-Verknüpfung
PANDN	*Packed And-Not*	bitweise Und-Verknüpfung mit negiertem erstem Operanden
POR	*Packed Or*	bitweise Oder-Verknüpfung
PXOR	*Packed Exclusive Or*	bitweise Antivalenz-Verknüpfung
Vergleichsbefehle (für X = B, W, D)		
PCMPEQX	*P. Compare Equal*	elementeweiser, vorzeichenloser Vergleich auf gleich
PCMPGTX	*P. Compare Greater*	elementeweiser, vorzeichenloser Vergleich auf größer
Transferbefehle		
MOVQ	*Move Quadword*	Transfer zw. MMX-Register und MMX-Register bzw. Speicher
MOVD	*Move Doubleword*	Transfer zw. MMX-Reg. und MMX-Reg./Speicher
PSWAPD	*P. Swap Doubleword*	Vertauschen der Doppelwörter in Registern, s. Skizze
Multiplizier/Addierbefehl (W × W → D)		
PMUL-ADDWD	*Multiply-Add*	4fache Multiplikation mit Addition zu Doppelwörtern
PADDX	*Packed Add*	Parallele Addition mit X = B, W, D

Als Ergebnis liefern die Vergleichsbefehle für jedes Elem ent (B, W, D) den W ert $F...F (also eine Folge von ,1'-Bits), wenn de r Vergleich wahr ist, andernfalls den Wert $0...0 (also eine Folge von ,0'-Bits). Dies ist in Bild 15 skizziert.

Die Befehle werden im Zweiadreß-Format angegeben. Dabei bedeutet die Assemblernotation <Befehl> R1, R2:

Der Inhalt von Register R1 wird mit dem Inhalt von R2 durch die Operation *<op>* *verknüpft und das Ergebnis wird im Register R1 abgelegt.*

In Kurzform: R1 := R1 <op> R2.

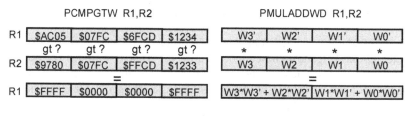

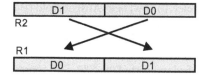

Bild 15: Skizze einiger MMX-Befehle

a) In de n 64-bit-Register n R1, R2 seien die folge nden gepackten W örter vorgegeben:

R1 = (W3, W2, W1, W0)   und   R2 = (W3', W2', W1', W0').

Geben Sie eine Befehlsfolge aus den beschriebenen Befehlen an, die im Ergebnisregister das wortweise Maxim um der beiden Operandenregister R1,   R2 enthält.
Die Eingaberegister dürfen dabei überschrieben werden.

Führen Sie die Befehlsfolge an folgendem Beispiel durch:

R1 = ($C7A0, $50FE, $0800, $7F0B)   und

R2 = ($9F40, $50FE, $A060, $3400).

b) Geben Sie an, wie man m it dem Befehl PMULADDWD „doppelt-genaue" Multi-
plikationen „16 × 16 → 32 bit" ausführen kann?

c) Im Speicher seien ab der Startadresse   Adr_1 acht 16-bit-Wörter Wi, i = 0, ..., 7,
und ab der Startadresse Adr_2 acht 16-bit- Koeffizienten Ci, i = 0, ..., 7 abgelegt.
Für diese Zahlen soll der folgende Ausdruck berechnet :

$$S = \Sigma_{i=0,...,7} \; C_i \cdot W_i$$

Geben Sie eine MMX-Befehlsfolge für die geforderte Berechnung an.
Führen Sie die Befehlsfolge symbolisch mit den Bezeichnern Wi, Ci durch.

Hinweise

- Die Summe soll im niederwertigen Teil des Ergebnisregisters stehen; der Wert
  des höherwertigen Teils im Register sei irrelevant.

- Die Startadressen der Operanden Wi, Ci für i = 4, ..., 7 seien Adr_1+4 und
  Adr_2+4.

(Lösung auf Seite 191)

Aufgabe 49: MMX-Rechenwerk (Bildbearbeitung)   (I.3.2)

In dieser Aufgabe werde wiederum das MMX-Rechenwerk *(Multimedia Extension)* betrachtet, das in Aufgabe 48 beschrieben wurde. In Tabelle 4 finden Sie dort einen Ausschnitt des MMX-Befehlssatzes, im Bild 14 werden die unterstützten Datenformate dargestellt und im Bild 15 wird die Ausführung wichtiger Befehle skizziert.

a) In vier Bereichen eines Graphikspeichers seien die im folgenden Bild 16 dargestellten 8 ×8-byte-Ausschnitte zweier Bildschirm fenster (Bereiche 2, 1), eine gleich große Maske (Bereich 0) sowie ein Ausgabefeld (Bereich 3) abgelegt. Die Adressierung der korrespondierende Zeilen dieser Bereiche geschieht – wie im Bild gezeigt – jeweils Regi ster-indirekt über ein Adreßregister I3, ..., I0 m it der Assemblerdarstellung: (Ij). Durch die benut zten Farben der Elemente weiß, grau, schwarz sollen die Hexadezimalwerte $00, $80, $FF repräsentiert werden.

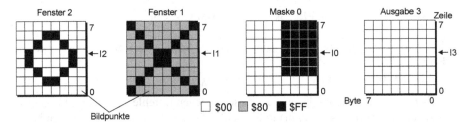

Bild 16: Ausschnitte des Graphikspeichers

Geben Sie eine Befehlsfolge an, die

- die Zeilen der Bereiche i in die Register Ri (i = 0, 1, 2) einliest,

- die Register R2, R1 m it dem Regist er R0 nach folgender Vorschrift parallel zum Ergebnisregister R3 verknüpft (j = 0, ..., 7):

  Byte j von R3 = Byte j von R2, falls Byte j von R0 = $00

  Byte j von R3 = Byte j von R1, falls Byte j von R0 = $FF.

- das Ergebnisregister in den Ausgabebereich 3 überträgt.

Skizzieren Sie durch verschiedene Muster (weiß, schwarz, schraffiert) im Ausgabebereich 3 des Bildes das Ergebnis de r oben stehenden Befehlsfolge für alle Zeilen.

b) Die Byte-Vektoren im folgenden Bild 17 repräsentieren jeweils acht Punkte, die auf einer Linie zweier dreidi mensionaler Objekte liegen und sich bei der Bildschirmdarstellung überlagern. Die oberen Zahlen geben dabe i die Farbwerte der Punkte wieder, die unteren ihren Abstand von der Bildschirmoberfläche: je größer dieser Wert, desto „tiefer" liegt der Punkt.

   Geben Sie eine Befehlsfolge an, die pa rallel für alle Paare der Punktvektoren diejenigen Punkte ermittelt, die näher an der Bildschirmoberfläche liegen, und die Farb- und Tiefenwerte dieser Punkte in di e Ausgabevektoren überträgt. Es werde dabei davon ausgegangen, daß alle Byte-Vektoren im Speicher abgelegt sind.

Bild 17: 8 Punkte des Bildschirms

Benutzen Sie für Ihre Lösung bitte die im Bild in Klammern angegebenen Variablennamen. Tragen Sie die Ergebnisse der Befehlsfolge in die Ausgabevektoren FA, TA ein.

(Lösung auf Seite 192)

Aufgabe 50: MMX-Rechenwerk (Minimum, Maximum)   (I.3.2)

In dieser Aufgabe werde wiederum das MMX-Rechenwerk *(Multimedia Extension)* betrachtet, das in Aufgabe 48 beschrieben wurde. In Tabelle 4 finden Sie dort einen Ausschnitt des MMX-Befehlssatzes, im Bild 15 und wird die Ausführung wichtiger Befehle skizziert und im Bild 14 werden die unterstützten Datenformate dargestellt.

Geben Sie für die Operandenregister R0, R1 mit jeweils vier 16-bit-Wörtern eine Folge von logischen Befehlen und MOV-Befehlen an, durch die in einem Ergebnisregister Ri

- in seinen beiden höherwertigen („linken") 16-bit-Wörtern die Maxima,

- in seinen beiden niederwertigen („rechten") 16-bit-Wörtern die Minima

von R0 und R1 abgelegt werden, wobei Maxima und Minima elementeweise über R0, R1 ermittelt werden.

Beispiel

R0 = ($073F ,$A0A0,$6324,$370A), R1 = ($A37F,$827A,$2F3E,$8520)
ergeben: R2 = ($A37F,$A0A0,$2F3E,$370A)

Nr.	Befehl	Bemerkung
1		
2		
3		
4		
5		
6		
7		
8		
9		
10		

(Lösung auf Seite 194)

Aufgabe 51: Befehlsbearbeitungszeiten   (I.3.2)

Für zwei Prozessoren A, B, die denselben Befehlssatz verarbeiten, gelten die folgenden Annahmen:

- Eine Messung von typischen Programmen für die Prozessoren A, B ergab die in der Tabelle aufgeführten Auftrittshäufigkeiten der wichtigsten Befehle:

Befehl	LOAD	STORE	ADD	SUB	COMPARE	BRANCH	Rest
Häufigkeit	22 %	12 %	8 %	5 %	16 %	20 %	17 %

- Prozessor B braucht für einen Speicherzugriff nur halb so viele Taktzyklen wie Prozessor A, für alle anderen Befehle jedoch genau so viele wie A.

- Prozessor A benötigt für einen Speicherzugriff 4 Taktzyklen, für jeden anderen Befehl nur einen Takt.

- Die Taktrate von Prozessor B ist um 15 % kleiner als die von Prozessor A.

a) Geben Sie für beide Prozessoren die durchschnittliche Befehlsbearbeitungszeiten für den oben dargestellten Befehlsmix (in Taktzyklen pro Befehl) an.

b) Welcher Prozessor bearbeitet die zugrunde gelegten typischen Programme schneller? Geben Sie die Berechnung an!

c) Um wie viel Prozent ist er schneller? Geben Sie die Berechnung an!

(Lösung auf Seite 195)

Aufgabe 52: Befehlssatz und Adressierungsarten   (I.3.3)

In dieser Aufgabe sollen Sie das folgende kleine Assemblerprogramm analysieren und hinsichtlich der Programmlänge optimieren. Der 16-bit-Prozessor habe einen 16-bit-Adreßbus. Die Darstellung im Speicher erfolgt im *Big-Endian*-Format. Die Assemblerbefehle seien mit den in Abschnitt I.3.2 beschriebenen identisch und im Zweiadreß-Format gegeben:

<Befehl> Ri, Rj   entspricht: Ri := Ri <op>Rj.

Label	Befehl		Adressierungsart
Start:	ROL	$56	
	EOR	$02(R4), R3	
	DEC	R1	
	BNE	Start	
	ADD	R3, ($006E)	
	ADD	R2, R3	
	ST	$0061, R2	

a) Ergänzen Sie die obige Tabelle um die bei den Befehlen verwendeten Adressierungsarten.

b) Vor der Ausführung des obigen Programms haben der Datenspeicher und die Register den Inhalt:

Speicherauszug (alle Werte in hexadezimaler Form):

X	0	1	2	3	4	5	6	7	8	9	A	B	C	D	E	F
005X	92	61	5D	2C	94	88	00	0A	60	02	22	19	87	AF	D0	11
006X	71	34	8D	D4	23	55	96	A0	00	57	10	22	94	AE	00	56

Registerbelegung:

R1 = $0010   R2 = $0123   R3 = $0001   R4 =$0054

Welchen Inhalt haben Register und Speicher nach der Ausführung des oben stehenden Programms? (Es reicht, nur die geänderten Zellen einzutragen.)

Register:

R1 = $.............   R2 = $.............   R3 = $.............   R4 = $.............

Speicher:

X	0	1	2	3	4	5	6	7	8	9	A	B	C	D	E	F
0050																
0060																

c) Welche Aufgabe erfüllt dieses Programm?

d) Wie läßt sich diese Aufgabe unter Verwendung der im Kapitel I.3 beschriebenen Befehle und Adressierungsarten mit minimalem Aufwand realisieren?

(Lösung auf Seite 195)

Aufgabe 53: Befehlssatz und Adressierungsarten   (I.3.3)

Ein 8-bit-Mikroprozessor besitze einen Akkumulator A, ein 8-bit-Indexregister IR sowie ein 16-bit-Basisregister BR. BR und IR können automatisch dekrementiert bzw. inkrementiert werden.

In der folgenden Tabelle 5 ist die Anfangsbelegung dieser Register sowie ein Ausschnitt aus der Belegung des Arbeitsspeichers dargestellt. Dieser Ausschnitt ist in der üblichen Matrixform gegeben. Beginnend mit der Basisadresse $A900, sind die Speicherzellen nach wachsenden Adressen zeilenweise von links nach rechts und von oben nach unten angeordnet.

(Beispiel: Die Adresse der unterstrichenen Speicherzelle m it dem Inhalt $86 wird durch Addition der hexadezim alen Spaltennummer $B zur links vor der Zeile stehenden Anfangsadresse $A960 gewonnen: $A960 + $B = $A96B.)

Beginnend m it dem durch die Tabelle ge gebenen Anfangszustand, führe nun der Prozessor die folgende Sequenz von Assemblerbefehlen aus. Die Notation der Adressierungsarten stimmt dabei mit der im Abschnitt I.3.3 benutzten überein.

Bei der Befehlsausführung ist zu beachten, daß (16-bit-)Adressen so im Speicher abgelegt werden, daß das höherwertige Byte unter der niedrigeren Speicheradresse liegt (*Big-Endian*-Format).

Tabelle 5: Anfangsbelegung der Register und Speicherbelegung

Register: A: $00 ; IR: $F5 ; BR: $A900   ⇓

Adresse	0	1	2	3	4	5	6	7	8	9	A	B	C	D	E	F
A900	A9	F1	10	8E	00	06	C6	5A	BD	F1	20	8E	00	02	BD	F1
A910	56	10	9F	00	8E	00	06	C6	EA	BD	F1	20	8E	00	02	BD
A920	F1	56	BD	F1	10	1F	20	93	00	2A	06	81	FF	27	0D	20
A930	03	4D	27	08	BD	F1	23	CC	38	7C	20	06	BD	F1	20	CC
A940	6D	7C	8E	00	06	BD	F1	16	BD	F1	43	C1	80	27	B1	C1
A950	81	26	F5	8E	00	A9	DC	00	BD	F1	23	8E	00	00	1F	20
A960	BD	F1	23	20	E3	BD	F1	10	8E	00	05	**86**	02	BD	F1	43	⇐
A970	A9	0A	24	F9	E7	82	BD	F1	1C	4A	2A	F1	8E	00	00	96
A980	A9	C1	01	22	3A	C6	64	3D	D7	00	96	03	C6	0A	3D	DB
A990	00	DB	04	D7	00	C1	80	24	26	BD	F1	43	C1	86	27	C5
A9A0	C1	80	26	0E	D6	00	86	70	BD	F1	20	30	07	BD	F1	13
A9B0	20	E7	C1	81	26	E3	D6	00	C8	FF	5C	86	40	20	E9	10
A9C0	6D	7C	8E	00	06	BD	F1	16	56	10	9F	00	8E	00	06	C6
A9D0	BD	F1	10	8E	00	06	C6	5A	26	BD	F1	43	C1	86	27	C5
A9E0	C1	80	26	0E	D6	00	86	70	BD	F1	23	8E	00	00	1F	20
A9F0	81	26	F5	8E	00	A9	30	00	C8	FF	5C	86	40	20	E9	10

1) INC   ($A955)   erhöhe den Inhalt der adressierten Speicherzelle um 1

2) CLR   ((BR)(IR)+)   setze die adressierte Speicherzelle auf   den Wert $00 zurück

3) LDA   #$7F   lade den Akkumulator A mit $7F
   STA $98(BR)   speichere A unter der effektiven Adresse

4) LD   IR,#$27   lade das Indexregister IR mit $27
   LDA   #$3F   lade den Akkumulator A mit $3F
   STA $A900(IR)   speichere A unter der effektiven Adresse

5) LDA   (BR)(IR)   lade den Akkumulator mit dem Inhalt der adressierten
                            Speicherzelle

6) STA   ((BR))   speichere A unter der effektiven Adresse

7) LD   IR,#$60   lade das Indexregister IR mit $60

   LDA   #$11   lade den Akkumulator A mit $11

   ADD $A9B0   addiere zum Inhalt von A den Inhalt der adressierten
                            Speicherzelle

   STA   (BR)+   speichere A unter der effektiven Adresse

8) ST   BR,$A900(IR)   speichere den aktuellen Inhalt von BR unter der   ef-
                            fektiven Adresse

9) CLR $10($6F(BR))(IR) setze die adressierte Speicherzelle auf   den Wert $00
                            zurück

Tragen Sie in die oben stehende den Inhalt aller Speicherzellen ein, die durch einen
der oben aufgeführten Befehle manipuliert wurden. Sch reiben Sie an jede geänderte
Speicherzelle als Index die Nu mmer 1) – 9) der Befehlsgruppe, durch die die Änderung verursacht wurde.

Als Beispiel ist in der Tabelle bereits die W irkung des folgenden Befehls eingetragen worden:

0) NOT $D8(BR)   Invertiere bitweise den Inhalt der   adressierten Spei-
                            cherzelle

effektive Adresse: EA = (BR) + ((PC) + 1) = $A900 + $D8 = $A9D8

Inhalt der adressierten Speicherzelle $A9D8: $26

    $26 = 0010 0110 —NOT→ 1101 1001 = $D9.

(Lösung auf Seite 196)

Aufgabe 54: Zero-Page-Adressierung   (I.3.3)

Der 8-bit-Mikroprozessor 6502 der Firm a *MOS Technologies* aus der Mitte der 70er
Jahre wurde m illionenfach in den PET- und C64-Rechnern der Firm a Com modore
eingesetzt. Er besaß eine   n 8-bit-Da tenbus und einen   16-bit-Adreßbus. 16-bit-
Adressen wurden byteweise unter zwei hi ntereinander folgenden Adressen im Speicher abgelegt, wobei das höherwertige Adreßbyte unter der höherwertigen Adresse zu
finden war (*Little-Endian*-Format). Der Prozessor enthielt unter anderem einen 8-bit-
Akkumulator A und ein gleich langes Indexregister Y.

a) Geben Sie für die Adressierungsart:

                    „*postindizierte indirekte Zero-Page-Adressierung*"

    mit der *Assemblerschreibweise*:

                            (<L-Adresse>),Y

die Berechnungsvorschrift für die effektive Adresse an und stellen Sie sie symbolisch (wie in den Bildern des Abschnitts I.3.3) dar.

In Maschinensprache umfaßt jeder Befehl mit dieser Adressierungsart zwei Bytes:

<OpCode> <L-Adresse>.

b) Der Befehlssatz dieses Prozessors enthielt u.a. die Befehle:

CLC	Lösche das Übertragsbit	*(Clear Carry Flag)*
LDA	Lade den Akkumulator A	*(Load Accu A)*
STA	Speichere den Akkumulator A	*(Store Accu A)*
ADC	Addiere den Speicheroperanden zum Akkumulator A	
	unter Berücksichtigung des Übertrags	*(Add with Carry)*
LDY	Lade das Y-Register	*(Load Y)*
DEY	Dekrementiere den Inhalt des Y-Registers um 1	*(Decrement Y)*
BNE	Verzweige, falls *Zero Flag* = 0, (das *Zero Flag* wird als Ergebnis einer Operation genau dann g esetzt, wenn da s A- bzw. Y-Register danach den	
	Wert $00 hat)	*(Branch not Equal)*
JSR	Unterprogrammaufruf	*(Jump to Subroutine)*
RTS	Rücksprung aus Unterprogramm	*(Return from Subroutine)*

Schreiben Sie ein Unterprogram m SUM, das im Festwertspeicher abgelegt werden kann und die 16-bit-Sum me über einen m aximal 255 byte l angen Dat enbe-
reich ber echnet. Die Anf angsadresse von SUM sei $E   000. Die um ‚1'
dekrementierte Anfangsadresse des Datenbereiches werde dem Unterprogramm in
den Speicherzellen $00A0 und $00A1, die Länge des Datenbereiches (ungleich 0)
im Y-Register übergeben. Das Endergebnis werde   in den Speicherzellen $00A2
und $00A3 zum Hauptprogramm übertragen. Stellen Sie den Unterprogram mauf-
ruf dar, falls die Sum me der 128 Bytes ab der Basisadresse $1000 berechnet wer-
den soll.

(Lösung auf Seite 197)

Aufgabe 55: Indirekte Adressierung   (I.3.3)

Ein 8-bit-Mikroprozessor besitze einen 8-bit-Datenbus   und einen 16-bit-Adreßbus.
16-bit-Adressen werden byteweise unter zwei hintereinander folgenden Adressen des
Speichers abgelegt, wobei das höherwertige Adreßbyte unter der höherwertigen
Adresse zu finden ist (*Little-Endian*-Format). Der Prozessor besitzt unter anderem einen 8-bit-Akkumulartor A und ein 16 bit langes Indexregister Y.

a) Beschreiben Sie ausführlich einen Ladebe   fehl für den Akkum ulator A für   die
   Adressierungsart „indirekte Register-indirekte Adressierung" LDA ((Y)).

b) Es liege der in Tabelle 6 vorgegebene Speicherauszug vor.

Tabelle 6: Ausschnitt der Speicherbelegung

Adresse	0	1	2	3	4	5	6	7	8	9	A	B	C	D	E	F
0390	0F	04	0B	04	0A	04	08	04	06	04	04	04	02	04	00	04
0400	10	04	90	03	12	04	92	03	14	04	94	03	16	04	06	03
0410	03	04	01	40	93	03	92	03	95	03	07	04	17	04	1F	04

Welche Werte werden bei der obi gen Adressierungsart durch ‚LDA ((Y))' in den Akkumulator geladen, w enn das Indexr egister Y die i n der folgende n Tabelle 7 gegebenen W erte besitzt? Tragen Sie die effektive Adresse und den Akkumulatorwert in diese Tabelle ein.

Tabelle 7: Effektive Adressen und Akkumulatorwerte

Indexregister Y	effektive Adresse	Akkumulator A
0404		
041e		
0399		
040d		

c) Schätzen Sie ab, wie viele Takte der obige Ladebefehl benötigt. Die Länge des Befehls soll 2 Byte betragen. Jeder Zugriff auf den Speicher benötige einen Takt-zyklus.

(Lösung auf Seite 198)

Aufgabe 56: Adressierungsarten (Umwandlung CISC → RISC)   (I.3.3)

Ein einfacher RISC-Prozessor besitze nur die in der folgenden Tabelle 8 angegebenen sechs verschiedenen Adressierungsarten, von denen für arithmetische, logische und Verschiebebefehle nur die erste benutzt wi rd. Für diese Befehle m üssen alle Operan-den in den Registern des Prozessors vorliegen. Die letzten fünf Adressierungsarten dienen nur in den Befehlen LOAD und STORE zur Selektion einer Speicherzelle so-wie in Sprung- und Verzweigungsbefehlen zur Angabe des Sprungzieles. (EA: effektive Adresse).

Der Prozessor verfüge weiterhin über ei nen Satz von 32 universellen 32-bit-Re-gistern R31, ..., R0, die s owohl als Daten- wie Adreßregister benutzt werden können. Es stehen alle im Kurs beschriebenen Befehle zur Verfügung. Der Prozessor unter-stütze nur das Zweiadreß-Format für Op eranden, die in R egistern zur Ver fügung ste-hen. Dabei entspreche dem Befehl

<Operation> Ri, Rj

die Zuweisung   Ri := Ri <op> Rj.

Tabelle 8: Adressierungsarten des RISC-Prozessors

Bezeichnung	Notation	Effektive Adresse
für arithmetische, logische, Verschiebebefehle und Transferbefehle		
Explizite Register-Adressierung	Ri	EA = i
zusätzlich für LOAD/STORE-Befehle		
Unmittelbare Adressierung (nur *Load*)	#<Operand>	EA = (PC)
Register indirekte Adressierung	(Ri)	EA = (Ri) (Inhalt von Ri)
Register-relative Adressierung:	<Offset>(Ri)	EA = (Ri) + <Offset>
Register-relative Adressierung mit Index	(Ri)(Rj)	EA = (Ri) + (Rj).
Programmzähler-relative Adressierung	<Offset>(PC)	EA = (PC) + <Offset>

a) Geben Sie für die Nachbildung der im Abschnitt I.3.3 beschriebenen komplexen CISC-Adressierungsarten jeweils eine RISC-Befehlsfolge für den Lesebefehl

$$LD\ R0,<Operand>$$

an. Kommentieren Sie jeden RISC-Befehl. Versuchen Sie, mit möglichst wenigen Registern Ri auszukommen.

1. Absolute Adressierung: LD R0,<Adresse>

2. Indirekte absolute Adressierung: LD R0,(<Adresse>)

3. Indirekte, indizierte Adressierung: LD R0,(<Offset>(R1)(R2))

4. Indizierte, indirekte Adressierung: LD R0, <2.Offset>(<1.Offset>(R1))(R2)

b) Der RISC-Prozessor verfüge über keine speziellen Flag-Manipulationsbefehle. Geben Sie Befehlsfolgen an, mit der in einem Register Rj das Bit i gezielt gesetzt bzw. zurückgesetzt werden kann. Kommentieren Sie die Befehle.

1. Setzen: Vorgaben: Rj, j = 0; Bit i, i = 15

2. Zurücksetzen: Vorgaben: Rj, j = 0; Bit i, i = 22

(Lösung auf Seite 199)

Aufgabe 57: Befehlsanalyse (OpCode)   (I.3.2 – I.3.3)

Gegeben sei ein Mikroprozessor, der Zugriff auf zwei Indexregister (B0 und B1) hat, die jeweils eine Adresse im Hauptspeicher beinhalten können. Weiterhin existieren zwei Datenregister (A und C), die jeweils ein 16-bit-Wort speichern können. Im Assemblercode (s.u.) werden diese Register durch die Bezeichner R („Register") und I („Indexregister") repräsentiert und im OpCode durch die in der Tabelle 9 angegebene Bitfolge selektiert.

Tabelle 9: Definition der Register

Register	R				I	
	A	C	B0	B1	B0	B1
Bitfolge	00	01	10	11	0	1

Der Befehlssatz des Prozessors bestehe aus den in der Tabelle 10 gegebenen 16 bit langen Befehlen. Bei der dar in angegebenen Adre sse T ha ndelt es sich um ei ne 13-bit-Speicheradresse, der Operand K stellt eine 11-bit-Konstante dar.

Tabelle 10: Befehlstabelle

OpCode	Befehl	Oper.	Funktion
000	JMP	T	springe zur Adresse T
001	ADD	R, K	addiere die Konstante K zu R und speichere das Ergebnis in R
010	SKIP	R, K	Überspringe den nächsten Befehl, wenn der Inhalt von R gleich der Konstanten K ist
011	LOADK	R, K	lade R mit der Konstanten K
100	LOADI	R, I	lade R mit dem Inhalt der Speicherzelle, deren Adresse in I steht
101	STORE	T, R	speichere R in die Speicherzelle T
110	STOREI	I, R	speichere R in die Speicherzelle, deren Adresse in I steht
111	LOAD	R, T	lade R mit dem Inhalt der Speicherzelle T

a) Gegeben sei nun das folg ende Assem blerprogramm, welches a uf dem Prozessor ausgeführt wird.

Zeile	Marke	Befehl	Argumente
1		LOADK	C,#0
2	L1:	LOADI	A, B0
3		STOREI	B1, A
4		SKIP	A,#0
5		JMP	END
6		ADD	C,#1
7		ADD	B0,#2
8		ADD	B1,#2
9		JMP	L1
10	END:		

Ergänzen Sie die folgende Tabelle, i ndem Sie zu jeder Programmanweisung die zugehörigen Werte in binärer Form eintragen.

Zeile	OpCode Register	Operand
1		
2		
3		
4		
5		
6		
7		
8		
9		
10		

b) Ergänzen Sie die folgende Tabelle, i ndem Sie zu jeder Anweisung den zugehörigen Ausdruck in der Hardwar e-Beschreibungsnotation angeben, wi e sie auch im Kapitel I.3 verwendet wird.

Zeile	Operation
1	
2	
3	
4	
5	
6	
7	
8	
9	
10	

c) Ergänzen Sie den folgenden Satz:

Es handelt sich um eine ....–Adreßmaschine.

d) Beschreiben Sie kurz die Funktion des Programms und den Inhalt von C.

(Lösung auf Seite 200)

Aufgabe 58: Programmanalyse   (I.3.2 – I.3.3)

Gegeben sei das in Tabelle 11 stehende Program msegment für einen einfachen Mikroprozessor. Alle Register des Prozessors seien 16 bit breit. Dyadische Operationen werden im Zweiadreß-Format in der folgenden Form angegeben:

<Operation>   R1,R2   entspricht: R1 := R1 <Operation> R2

Dabei kann der zweite Operand auch ein unm ittelbar *(immediate)* eingegebener Wert sein. ADR bezeichnet eine beliebige, aber feste Speicheradresse; der Wert der adressierten Speicherzelle sei $C7AB. Die Mnem ocodes der Befehle und ihre Bedeutungen stimmen mit den in Abschnitt I.3.2 beschriebenen Befehlen überein. Von den aufgeführten Befehlen soll nur der RCL-Befehl *(Rotate with Carry Left)* sich auf das *Carry Flag* auswirken.

Tabelle 11: Ein kleines Programmsegment

Nr.	Befehl		Bedeutung
1	LD	R0,#$0010	
2	LD	R1,(ADR)	
3	CLR	R2	
4	L: RCL	R1	
5	BCC	M	
6	INC	R2	
7	M: DEC	R0	
8	BNE	L	
9	RCL	R1	
10	AND	R2,#$0001	
11	ST	(ADR+1),R2	

a) Tragen Sie in Tabelle 11 die Bedeutung der einzelnen Befehle ein!

b) Geben Sie allgemein und für die o.g. Anfangsbelegung der durch ADR adressierten Speicherzelle an, welche Werte die R egister R1 und R2 n ach der Ausführung der 9. Programmzeile besitzen. Welche „Aufgabe" hat der 9. Befehl?

c) Geben Sie allgemein und für die o.g. Anfangsbelegung der durch ADR adressierten Speicherzelle an, welche Werte die Speicherzellen mit den Adressen ADR und ADR+1 nach der Ausführung der 11. Programmzeile besitzen.

d) Der JMP-Befehl *(Jump)* des unter a) beschriebenen Prozessors erlaube nur die absolute Adressierung des Sprungziels. Geben Sie eine kurze Befehlsfolge an, die es gestattet, „Register-indirekt zu springen", d.h. zu einer Adresse, die in einem Register R vorgegeben wird. (Dazu dürfen alle in Abschnitt I.3.2 beschriebenen Befehle benutzt werden. Jedoch sei ein di rektes Laden des Programmzählers aus einem Register nicht möglich.)

(Lösung auf Seite 201)

I.4 Moderne Hochleistungsprozessoren

Aufgabe 59: DRAM/Cache-Zugriffszeiten (I.4.2)

Ein Arbeitsspeicher bestehe aus DRAM-Bausteinen mit einer Zugriffszeit von 50 ns, der vorgeschaltete Cache aus SRAM-Bausteinen mit 10-ns-Zugriffszeit. In dieser Zeit sei die *Hit/Miss*-Entscheidung enthalten. Die Buszykluszeit des Prozessors sei 10 ns. Der Prozessor soll auf den Cache ohne Wartezyklen, auf den Arbeitsspeicher mit vier Wartezyklen zugreifen können. Die „Trefferrate" der Cache-Zugriffe betrage 80 %. Berechnen Sie die durchschnittliche Zugriffszeit auf ein Datum sowie die durchschnittliche Anzahl der benötigten Wartezyklen.

(Lösung auf Seite 202)

Aufgabe 60: Cache (Trefferrate im MC68020) (I.4.2)

Nach der Fallstudie im Unterabschnitt I.4.2.3 besaß der Motorola MC68020 als einer der ersten Mikroprozessoren einen integrierten Cache mit einer Kapazität von 256 byte. Berechnen Sie die Trefferrate im Cache des MC68020, wenn dieser ununterbrochen eine Programmschleife abarbeitet, die aus genau 512 Bytes besteht.

(Lösung auf Seite 202)

Aufgabe 61: Cache-Organisation (Direct Mapped Cache) (I.4.2)

Das folgende Bild 18 zeigt den Aufbau eines direkt abbilden Caches *(Direct Mapped Cache)* mit einem Ausschnitt seiner aktuellen Belegung.

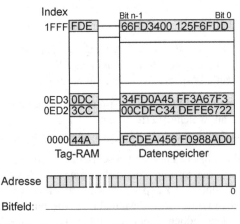

Bild 18: Belegung eines *Direct-Mapped Caches*

a) Kennzeichnen Sie im unteren Teil von Bild 18 die unterscheidbaren Bitfelder einer Speicheradresse ein, wie sie vom Cache-Controller benötigt werden! Benennen Sie diese Bitfelder und ergänzen Sie die Nummer der Bits an den Grenzen der Bitfelder. Aus wie vielen Bits besteht eine Speicheradresse, wenn der gesamte Adreßraum im Cache abgelegt werden kann? Wie groß ist der damit ansprechbare Adreßraum?

....

....

....

Anzahl der Adreßbits: ....

Adreßraum-Größe: ....

b) Berechnen Sie die Gesamtkapazität in kbyte des im Bild dargestellten Caches aus der Kapazität des Tag-RAMs und der des Datenspeichers!

Kapazität des *Tag-RAMs*: .... kbyte

Kapazität des Datenspeichers: .... kbyte

Gesamtkapazität: .... kbyte

c) Beantworten Sie die beiden folgenden Fragen und begründen Sie Ihre Antwort!

- Ist im dargestellten Cache-Ausschnitt der aktuelle Wert der Speicherzelle $0DC 5660 abgelegt?

   Ja/nein: ...., weil ....

   ....

- Welchen Wert erhält der Prozessor, wenn er mit der Adresse $3CC 7694 einen 16 bit breiten Lesezugriff durchführt?

   Gelesener Wert: $............. weil ....

   ....

(Lösung auf Seite 202)

Aufgabe 62: Cache-Organisation (I.4.2)

Ein Mikroprozessor besitze einen 32-bit-Adreßbus und einen 16-bit-Datenbus. Er verfüge über einen *Direct Mapped Cache*, dessen Datenspeicher eine Kapazität von 64 kbyte hat und Einträge *(Cache Lines)* der Länge 16 byte enthält.

a) Geben Sie die Anzahl der Cache-Einträge sowie die Organisation des Datenspeichers an. (Rechnung erforderlich!)

b) Tragen Sie in das folgende Bild die unt erscheidbaren Bitfelder einer Adresse für die Auswahl eines Bytes, eines Cache-Ei ntrags und die im Cache gespeicherte Teiladresse ein und benennen Sie diese Bitfelder:

```
31 30 29 28 27 26 25 24 23 22 21 20 19 18 17 16 15 14 13 12 11 10  9  8  7  6  5  4  3  2  1  0
```

Bitfelder:...

c) Geben Sie für die gefundene Adreßaufteilung die Kapazität und die Organisation des Adreßspeichers *(Tag-RAM)* im Cache an. (Rechnung erforderlich!)

d) Das Datenregister DR enthalte den W ert DR = $ABCD, das Adreßregister AR den Wert AR = $FACD 3A6A. Mit diesen Registern werde der Schreibbefehl ST DR, (AR) *„Schreibe DR in die Speicherzelle, deren Adresse in AR steht"* ausgeführt. Geben Sie an, welcher Eintrag im Cache verändert wird, wenn dieser

   i. nach dem **Rückschreibverfahren** verwaltet wird und ein *Write Hit* vorliegt,

   Index: $................... = ...10

   Adressen der veränderte Bytes im Eintrag: $............. und $..............

   ii. nach dem **Durchschreibverfahren** m it *Write Around* verwaltet wird und ein *Write Miss* vorliegt.

e) Der Cache sei nun als 4-fach assoziativer Cache *(n-Way Set Associative Cache)* organisiert, besitze aber die gleiche Gesamtkapazität von 64 kbyte für die Datenspeicher und dieselbe Länge der Einträge von 16 byte. Jeder Eintrag im *Tag-RAM* der Teil-Caches enthalte zwei Verwaltungsbits V *(Valid)* und D *(Dirty)*.

   Bestimmen Sie wiederum die Anzahl der Einträge pro Teil-Cache, die Organisation der *Tag-RAMs* und ihre Gesamtkapazität und die unterscheidbaren Bits einer Speicheradresse. (Rechnung erforderlich!)

   Kapazität der Teil-Caches: ....

   Einträge pro Teil-Cache: ....

   Länge der *Tag-RAM*-Einträge: ....

   Organisation der *TAG-RAMs*: ....

   Gesamtkapazität: ....

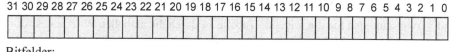

31	30	29	28	27	26	25	24	23	22	21	20	19	18	17	16	15	14	13	12	11	10	9	8	7	6	5	4	3	2	1	0

Bitfelder:...

(Lösung auf Seite 203)

Aufgabe 63: Cache-Verwaltung (I.4.2)

Ein Mikrorechner besitze einen 64-kbyte-Speicher. Der Prozessor besitze einen 8-bit-Akkumulator A. Der Zugriff zum Speicher erfolge (nur) durch die Assemblerbefehle:

LDA   n   (n ∈ {$0000, ..., $FFFF})

Lade den Akkumulator A mit dem Inhalt der Speicherstelle n,

STA   n   (n ∈ {$0000, ..., $FFFF})

Speichere den Akkumulator A unter der Adresse n.

In der folgenden Tabelle 12 sehen Sie einen Ausschnitt aus   der aktuellen Speicherbelegung in hexadezimaler Form.

Tabelle 12: Ausschnitt der Speicherbelegung

Adresse	FFFF	E4D0	D000	CF7F	CD84	A530	A0B7	9800
Datum	03	CD	35	D0	00	A7	D3	7F

Adresse	8F7F	8729	7FD0	6330	0430	01FF	0000	
Datum	D2	BC	3B	5D	7F	47	36	

a) Der Rechner besitze einen *Direct Mapped Cache* mit 256 Einträgen zu je 1 byte Länge, der nach dem Durchschreibverfahren mit *Write Around* verwaltet wird. In der folgenden Tabelle 13 ist bereits di e Belegung dieses Caches zum Beginn des Beobachtungszeitraums eingetragen.

Tabelle 13: Belegung des *Direct Mapped Cache*

Adresse des Eintrags	Tag vor	nach	Datum vor	nach
FF	FF		03	
D0	E4		CD	
B7	A0		D3	
84	CD		00	
7F	8F		D2	
30	A5		A7	
29	87		BC	
00	D0		35	

Geben Sie für die f olgenden Speich erzugriffe an, ob ein *Hit* oder ein *Miss* vorl iegt, und vervollständigen Sie die folgende Tabelle 14 durch die aktuellen W erte des Akkumulators A sowie die Angabe der durch einen Schreibbefehl veränderten Speicherzellen. Für jeden Schreibbefehl sind bereits die Akkum ulatorwerte vorgegeben. Tragen Sie die Belegung des Caches nach dem letzten Zugriff in oben stehende Tabelle 13 mit dem relevanten Cache-Ausschnitt ein.

Tabelle 14: Ergebnisse der Speicherzugriffe

	Befehl		Akku A	Hit/Miss	veränderte Speicherzelle
1.	LDA	$CD84			
2.	STA	$A530	$A8		($A530) := $_____
3.	LDA	$01FF			
4.	LDA	$01FF			
5.	STA	$FFFF	$04		($FFFF) := $_____
6.	LDA	$8F7F			
7.	LDA	$FFFF			
8.	STA	$FFFF	$05		($FFFF) := $_____
9.	LDA	$FFFF			
10.	LDA	$0000			
11.	STA	$A0B7	$D4		($A0B7) := $_____

b) Der Rechner besitze nun einen *Two-Way Set Associative Cache* m it zweim al 256 Einträgen m it jeweils 1 byte Länge, de r nach dem Durchschreibverfahren mit *Write Around* verwaltet wird. In folgender Tabelle 15 ist die Belegung dieses Caches zum Beginn des Beobachtungszeitraum es dargestellt. Der Pfeil des SB-Bits zeigt jeweils auf den im nächsten Zugriff eventuell zu verdrängenden Eintrag. Die Auswahl dieses Eintrags geschieht nach dem LRU-Verfahren, d.h. es wird der Eintrag verdrängt, auf den am längsten ni cht mehr (lesend oder schreibend) zugegriffen wurde.

Tabelle 15: Belegung des zweifach assoziativen Caches

| Adresse | Way A | | | | | | Way B | | | |
| | Tag | | Datum | | SB-Bit | | Tag | | Datum | |
	vor	nach	vor	nach	vor	nach	vor	nach	vor	nach
FF	01		47		$\Leftarrow$		FF		03	
D0	E4		CD		$\Rightarrow$		7F		3B	
B7	45		3D		$\Leftarrow$		A0		D3	
84	CD		00		$\Leftarrow$		DE		6F	
7F	CF		D0		$\Rightarrow$		8F		D2	
30	63		5D		$\Leftarrow$		04		7F	
29	87		BC		$\Leftarrow$		00		45	
00	00		36		$\Rightarrow$		D0		35	

Geben Sie für die im folgenden angegebenen Speicherzugriffe an, ob ein *Hit* oder ein *Miss* vorliegt, und tragen Sie di e durch einen Schreibbefehl veränderten Spei-cherzellen in Tabelle 16 ein. Ergänzen Sie die oben stehende Tabelle 15 durch die Belegung d es Caches nach dem letzten Zugriff. Gehen Sie wieder von der   Spei-cherbelegung aus, die am Anfang der Aufgabe dargestellt ist.

Tabelle 16: Ergebnisse der Speicherzugriffe

	Befehl		Akku A	Hit/Miss	Veränderte Speicherzellen
1.	LDA	$7FD0			
2.	STA	$CD84	$3B		($CD84) := ....
3.	LDA	$A530			
4.	LDA	$6330			
5.	STA	$FFFF	$04		($FFFF) := ....
6.	LDA	$9800			
7.	LDA	$FFFF			
8.	STA	$9800	$80		($9800) := ....
9.	LDA	$01FF			
10.	LDA	$D000			
11.	STA	$A0B7	$D4		($A0B7) := ....

(Lösung auf Seite 204)

Aufgabe 64: Cache (Pseudo-LRU-Verfahren)   (I.4.2)

In dieser Aufgabe wollen wir das Pseudo-LRU-Verfahren für einen *4-Way Set Asso-ciative Cache* genauer untersuchen, das im Unterabschnitt I.4.2.3 beschrieben wurde (vgl. insbesondere Bild I.4.2-14).

In der folgenden Tabelle 17 wird – noc h einmal – links dargestellt, wie die Bits B2, B1, B0 bei jedem Schreib- oder Lesezugriff auf einen Eintrag k in Abhängigkeit vom adressierten Weg modifiziert werden. Der W ert ‚u' zeigt dabei an, daß das ent-sprechende Bit „unverändert" bleibt. Rechts in der Tabe lle ist gezeigt, wie der Con-troller aus dem aktuellen Zustand der Bits B2, B1, B0 nach einem fehlgeschlagenen Zugriffsversuch *(Read/Write Miss)* den Weg bestimmt, in dessen Eintrag k die neuen Daten eingelagert werden. Gegebenenfalls müssen vorher die alten Daten aus diesem Eintrag k verdrängt werden, um dem neuen Eintrag aus dem Hauptspeicher Platz zu machen. Der W ert ‚d' steht darin für ‚irrelevant' *(don't care)*. Nach der Einlagerung werden die Bits B2, B1, B0, wie in der linken Tabelle angegeben, ebenfalls modifi-ziert. Bei einem *Read Hit* werden die Bits B2 – B0 nach dem linken Teil der Tabelle dem Weg entsprechend gesetzt, in dem das Datum gefunden wurde.

Tabelle 17: Die Bedeutung der Bits B2-B0

Weg	Modifikation			Einlagerung/Verdrängung			Weg
	B2	B1	B0	B2	B1	B0	
3	1	1	u	0	0	d	3
2	1	0	u	0	1	d	2
1	0	u	1	1	d	0	1
0	0	u	0	1	d	1	0

a) In einem Programm werde auf e ine Folge von Variablen A – F unter Hauptspei-cheradressen zugegriffen, die alle vom Cache-Controller in denselben Cache-Ein-trägen k abgelegt werden m üssen. Vervollständigen Sie die folgende Tabelle der aktuellen Inhalte der Cache-Einträge k und der m omentanen Zustände der Bits B2, B1, B0. 0(u) bzw. 1(u) sollen darin anzeigen, daß das entsprechende Bit un-verändert im ‚0'-Zustand bzw. ‚1'-Zustand bleibt.

Zugriff	Variable	Hit/Miss	Weg 3	Weg 2	Weg 1	Weg 0	B2	B1	B0
0	–		(frei)	(frei)	(frei)	(frei)	0	0	0
1	A	Miss	A	(frei)	(frei)	(frei)	1	1	0(u)
2	B	Miss	A	(frei)	B	(frei)	0	1(u)	1
3	A	Hit	A	(frei)	B	(frei)			
4	C	Miss							
5	D								
6	A								
7	E								
8	C								
9	F								
10	B								
11	C								

b) Für den 4-fach Satz-assoziativen Cache nach Teilaufgabe a) seien die 32-bit-Adressen in die drei Bitfelder *Tag*, Index, Byteadresse eingeteilt:

Tag: Bits 31 – 17   Index: Bits 16 – 5   Byteadresse: Bits 4 – 0

Berechnen Sie daraus die folgenden Größen:

- Anzahl der Bytes pro Eintrag *(Line Length)*: ....
- Anzahl der Einträge pro Weg: ....
- Kapazität der einzelnen Cache-Wege in kbyte: ....
- Gesamtkapazität des Caches in kbyte: ....

c) Welche der Speicherzellen mit den folgenden Adressen werden im selben Eintrag k, wenn u.U. auch in verschiedenen Wegen, des Caches abgelegt?

$CBC3 9AB1, $4635 9AA5, $D965 D236?

Welche Nummer trägt dieser Eintrag? (Kurze Begründung)

Tragen Sie *Tag*, Index und Byteadresse in hexadezimaler Darstellung in die folgende Tabelle ein.

Speicheradresse	Tag	Index	Byteadresse
$CBC3 9AB1			
$4635 9AA5			
$D965 D236			

Nummer des Eintrags: ....

(Lösung auf Seite 206)

Aufgabe 65: Einschränkung des Cache-Bereichs   (I.4.2)

Aus Kostengründen wurden bei älteren Realisierungen von Cache-Controllern nicht alle höherwertigen Bits der Speicheradressen im Adreßspeicher des Caches als *Tag* gespeichert, sondern nur ein m ehr oder weniger kleiner Teil. Die s führte dazu, daß lediglich ein eingeschränkter Bereich des gesam ten Adreßraums im Cache abgelegt werden konnten, die sog. *Cacheable Area*. Diese war typischerweise im u ntersten Adreßbereich angesiedelt. Bei der Besc hreibung dieser Cache-Controller konnte man ohne genauere Begründung lesen, daß

> *„ein Tag-RAM mit einer Breite von 8 bit zu einer maximalen Cacheable Area von 64 Mbyte führt. Üblicherweise sind ein 10 bit breites Tag-RAM für 256 Mbyte und eines mit 11 bit für die 512 Mbyte notwendig."*

Der Datenspeicher eines derartigen Cac hes sei nun 512 kbyte groß und 2-fach assoziativ *(2-Way Set Associative Cache)* organisiert mit 32-byte-Blöcken *(Cache Lines)*.

a) Leiten Sie aus den Angaben über den Cache die im oben stehenden Zitat gemachten Aussagen über die Größe der *Cacheable Area* her. Geben Sie dazu d ie Aufteilung einer 32-bit-Adresse in die unterscheidbaren Felder für den *Tag* (64, 256, 512 Mbyte), den Index und die Byteauswahl an.

```
31 30 29 28 27 26 25 24 23 22 21 20 19 18 17 16 15 14 13 12 11 10 9 8 7 6 5 4 3 2 1 0
```

8 bit: ....

10 bit: ....

11 bit: ....

Geben Sie die Herleitung für die Feldgrößen an.

Byteauswahl: ....

Index: ....

Tag: ....

b) Geben Sie für ei ne *Tag*-Größe von 8, 10 und 11 bit an, wie groß der prozentuale Anteil der *Cacheable Area* am ansprechbaren Adreßraum ist, wenn die m aximale Hauptspeichergröße 512 Mbyte bzw. 4 Gbyte beträgt.

	8 bit	10 bit	11 bit
512 Mbyte			
4 Gbyte			

c) Berechnen Sie für die *Cacheable Areas* 64, 256, 512 Mbyte die Größe des benötigten *Tag-RAMs* in kbit, wenn dabei auch die für das MESI-Protokoll benötigten Bits in den *Tag*-Einträgen berücksichtigt werden.

(Lösung auf Seite 207)

Aufgabe 66: Cache-Hierarchie (I.4.2)

Gegeben sei ein 16-bit-Mikroprozessor, der auf dem Chip einen integrierten kleinen Cache, den L1-Cache, enthält (s. Bild 19). Zwischen Prozessor und Hauptspeicher sei ein weiterer Cache, der L2-Cache, angeordnet. Bei jedem lesenden oder schreibenden Datenzugriff wird zunächst auf den L1-Cache zugegriffen und das referenzierte Datum dort gesucht. Nur wenn es dort nicht gefunden wird *(L1-Cache Read/Write Miss)*, wird auch der externe L2-Cache angesprochen. Wird auch dort kein Treffer erzielt *(L2-Cache Read/Write Miss)*, wird der Hauptspeicher adressiert.

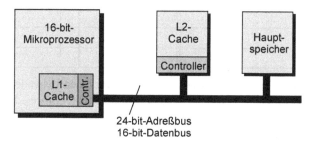

Bild 19: Mikroprozessor-System mit Cache-Hierarchie

Der L1-Cache sei als *Direct Mapped Cache* mit dem Rückschreibverfahren organisiert und enthalte maximal 64 Einträge mit je 4 byte. Der L2-Cache sei ebenfalls als *Direct Mapped Cache* organisiert. Er werde aber nach dem Durchschreibverfahren mit *Write Around* verwaltet, d.h. bei einem *Write Miss* wird das Datum nur im Hauptspeicher abgelegt. Er umfasse maximal 1.024 Einträge mit je 4 byte.

a) Kennzeichnen Sie durch senkrechte Trennstriche für beide Caches im folgenden Bild die Einteilung einer Speicheradresse in *Tag*, Index und Byteadresse.

L1-Cache

	Tag		Index		Byte-A.

Bit	23	22	21	20	19	18	17	16	15	14	13	12	11	10	9	8	7	6	5	4	3	2	1	0

	Tag		Index		Byte-A.

L2-Cache

b) Berechnen Sie für beide Caches die jeweilige Speicherkapazität für das *Tag-RAM* und den Datenspeicher.

c) In der folgenden Tabelle si nd für die zunächst gelöschten *(flushed)* Caches die Einträge nach den er sten Spei cherzugriffen – in den grau unte rlegten Felder n – dargestellt. Sie sind durch ihren *Tag*, ihren Index und die 4-byte-Datenblöcke gegeben.

L1-Cache			L2-Cache			Hauptspeicher		
Op.	*Tag*	Index	Datum	Op.	*Tag*	Index	Datum	Op.	Adr.	Datum
	F04C	38	45 DE 23 D0		5F6	7E2	DE 89 F5 3D		FA4027	FF 45 23 3A
	F400	0D	00 11 22 33		FA4	338	45 DE 23 D0		012FDC	CC AC 42 3A
	023D	2D	FC EE 56 32		022	3AE	01 23 45 67		DCE43C	CD ED FD 21
	AA46	1E	77 88 DD F0		DEE	10F	CA 5F DE 44		022EB8	01 23 45 67

Ergänzen Sie die Tabelle um die Auswirkungen der unten stehenden Speicherzugriffe durch Lesebefehle (*Load* – LD) und Schreibbefehle (*Store* – ST) mit 16-bit-Registern als Quelle oder Ziel der Daten. Dabei seien nicht ausgerichtete *(non-aligned)* Datenzugriffe auf ungerade Adressen möglich.

- Tragen Sie in die Spalten ‚Op.‘ die Num mern der Operationen ein, durch die ein Eintrag angesprochen oder verändert wird.

- Streichen Sie Einträge, die durch eine Operation verändert werden, und erg änzen Sie die Tabelle durch den geänderten Eintrag.

- Ergänzen Sie die Tabelle der Operationen durch die Angaben, ob für den L1- bzw. L2-Cache ein *Read Hit, Read Miss, Write Hit* oder *Write Miss* vorl iegt. Geben Sie für die Lesebefehle zusätz lich den Ergebniswert im verwendeten 16-bit-Register an. (Beachten Si e dabei, daß bei einem L1-*Cache Hit* auf den L2-Cache nicht mehr zugegriffen wird.)

	Registerwert	L1-Cache	L2-Cache
1. LD R1,$022EB8	R1 = $..........	....	....
2. ST R2,$023DB6	R2 = $564D		
3. LD R3,$F04CE2	R3 = $..........	....	....
4. ST R4,$FA4CE0	R4 = $FDE0		
5. LD R5,$DCE43D	R5 = $..........	....	....
6. ST R6,$012FDD	R6 = $D456		

Zur Auswertung der Operandenadressen können Sie die folgende Hilfstabelle zum Eintragen der binären Adresse für jede Operation verwenden.

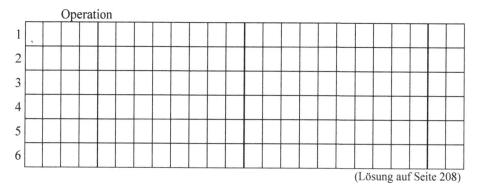

Operation

1																						
2																						
3																						
4																						
5																						
6																						

(Lösung auf Seite 208)

Aufgabe 67: Virtuelle Speicherverwaltung und TLB   (I.4.2)

Ein Mikrorechner unterst ütze die virtuelle Speicherverwaltung, durch die sein 4 Gbyte gr oßer logischer Adre ßraum auf den ta tsächlich vorhandenen, 64 Mbyte gro-ßen physikalischen Hauptspeicher abgebildet wird. Dazu benutze er das sog. Seiten-wechselverfahren, bei d em logischer und phy sikalischer Adreßraum in gleich große, 4-kbyte-Seiten aufgeteilt werden, die durch die Speicherverwaltung dynam isch ein-ander zugewiesen werden. Durch die sog. **Speicherabbildungsfunktion** wird jeder logischen Adresse LA nach folgender Vorschrift eine eindeutige physikalische Adresse PA zugeordnet:

- $(PA_{11}, ..., PA_0)$ = $(LA_{11}, ..., LA_0)$,
- $(PA_{31}, ..., PA_{12})$ = $f(LA_{31}, ..., LA_{12})$

Die Funktion f wird dabei durch mehrstufige Zugriffe auf Tabellen im Hauptspeicher oder auf der Festplatte ermittelt.

Zur Beschleunigung der Adreßerm ittlung wird ein *4-Way Set Associative Cache* eingesetzt, der *Translation Lookaside Buffer* – TLB (siehe Bild 20). Er um faßt insge-samt 64 Einträge und enthält in den *Tag-RAMs* die höherwertigen Bits der logischen Adressen, im Daten-RAM die höherwertigen Bits der physikalischen Adressen. Wird eine logis che Adresse im Cache gefunden (Treffer – *Hit*), so kann ohne Zeitverlust auf die physikalische Adresse zugegriffen werden.

Bei einem Fehlschlag *(Miss)* muß die physikalische Adresse über f berechnet und im Cache abgelegt werden. Bei der Ablage der neuen physikalischen Adresse wird die Verdrängungsstrategie *Random* angewandt, bei der der zu verdrängende Eintrag zufallsabhängig bestimmt wird.

logische Adresse La$_{31}$,..., LA$_{12}$

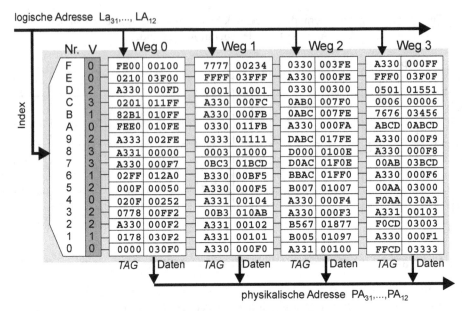

Bild 20: Aufbau des TLBs und Anfangsbelegung

a) Welche Bits der logischen Adressen LA dienen als Index, welche als *Tag*?

b) Wie groß ist der maximale Speicherbereich, der durch alle Einträge des TLBs referenziert werden kann, ohne daß eine Verdrängung stattfindet?

c) Welchen physikalischen Adreßbereich belegt der zusammenhängende Programm- oder Datenteil, der bei der logischen Startadresse $A330\ 0000 beginnt? Wie groß ist dieser Bereich? Stellen Sie dazu anhand von Bild 20 fest, wie lang die ununterbrochene Kette von Folgeseiten des logischen Adreßraums ist, die mit der vorgegebenen Startadresse beginnt und deren Anfangsadressen im TLB liegen.

d) Welcher Eintrag im TLB nach Bild 20 ist ungültig, da der physikalische Speicher nur 64 Mbyte umfaßt?

e) Ergänzen Sie in der unten stehenden Tabelle für jeden Zugriff mit den angegebenen logischen Adressen (LA), ob es sich um einen Treffer *(Hit)* oder Fehlschlag *(Miss)* handelt. Geben Sie für jeden Treffer die zugeordnete physikalische Adresse (PA) an.

f) Zur Realisierung der Verdrängungsstrategie enthält die Cache-Steuerung (s. Bild 20) für jeden Eintrag eine mit V (Verdrängung) bezeichnete Kennung, die angibt, in welchem Weg 0 – 3 der neue Wert eingetragen wird. Nach der Verdrängung wird dieser Wert nach der folgenden Formel für einen Pseudo-Zufallszahlen-Generator modifiziert:

$$V_{neu} = (1 \cdot V_{alt} + 3)\ \text{modulo}\ 4.$$

Geben Sie in unten stehender Tabelle für die unter c) gefundenen Fehlschläge *(Miss)* an, in welchem Eintrag (0 – F) und in welchem Weg (0 – 3) der neue Wert eingetragen und welcher neue Wert V_{neu} diesem Eintrag zugeordnet wird.

LA	*Hit/Miss*	PA	Eintrag	Weg	Vneu
$02FF 6AC0					
$02FF 0456					
$A330 8000					
$A330 9468					
$8888 8888					
$0001 D100					
$00B3 2800					
$2222 2000					
$0333 9880					
$3333 9880					

(Lösung auf Seite 209)

Aufgabe 68: Pipelineverarbeitung (I.4.3)

In dieser Aufgabe sollen Sie sich m it den Auswirkungen der Pipelineverarbeitung beim Auftreten von Da tenabhängigkeiten besc häftigen. Dazu werden die folgenden Annahmen getroffen:

- es gibt nur eine Pipeline,
- pro Takt kann (höchstens) ein Befehl in die Pipeline geladen werden,
- jeder Befehl verbringt in jeder Pipelinestufe genau einen Takt,
- die Berechnung der effektiven Operandenadresse (EA) findet in der Ausführungsstufe *(Execute)* statt.

Gegeben sei folgendes Programmstück:

1. CLRA   ; lösche Akkumulator A
2. LDX   #$100   ; lade Indexregister X mit $100
3. LDX   #$105   ; lade Indexregister X mit $105
4. LDA   2,X   ; lade Akkumulator A mit dem Wert aus Adresse X+2

und der Speicherauszug nach Tabelle 18 (in hexadezimaler Form).

Tabelle 18: Ausschnitt der Speicherbelegung

Adresse	100	101	102	103	104	105	106	107
Inhalt	FE	AA	12	B2	00	07	2B	E1

a) Welcher Wert wird durch den 4. Befehl des Programms in den Akkumulator A geladen, wenn

  i. keine Pipelineverarbeitung stattfindet?

  ii. eine dreistufige Pipeline: Befehl holen, decodieren, ausführen *(Fetch, Decode, Execute)* verwendet wird?

  iii. eine vierstufige Pipeline *(Fetch, Decode, Execute, Write-Back)* verwendet wird, die nach den Phasen aus b) noch eine weitere Phase zum Einschreiben des Ergebnisses in ein Register benutzt?

b) Durch welche Softwaremaßnahme kann ein Programmierer den unerwünschten Effekt der vierstufigen Pipeline aus a) iii. verhindern? Begründen Sie Ihre Antwort.

c) Durch welche Hardwaremaßnahme des Prozessors kann dieser Effekt einer vierstufigen Pipeline verhindert werden? Begründen Sie Ihre Antwort.

Geben Sie zur Begründung der Aufgabenteile a) i. und a) iii. sowie b) jeweils die Belegung der Pipelinestufen für die benötigten Takte an.

(Lösung auf Seite 209)

Aufgabe 69: Mehrfach-Pipelines   (I.4.4)

Ein Mikroprozessor besitze drei einfache Rechenwerke (RW): RW I für die Addition und Subtraktion, RW II für die logischen Operationen ‚Und', ‚Oder' und ‚Nicht' sowie RW III für die Multiplikation und Division. Jedes Rechenwerk verarbeite seine Befehle in separaten Pipelines, die jedoch die Befehls-Holphase und –Decodierphase gemeinsam haben (s. Bild 21). RW I, II führen ihre Befehle in einer Pipelinephase aus, RW III benötigt dafür zwei Phasen. Daran schließt sich in jeder Pipeline eine Rückschreibphase an.

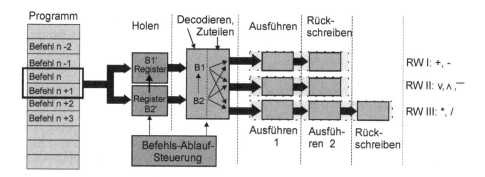

Bild 21: Rechenwerke mit mehrfachen Pipelines

Die Befehlsablaufsteuerung kann in jedem Takt (m aximal) zwei unm ittelbar hintereinander folgende Befehle aus dem Programm entnehmen und in einem Befehlsregi-
ster-Paar zwischenspeichern, die in der nächst en Pipelinephase decodiert   werden
können. Der Decoder teilt die Befehle den ihrem   Typ entsprechenden Pipelines der
Rechenwerke zu – sofern diese im augenblicklichen Takt dafür zur Verfügung stehen.
(In einem Takt können z.B. nicht zwei Addierbefehle zugewiesen werden.) Alle benötigten Operanden befinden sich in Regist ern und stehen am Ende der Decodierphase den Rechenwerken zur Verfügung. Das gi lt insbesondere a uch für Er gebnisse, die
im selben Takt in ihr Register zurückge schrieben werden. Bei der Zut eilung wird die
folgende **Strategie** realisiert:

1. Befehlspaar (B1', B2') in die Befehlsregister holen;

2. Befehlspaar (B1', B2') zum Decoder bringen [(B1', B2') $\Rightarrow$ (B1, B2)] und decodieren;
   gleichzeitig nächstes Paar (B1', B2') in die Befehlsregister holen;

3. Zuteilung:

   i. B1 kann nicht zugeteilt werden $\Rightarrow$
       (B1, B2) wartet einen Takt – und damit auch (B1', B2'); weiter mit 3.

   ii. (B1, B2) kann gemeinsam zugeteilt werden $\Rightarrow$
       beide Befehle zuteilen, weiter mit 2.

   iii. B1 kann, B2 kann nicht zugeteilt werden $\Rightarrow$
        B1 zuteilen, B2 einen Takt warten lassen;
        B1' aus Register nach Decoder und neues Paar bilden:
              aus (B2, B1') wird (B1, B2);
        B2' im Befehlsregister [aus B2' wird B1'] verschieben und neues B2' holen;
        weiter mit 3.

Wird in einem Takt einer Pipeline kein neuer Befehl zugewiesen, so speist die Ab-
laufsteuerung automatisch einen NOP-Befehl in sie ein.

a) Können zwei Befehle in einer Reihe nfolge zur A usführung an die Rechenwerke übergeben werden, die von der durch den Program mablauf vorgegebenen Reihenfolge abweicht *(Out-of-Order Execution)*?

b) Kann die Bearbeitung zweier Befehle in einer Reihenfolge beendet werden, die von der durch den Program mablauf vorgegebenen Reihenfolge abweicht *(Out-of-Order Completion)*?

c) Es sei vorausgesetzt, daß beim Auftreten einer Datenabhängigkeit die Pipeline des Rechenwerks, das den im vorgegebenen Program mablauf folgenden Befehl enthält, solange mit NOP-Befehlen gefüllt wird, bis die Abhängigkeit aufgelöst wird. Geben Sie in der folgenden Tabelle den Verlauf der Befehlsbearbeitung an, wenn die folgenden Befehle eingelesen werden. (Es reicht, die Num mer der Befehle einzutragen bzw. ,–' für den NOP-Befehl.) Vereinfachend sei angenommen, daß zum Takt 0 alle Pipelinestufen „leer" si nd, d.h. NOP-Befehle ausgeführt werden. Geben Sie auch an, nach welcher der Regeln 3i. – 3iii. die Zuteilungen jeweils geschehen.

Takt	Holen		Decodieren		RW I		RW II		RW III			Zuteilung
	B2'	B1'	B2	B1	A.	R.	A.	R.	A. 1	A. 2	R	a), b), c)
0	–	–	–	–	–	–	–	–	–	–	–	–
1												
2												
3												
4												
5												
6												
7												
8												
9												
10												
11												
12												
13												

RW I,II,III: Rechenwerk I,II,III, A.: Ausführungsphase, R.: Rückschreibpase

1. NOT   R5,R5   ; R5 := NOT R5
2. AND   R4,R4,R2   ; R4 := R4 ∧ R2
3. DIV   R9,R2,R1   ; R9 := R2 / R1
4. MUL   R3,R1,R2   ; R3 := R1 · R2

5. ADD   R0,R3,R0   ; R0 := R3 + R0
6. AND   R8,R3,R8   ; R8 := R3 ∧ R8
7. OR   R1,R5,R6   ; R1 := R5 ∨ R6
8. SUB   R4,R9,R1   ; R4 := R9 − R1
9. ADD   R7,R6,R7   ; R7 := R6 + R7
10. DIV R6,R6,R2   ;
11.   ...   (beliebige weitere Befehle)

d) Wie viele andere Befehle müssen zwischen zwei Befehlen, zwischen denen eine Datenabhängigkeit besteht, wenigstens liegen, um ein Pipelinehemmnis zu vermeiden?[1]

e) Stellen Sie die unter c) angegebenen Befehle so um, daß die Funktion des Programmstücks unverändert bleibt und bei seiner Bearbeitung keine Pipelinehemmnisse mehr auftreten, insbesondere also in jedem Takt zwei Befehle zugeteilt werden. Tragen Sie die neue Befehlsreihenfolge in die folgende Tabelle ein. Geben Sie auch die Nummern der Befehle wie unter c) an.

Takt	Nr.	Befehl
1		
2		
3		
4		
5		
6		

(Lösung auf Seite 211)

---

[1] Auch das Einfügen von NOP-Befehlen ist ein Pipeline-Hemmnis.

Aufgabe 70: Superskalarität   (I.4.4)

Das folgende Assemblerprogramm soll auf einem superskalaren 16-bit-Prozessor mit
16-bit-Adreßbus ausgeführt werden. Die Asse mblerbefehle seien m it den im Abschnitt I.3.2 beschriebenen identisch und im Zweiadreß-Format gegeben:

<Befehl> Ri, Rj   entspricht: Ri := Ri <op> Rj

Nr.	Befehl		Bedeutung
1	LD	R1, #$0001	; R1 := $0001
2	ST	$0100, R1	; ($0100) := R1
3	TFR	R2, R1	; R2 := R1
4	MUL	R1, #$0002	; R1 := R1 · $0002
5	INC	R2	; R2 := R2 + 1
6	OR	R1, #$0001	; R1 := R1∨ $0001
7	ADD	R2, $0100	; R2 := R2 + $0100
8	ADD	R1, R2	; R1 := R1 + R2

a) Geben Sie m ehrere Möglichkeiten an, di e Reihenfolge der Befehle des oben gezeigten Programms derart um zustellen, daß ein hinsichtlich der Funktion gleich-
wertiges Programm entsteht?

b) Der gegebene superskalare Prozessor verfüge über zwei identische Pipelines. W ie
muß der Scheduler die Befehle an diese Pipelines verteilen, wenn die Laufzeit des
Programms minimiert werden soll. Setzen Sie dazu – vereinfachend – voraus, daß
die Befehle alle die gleiche Ausführungsda uer haben. Geben Sie eine heuristische
Lösung an.

c) Wodurch kann die Berech nung einer optimalen Befehlszuteilung durch den *Scheduler* erschwert werden? Nennen S ie mindestens zwei Einflußfaktoren und erläutern Sie kurz deren Wirkungsweise.

(Lösung auf Seite 212)

Aufgabe 71: Verzweigungsziel-Vorhersage   (I.4.5)

Ein Prozessor besitze eine dynam ische Verzweigungsziel-Vorhersage m it zwei Vorhersagebits nach folgendem Bild 22.

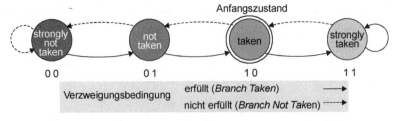

Bild 22: Verzweigungsziel-Vorhersage mit zwei Vorhersagebits

Der Prozessor führe die in der folgenden Tabelle 19 gegebene Befehlsfolge aus. Die darin verwendeten Register haben die Anfangsbelegung:

$$R0 = 0, \quad R1 = m \ (m > 0), \quad R2 = n \ (n > 0).$$

Tabelle 19: Befehlsfolge zur Verzweigungsziel-Vorhersage

Marke	Befehl	Bedeutung
L1:	CMP R1,R0	Vergleich von R1 mit R0
	BLE L4	Verzweigung zu L4, falls R1 ≤ R0
	LD R2,#m	lade R2 mit Wert m
L2:	CMP R2,R0	Vergleich von R2 mit R0
	BLE L3	Verzweigung zu L3, falls R1 ≤ R0
	....	beliebiger arithmetisch/logischer Befehl
	....	beliebiger arithmetisch/logischer Befehl
	....	beliebiger arithmetisch/logischer Befehl
	SUB R2,#1	R2 := R2 − 1
	JMP L2	unbedingter Sprung nach L2
L3:	SUB R1,#1	R1 := R1 − 1
	JMP L1	unbedingter Sprung nach L1
L4:	....	beliebiger Befehl

Es soll nun die Anzahl der richtigen und falschen Vorhersagen bestimmt werden, wenn nur die Verzweigungsbefehle, nicht aber die absoluten Sprungbefehle, „vorhergesagt" werden.

Tragen Sie zunächst für m = 4 und n = 3 in die folgende Tabelle die Ausführung der Verzweigungsbefehle (Ausf.: g – genommen, ng – nicht genommen) und den daraus resultierenden Zustand der Verzweigungsziel-Vorhersage ein! (Vorh.: SNT – *strongly not taken*, NT – *not taken*, T – *taken*, ST – *strongly taken*)

Verzw.-Befehl		Anfang	1	2	3	4	5	6	7	8	9	10
innere Schleife	Vorh.	T										
	Ausf.											
äußere Schleife	Vorh.	T										
	Ausf.											

Verzw.-Befehl		11	12	13	14	15	16	17	18	19	20	21
innere Schleife	Vorh.											
	Ausf.											
äußere Schleife	Vorh.											
	Ausf.											

Leiten Sie nun die allgemeinen Beziehungen in m und n für die Anzahl der richtigen und falsch en Vorhersage n her. Dabei wer   de nicht   mehr   zwischen   *taken/strongly taken* bzw. *not taken/strongly not taken* unterschieden.

richtig: ...., innere Schleife: ...., äußere Schleife: ....

falsch: ...., innere Schleife: ...., äußere Schleife: ....

(Lösung auf Seite 213)

I.5 Speicher- und Prozeßverwaltung

Aufgabe 72: Speicherverwaltung (Zuweisungsverfahren) (I.5.2)

Ein Arbeitsspeicher sei – wie in Bild 23 dargestellt – bis auf zwei Lücken der Größen 1.300 und 1.200 byte vollständig belegt.

Die nachfolgenden Speicheranforderungen benötigen Segm   ente der   Größen 1.000, 1.100, 250 byte.

Arbeitsspeicher

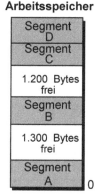

Bild 23: Anfangs-Speicherbelegung

a) Wenden Sie die Zuweisungsalgorithm en *First-fit* und *Best-fit* auf d iese Folge von Speicheranforderungen an. Welcher der beiden Algorithmen ist günstiger?

b) Vergleichen Sie beide Algorithm en bzgl. ihres Such aufwandes und der Fragmentierung!

(Lösung auf Seite 214)

Aufgabe 73: Speicherverwaltung (Ersetzungsverfahren) (I.5.2)

In dieser Aufgabe sollen an einem sehr kleinen Beispiel die Ersetzungsstrategien für einen seitenorientierten Speicher durchgespielt werden. Die folgenden Voraussetzungen seien gegeben:

- Ein Programm benötigt insgesamt M = 6 Seiten (mit den Bezeichnungen: 1 – 6).

- Für seine Arbeitsmenge stehen ihm jedoch nur K = 4 Seiten im Hauptspeicher zur Verfügung.

- Das Speicherverhalten des Programms kann durch die Zugriffsfolge $\Omega = (r_1, r_2, ..., r_i, ...)$ beschrieben werden. Dabei ist r_i die Seitennummer, auf die der i-te Zugriff erfolgt. Durch Ω wird also die zeitliche Abfolge festgelegt, mit der bestimmte Seiten benötigt werden. Gegeben sei: $\Omega = (3, 1, 2, 6, 3, 4, 1, 3, 2, 1)$.

Bestimmen Sie die Hauptspeicherbelegung nach aufsteigenden Verdrängungsprioritäten VP (0 höchste, 3 niedrigste) nach jedem durch Ω spezifizierten Zugriff und die
Anzahl der aufgetretenen Seitenfehler *(Page Faults)* jeweils für die FIFO-Ersetzungs-
strategie und die LRU-Ersetzungsstrategie, wobei jeweils die Seite mit der höchsten
Verdrängungspriorität VP = 0 die Arbeitsmenge verläßt. (m, n, o, p seien Seiten des
Programms, auf die früher zugegriffen wurde.) Tragen Sie die jeweils im Speicher
liegenden Seiten in die folgende Tabelle ein.

Ω	m	3	1	2	6	3	4	1	3	2	1	VP
FIFO	m											3
	n											2
Arbeitsmenge	o											1
	p											0
Seitenfehler j/n	-											
LRU	m											3
	n											2
Arbeitsmenge	o											1
	p											0
Seitenfehler j/n	-											

(Lösung auf Seite 215)

Aufgabe 74: Zusammenspiel von Cache und MMU   (I.5.2)

Ein Mikroprozessor soll mit einem *Direct Mapped Cache* versehen werden, dessen
256-kbyte-Datenspeicher 32 byte lange Cache-Blöcke *(Lines)* aufnimmt. Der Prozessor verfüge über eine Speicherverwaltungseinheit (*Memory Management Unit –*
MMU), die die vom Prozessor ausgegebenen virtuellen (logischen) 64-bit-Adressen
in 32-bit-Adressen umwandelt. Für diese Umwandlung werde jeweils (wenigstens)
ein Taktzyklus benötigt. Der Cache kann als virtueller oder physikalischer Cache
realisiert werden: Im ersten Fall wird er vom Prozessor durch die virtuellen Adressen
angesprochen, im zweiten von der MMU durch die physikalischen Adressen.

a) Geben Sie für beide Realisierungen ein Blockschaltbild aus Prozessor, Arbeitsspeicher, Cache, MMU und Adreß-/Datenbus an.

b) Geben Sie für beide Realisierungsformen die Aufteilung einer Speicheradresse in
Tag, Index und Byteauswahl an.

c) Berechnen Sie die jeweils benötigte Speicherkapazität für das *Tag-RAM* (in byte).

d) Geben Sie für die beiden Realisierungsformen jeweils wenigstens einen wichtigen
Vorteil an.

e) Welches Problem tritt beim virtuellen Cache auf, wenn andere System komponenten selbständig auf den Arbeitsspeicher zugreifen können? (Hinweis: *Bus Snooping*)

Realistischerweise werde jetzt angenommen, daß auch die Adressierung des Caches
einen Taktzyklus benötigt. Weiter sei vorausgesetzt, daß durch die MMU nur die höherwertigen 52 Adreßbits um gewandelt, die niederwertigen 12 jedoch unverändert
bleiben, d.h. – mit VA: Virtuelle Adresse, PA: Physikalische Adresse – gilt:

$$(PA_{31}, ...,PA_{12}) = F_{MMU}(VA_{63}, ...,VA_{12}) \text{ und } (PA_{11}, ...,PA_0) = (VA_{11}, ...,VA_0).$$

Der oben definierte Cache werde nun mit einer Mischform aus virtueller/physika-
lischer Adressierung angesprochen, bei der der Index von der virtuellen Adresse genommen, der *Tag* jedoch von dem um gewandelten Teil der physikalischen Adresse
dargestellt wird.

f) Berechnen Sie wiederum die benötigte Speicherkapazität für das *Tag-RAM*.

g) Zeichnen Sie ein verfeinertes Blockschaltbild aus Prozessor, Arbeitsspeicher,
MMU, Adreßbus (virtuell und physikalisch) und dem Cache. Beim Adreßbus
müssen die Teilbusse zur MMU sowie zum Adreßdecoder, *Tag-RAM* und Datenspeicher (Byteauswahl) des Caches bezeichnet werden.

h) Geben Sie jeweils Vor- und Nachteile dieser Mischform gegenüber dem physikalischen bzw. virtuellen Cache an.

(Lösung auf Seite 215)

Aufgabe 75: Segmentverwaltung (x86-Prozessoren) (I.5.3)

a) Wie groß ist beim x86-Prozessor die maximal mögliche Anzahl von Segmenten
für einen einzelnen Prozeß?

b) Wie groß ist maximal der virtuelle Adreßraum eines Prozesses?

c) Wie groß ist maximal der lineare Adreßraum?

(Lösung auf Seite 217)

Aufgabe 76: Segmentverwaltung (I.5.3)

a) Erläutern Sie kurz die wesentlichen Merkmale der segmentorientierten Speicherverwaltung.

b) Im Abschnitt I.5.3 haben Sie die *First-fit*-Zuweisungsstrategie zur Einlagerung
von Segmenten in den Arbeitsspeicher kennengelernt, bei der die freien Lücken
im Speicherbereich nach aufsteigenden Anfangsadressen geordnet werden und
das Segment in die erste Lücke eingelagert wird, in die es hineinpaßt. In der Praxis wird häufig auch die alternative *Rotating-First-fit*-Strategie eingesetzt:

- Die Suche nach der ersten ‚passenden' Lücke beginnt stets   unmittelbar nach dem zuletzt eingelagerten Segment.

- Ist die Suche bis zum Ende des Speicherbereichs erfolglos, so wird sie am Beginn des Speicherbereichs fortgesetzt *(Round Robin)*.

- Wird dabei der Ausgangspunkt der Suche wieder erreicht, so   kann das Segment nicht eingelagert werden.

Das Betriebssystem kann jederzeit Speicherplatz freigeben, indem es die darin abgelegten Segmente auslagert.

Betrachtet werde nun ein 20 kbyte großer Speicherbereich, in dem die folgenden Segmente, deren Größe in kbyte angegeben ist, eingelagert werden sollen:

Segment	A	B	C	D	E	F	G	H	I	J
Größe	2	3	7	4	1	2	1	4	1	1

Es finde die nachstehende Folge von Ein- und Auslagerungen statt:

A B C <u>B</u> D E F <u>A</u> <u>C</u> G H I J <u>G</u> <u>F</u> B

Darin kennzeichne die Unterstreichung eines Segm entnamens die o.g. Auslagerung dieses Segments durch das Betriebssystem.

Speicherbelegungsplan

Aktion	–	–	–	–	–	–	–	–	–	–	–	–	–	–	–	–	–	–	–
A	A	A	–	–	–	–	–	–	–	–	–	–	–	–	–	–	–	–	–
B																			
C																			
<u>B</u>																			
D																			
E																			
F																			
<u>A</u>																			
<u>C</u>																			
G																			
H																			
I																			
J																			
<u>G</u>																			
<u>F</u>																			
B																			

Tragen Sie in die oben stehende Tabelle die Belegung des Speicherbereichs nach jeder Aktion ein, wobei Sie jedes   Segment durch seinen Namen repräsentieren sollen. Dabei werde von einem zunächst völlig freien Speicherbereich ausgegangen. Jedes Kästchen der Tabelle stehe für einen 1 kbyte großen   Speicherausschnitt. Durch ‚–' werden freie Speicherplätze markiert.

c) Welchen Vorteil bietet   das *Rotating-first-fit*-Verfahren gegenüber der   *First-fit*-Strategie?

(Lösung auf Seite 218)

Aufgabe 77: Seitenverwaltung und Cache (I.5.4)

Ein Mikroprozessor m it 16-bit-Adreßbus und 32-bit-Datenbus besitze eine n *Direct Mapped Cache* mit acht 32-bit-Einträgen *(Cache Lines)*, dessen Aufbau und Belegung im Bild 24 dargestellt ist.

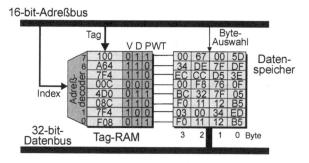

Bild 24: Aufbau und Belegung des *Direct Mapped Caches*

Zur Vereinfachung der hexadezimalen Darstellung wird das ‚$'-Zeic hen stets weggelassen und die *Tag*-Einträge werden durch so viele niederwertige ‚0'-Bits ergänzt, daß ihre Länge ein Vielfaches von 4 ist. [1] Zu jedem Eintrag stehen im *Tag-RAM* drei Statusbits zur Verfügung:

- Das V-Bit *(Valid)* zeigt an, daß der Cache-Eintrag gültig ist,

- das D-Bit *(Dirty)* zeigt an , daß auf d en Cache-Eintrag schreibend zu gegriffen wurde,

- das PW T-Bit *(Page Write-Through)* zeigt (durch eine , 1') an, daß d er Cache-Eintrag zu einer Speicherseite gehört, für die das Rückschreibverfahren benutzt wird.

Bild 25 zeigt drei Speicherseiten (mit je ach t 32-bit-Wörtern). Jede Seite besitzt zwei Steuerbits, die ihre Verarbeitung im Cache regeln:

---

[1] Beispiel: Tag 1101010101 wird dargestellt als 1100 0101 0100 = $C54.

- PCE *(Page Cache Enable)* zeigt an, ob die Wörter der Seite in den Cache eingelagert werden dürfen (PCE = 1, *cacheable*) oder nicht (PCE = 0, *non-cacheable*).

- PWT *(Page Write-Through)* legt für die Seite die Durchführung der Schreibzugriffe fest:

  PWT = 1: Durchschreibverfahren mit *Write Around*; bei einem *Write Miss* wird das Datum nur in den Arbeitsspeicher geschrieben.

  PWT = 0: Rückschreibverfahren *(Write-Back)*; beim Rückschreiben werden nur die veränderten (D = 1), gültigen (V = 1) Cache-Einträge zurückgeschrieben.

Seite 2 PCE=0, PWT=0					**Seite 1** PCE=1, PWT=0					**Seite 0** PCE=1, PWT=1				
00	F8	7F	0F		12	F8	77	FF		FF	F9	45	FF	4D1C
12	7D	66	44		34	DE	7F	DF		10	88	76	7F	4D18
FF	FC	45	0F		56	00	12	99		03	00	34	ED	4D14
6F	55	11	10		78	BF	FD	15		F0	11	12	B5	4D10
87	07	76	AA		9A	43	ED	01		DD	7F	FF	87	4D0C
EC	CC	D5	3E		BC	32	7F	05		09	58	EF	98	4D08
F4	A8	01	CD		DE	BB	34	FC		79	08	76	77	4D04
00	DE	76	0F	FA20	00	67	00	5D	7F40	10	F8	93	0F	4D00

Byte 3   2   1   0

Bild 25: Belegung der Speicherseiten

a) Geben Sie für den Cache nach Bild 24 die Aufteilung einer Adresse in *Tag*, Index und Byteauswahl an. Tragen Sie sie in folgendes Bild ein.

```
           Tag         Index    Byte
     ┌──┬──┬──┬──┬──┬──┬──┬──┬──┬──┬──┬──┬──┬──┬──┬──┐
     │  │  │  │  │  │  │  │  │  │  │  │  │  │  │  │  │
     └──┴──┴──┴──┴──┴──┴──┴──┴──┴──┴──┴──┴──┴──┴──┴──┘
      15 14 13 12 11 10  9  8  7  6  5  4  3  2  1  0
```

b) Tragen Sie in das unten stehende Bild und die folgende Tabelle die Auswirkungen der Folge von Lade- und Speicherbefehle auf den Cache und die Speicherseiten ein. Beschreiben Sie in der Spalte „Bemerkung" die Auswirkung der Befehle, insbesondere der Befehle, die nicht die betrachteten Speicherseiten oder den Cache betreffen. (Benutzen Sie die Abkürzungen: AS(n) – Arbeitsspeicher-Zellen, C(i) – Cache-Eintrag i.) Die Spalte ‚Ri' gibt für Schreibbefehle den Inhalt des Registers vor, bei Lesebefehlen müssen Sie dort das Ergebnis eintragen. Kennzeichnen Sie die Einträge in die Speicherbilder durch die Befehlsnummer.

  LD Ri, n   *„Lade das Register Ri mit dem Inhalt   des Speicherwortes mit der Adresse n."*

  ST Rj, n   *„Speichere den Inhalt des Registers Rj in das Speicherwort mit der Adresse n."*

  FLUSH   *„Schreibe alle gültigen, veränderten Cache-Einträge in die Speicherseiten mit Rückschreibverfahren zurück. Erkläre   dann alle Cache-Einträge für ungültig."*

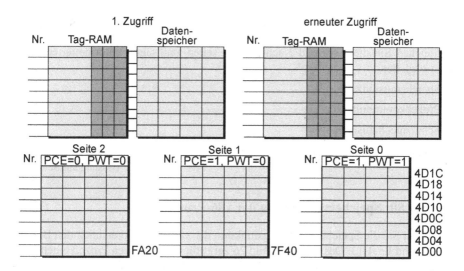

Nr.	Befehl	Ri	Bemerkung
1	LD R0,$FA28		
2	ST R1,$7F44	FE5460DC	
3	LD R2,$4D0C		
4	LD R3,$7F58		
5	ST R4,$FA3C	01234567	
6	ST R5,$4D04	5F3C72AB	
7	LD R6,$7F4C		
8	FLUSH		

(Lösung auf Seite 219)

Aufgabe 78: Seitentabellen-Eintrag (I.5.4)

Jeder Seitentabellen-Eintrag enthält ein *Accessed Bit* A und ein *Dirty Bit* D. Bei einem Seitenfehler ist es Aufgabe des Betriebssystems, eine Seite zu finden, die für die neu einzulagernde Seite geopfert wird. Vorausgesetzt sei, daß das Betriebssystem in regelmäßigen Abständen die *Accessed Bits* der eingelagerten Seiten löscht.

Geben Sie eine geeignete Strategie an, mit der anhand dieser beiden Bits eine auszulagernde Seite ausgewählt werden kann! Bedenken Sie dabei einerseits die Lokalitätseigenschaft, andererseits den Aufwand für einen Seitenwechsel. Erläutern Sie Ihre Strategie!

(Lösung auf Seite 220)

Aufgabe 79: Vergleich Seiten- vs. Segmentverwaltung   (I.5.3 – I.5.7)

Vergleichen Sie die Vor- und Nachteile von seiten- und segm entorientierten Speichern bzgl. der

- Speicherausnutzung,
- Prozeßkommunikation,
- Schutzmechanismen.

Begründen Sie Ihre Antworten ausführlich!

(Lösung auf Seite 220)

Aufgabe 80: Speicherverwaltung der x86-Prozessoren   (I.5.4)

Betrachten Sie die Speicherabbildungsfunktion der x86-Prozessoren nach den Bildern I.5.3-12 und I.5.4-13. Das folgende Bild 26 zeigt für einen aktiven Prozeß einen Ausschnitt der Speicherbelegung m it der LDT (Lokale Deskriptor-Tabelle), dem Seitentabellen-Verzeichnis (STV) und drei Seitentabellen (ST). Außerdem sind das LDT-Basisregister LDTR und das Steuerregister CR3 als Basisregister des Seitenrtabellen-Verzeichnisses angegeben.

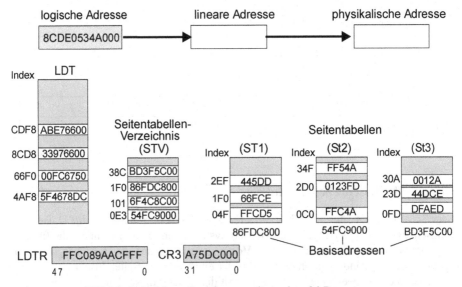

Bild 26: Beispiel zur Speicherverwaltung der x86-Prozessoren

(Hinweis: Beachten Sie bitte den Fehler im Bild I.5.4-13, in dem bei der Berechnung der Adresse des Segment-Deskriptors die Konkatenation anstelle der Addition eingezeichnet wurde. Die Ermittlung der Adresse wird im Bild I.5.3-12 richtig dargestellt:

Adresse des Segment-Deskriptors = 8 · Index + Basisadresse im Register LDTR.)

Geben Sie die einzelnen Schritte zur Be rechnung der linearen Adresse aus der im Bild vorgegebenen logische n Adresse an! Tragen Sie die lineare Adresse ins   oben stehende Bild ein!

....

....

....

....

....

a) Geben Sie die einzelnen Schritte zur Be rechnung der physikalischen Adresse aus der unter i) berechneten linearen Adresse an! Tragen Sie die physikalische Adres-se ins oben stehende Bild ein!

....

....

....

b) Bestimmen Sie für die im oben stehe nden Bild 26 angege benen Belegungen der Register L DTR und CR3 di e Größe und di e Adreßberei che der gez eichneten Ta-bellen!

LDT: Größe: ...., Adreßbereich: .... − ....

STV: Größe: ...., Adreßbereich: .... − ....

ST1: Größe: ...., Adreßbereich: .... − ....

ST2: Größe: ...., Adreßbereich: .... − ....

ST3: Größe: ...., Adreßbereich: .... − ....

(Lösung auf Seite 221)

Aufgabe 81: Trojanisches-Pferd-Problem   (I.5.5)

Mit den *Call Gates* ist ein kontrollierter Wechsel der Privileg-Ebenen möglich, d.h. es kann auf höher privilegierten Code zugegri ffen werden. Allerdings kann dabei ein Problem auftreten, das wir mit folgendem Beispiel erläutern (vgl. Bild 27):

• Eine Betriebssystem routine C0 der Pri vileg-Ebene 0 kann u.a. ein Datensegment D1 der Ebene 1 verändern.

• Ein Anwenderprozeß C3 der Ebene 3 kann über ein   *Call Gate* CG auf die Be-triebssystemroutine C0 und dam it auch auf das Datensegment D1 zugreifen, ohne daß eine Schutzregel verletzt wird, d.h. der Prozessor generiert keine *Exception*.

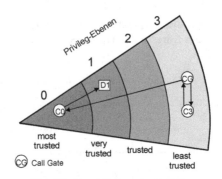

Bild 27: Zugriff über ein *Call Gate*

Bei der oben beschri ebenen Situation wird also die Zugriffsregel umgangen, daß nur auf Datensegm ente gleicher oder zahl enmäßig höherer Privileg-Ebenen zugegriffen werden darf, denn C3 in der Ebene 3 greift auf D1 in der Ebene 1 zu.
Wie läßt sich das Problem mit den uns bekannten Mitteln des Kontrolltransfers lösen?

Es wird eine Lösung gesucht, bei der einerseits die Betriebssystem routine C0 vom Anwenderprozeß C3 der Ebene 3 aufgerufen werden kann, und andererseits beim Zugriff auf ein Datensegm ent D1 der Ebene 1 vom Prozessor eine *Exception* gene- riert wird.

(Lösung auf Seite 222)

Aufgabe 82: Nonconforming Code Segment   (I.5.3)

a) Geben Sie – in graphischer und hexadezi maler Form – einen Deskriptor an, der ein *Nonconforming Code Segment* eines 32-bit- Prozessors beschreibt, auf das noch nicht zugegriffen wurde und das folgende Eigenschaften hat:

   - Privileg-Ebene: 3,

   - Größe: 256 kbyte, Einheit: 1 byte,

   - Basisadresse: $73A1 0300,

   - Lage: im Arbeitsspeicher,

   - Zugriffsrechte: Daten dürfen gelesen werden.

b) Bestimmen Sie die virtuelle (logi sche) Adresse einer Variablen, die sich mit ei- nem Offset von $022A 0FA3 in einem Codesegment der Privileg-Ebene PL = 3 befindet! Der zugehörige Deskriptor lie ge in GDT(250), d.h. im Eintrag m it der (dezimalen) Nummer 250 der GDT.

   Wie lautet (in hexadezim aler Schreibweise) die zugehörige lineare Adresse, wenn in GDT(250) der in Teil a) bestimmte Deskriptor steht?

(Lösung auf Seite 222)

Aufgabe 83: Berechnung physik. Adressen in 4-Mbyte-Seiten (I.5.4)

Skizzieren Sie nach dem Vorgehen im Abschnitt I.5.4 die Berechnung der physikalischen Adresse in einer 4-Mbyte-Seite.

(Lösung auf Seite 224)

Aufgabe 84: LRU-Ersetzungsstrategie (I.5.4)

Wie läßt sich m it Hilfe des *Accessed Bit* in den Tabelleneinträgen der Seitenverwaltung nach Bild I.5.4-4 m öglichst einfach eine LRU-ähnliche Ersetzungsstrategie im - plementieren?

(Lösung auf Seite 224)

Aufgabe 85: Berechnung der physikalischen Adresse (I.5.4)

Bestimmen Sie die physikalische Adresse, we nn die folgende lineare Adresse (in Hexadezimal-Schreibweise) gegeben ist: $FFFF F002. Das CR3-Register soll den Wert $001F A000 enthalten. Deuten Sie insbesondere die Tabelleneinträge:

- Darf das durch die Adresse selektierte Datum verändert werden?
- Befindet sich die zugehörige Seite im Hauptspeicher?
- Ist auf die Seite bereits zugegriffen worden?
- Dürfen auch Prozesse der Privileg-Ebene 3 auf das Datum zugreifen?

Der Hauptspeicher habe die in der Tabelle 20 ausschnittsweise gezeigte Belegung.

Tabelle 20: Hauptspeicherbelegung (Ausschnitt)

Adresse	Inh.	Adresse	Inh.	Adresse	Inh.	Adresse	Inh.
$00200FFF	00	$00301006	45	$001FB000	31		
$00200FFE	30	$00301005	2B	$001FAFFF	00	$001FA004	A1
$00200FFD	10	$00301004	00	$001FAFFE	20	$001FA003	02
$00200FFC	06	$00301003	05	$001FAFFD	00	$001FA002	30
$00200FFB	40	$00301002	20	$001FAFFC	25	$001FA001	41
$00200FFA	A1	$00301001	30	$001FAFFB	30	$001FA000	04
$00200FF9	11	$00301000	02	$001FAFFA	04		
$00200FF8	23						

Welcher Wert ist in der adressierten Speicherstelle $FFFF F002 abgelegt?

(Lösung auf Seite 225)

Aufgabe 86: Adreßraum-Erweiterung   (I.5.4)

a) Skizzieren Sie nach dem Vorgehen im Bild I.5.6-4 die Berechnung der physikalischen Adresse in einer 4-kbyte-Seite mit Adreßraum-Erweiterung PAE.

b) Berechnen Sie die m aximale Anzahl der   verwalteten Seiten für die folgenden Fälle:

- 4-kbyte-Seiten, keine Adreßraum-Erweiterung;

- 4-Mbyte-Seiten, keine Adreßraum-Erweiterung;

- 4-kbyte-Seiten, mit Adreßraum-Erweiterung PAE;

- 2-Mbyte-Seiten, mit Adreßraum-Erweiterung PAE.

Dabei sollen keine Seiten verschiedener Größen gemischt auftreten.

(Lösung auf Seite 226)

Aufgabe 87: Prozeß-Kontroll-Block   (I.5.6)

Wo befindet sich im Prozeß-Kontroll-Block TSS der   *Stackpointer* für die Privileg-Ebene PL = 3, wenn der zugehörige Prozeß:

a) auf der Privileg-Ebene 2 gestartet worden ist und

b) auf Privileg-Ebene 2 in den Zustand „blockiert" wechselt?

(Lösung auf Seite 228)

I.6 Digitale Signalprozessoren

Aufgabe 88: Daten-Adreßgenerator (I.6.3)

a) Die Register I0, M0, L0 des Daten-Adreßgenerators DAG1 des ADSP218x seien mit folgenden Werten belegt:

$$I0 = 0x1EB8, L0 = 0x0008, M0 = 0x0003.$$

   i. Welche Adressierungsart wird dadurch selektiert?

  ii. Welche Adreßfolge wird ausgegeben, wenn 9-mal hintereinander die Zuweisung AX0 = DM(I0,M0) ausgeführt wird?

b) Die Register I1, M1, L1 des Daten-Adreßgenerators DAG1 des ADSP218x werden zur bitreversen Adressierung (Bit 1 = 1 im MSTAT-Register) mit den folgenden Werten belegt:

$$I1 = 0x075E, L1 = 0x0000, M1 = 0x0800.$$

(I1 enthält die Basisadresse BA des Operandenbereichs in bitreverser Form über alle 14 Adreßbits.)

   i. Wie groß ist der Operandenbereich, der durch die bitreverse Adressierung angesprochen werden soll?

  ii. Wie lautet die Basisadresse BA des Operandenbereichs?

 iii. Welche Adreßfolge wird im Register I1 erzeugt und welche wird an den Operandenbereich ausgegeben, wenn die Anweisung AX0 = DM(I1,M1) 8-mal hintereinander ausgeführt wird?

(Lösung auf Seite 228)

Aufgabe 89: Schiebe-Normalisier-Einheit (I.6.3)

In dieser Aufgabe sollen Sie sich ausführlicher mit der Schiebe-Normalisier-Einheit *(Shifter)* des ADSP218x beschäftigen. Dazu finden Sie zunächst im Bild 28 die Belegung des Eingaberegisters SI und des Exponentenregisters SE.

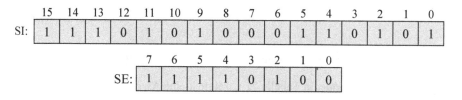

Bild 28: Belegung des Eingaberegisters SI und des Exponentenregisters SE

a) Geben Sie Befehle für den *Shifter* an, die zu den in den folgenden drei Bildern gezeigten Belegungen des Ergebnisregisters SR1, SR0 führen können.

i. Befehl: ....

	31	30	29	28	27	26	25	24	23	22	21	20	19	18	17	16
SR1	0	0	0	0	0	0	0	0	0	0	1	1	1	0	1	0

	15	14	13	12	11	10	9	8	7	6	5	4	3	2	1	0
SR0	1	0	0	0	1	1	0	1	0	1	0	0	0	0	0	0

ii. Befehl: ....

	31	30	29	28	27	26	25	24	23	22	21	20	19	18	17	16
SR1	1	1	1	1	1	1	1	1	1	1	1	1	1	1	1	1

	15	14	13	12	11	10	9	8	7	6	5	4	3	2	1	0
SR0	1	1	1	1	1	1	1	1	1	1	1	1	0	1	0	1

iii. Befehl (mit SE-Register): ....

	31	30	29	28	27	26	25	24	23	22	21	20	19	18	17	16
SR1	0	0	0	0	0	0	0	0	0	0	0	0	1	1	1	0

	15	14	13	12	11	10	9	8	7	6	5	4	3	2	1	0
SR0	1	0	1	0	0	0	1	1	0	1	0	1	0	0	0	0

b) Das Ergebnisregister der ALU habe den Wert AR = 0x0034, das Eingaberegister des Shifters den Wert SI = 0x0012. Geben Sie eine kurze Befehlsfolge an, die – angewandt auf AR und SI – im Ergebnisregister SR1, SR0 des Shifters zu dem Inhalt (SR1, SR0) = 0x00003412 führen. (Natürlich soll Ihre Befehlsfolge für alle möglichen Belegungen von AR und SI die gewünschte Funktion haben und nicht ein einfacher Ladevorgang sein.)

(Lösung auf Seite 229)

Aufgabe 90: DSP-Programmierung (einfaches Programm)   (I.6.3)

Gegeben sei das folgende, in Tabelle 21 gezeigte kleine Assemblerprogramm für den ADSP-218x.

Tabelle 21: Ein kleines Assemblerprogramm

Zeile	Befehl	Bedeutung
01	I2 = 0x1000	;
02	L2 = 0x0000	;
03	M2 = 0x0001	;
04	I3 = 0x2000	;
05	L3 = 0x0000	;
06	I6 = 0x1000	;
07	L6 = 0x0000	;
08	M6 = 0x0001	;
09	CNTR = 0x0009	;
10	AX0 = DM(I2,M2), AY0 = PM(I6,M6) ;	
11	DO Label UNTIL CE ;	
12	AR = AX0 + AY0, AX0 = DM(I2,M2), AY0 = PM(I6,M6);	
13 Label:	DM(I3,M2) = AR	; „Label" bezeichnet eine Marke,
		; die das Ende der Schleife anzeigt
14	AR = AX0 + AY0	;
15	DM(I3,M2) = AR	;

a) Welche Adressierungsarten werden für die Indexregister I2, I3, I6 gewählt, wenn im MSTAT-Register Bit 1 auf ‚0' gesetzt ist?

b) Was wird durch das Programm berechnet? Wo liegen im Speicher die Eingabedaten, wo die Ausgabedaten?

c) Warum ist der Ladebefehl in Zeile 10 notwendig, warum die Addition in Zeile 14 und der Speicherbefehl in Zeile 15?

d) Wie lange – in Taktzyklen – dauert die gesamte Ausführung des Programms, wenn jeder Befehl in einem Taktzyklus ausgeführt werden kann? Geben Sie eine Formel für den allgemeinen Fall an, daß das CNTR-Register durch den Variablenwert n geladen wird.

e) Betrachtet werde nun ein universeller Mikroprozessor, der ohne parallele Transportoperationen und Hardware-Schleifensteuerung auskommen muß. Dabei sei zu Vergleichszwecken davon ausgegangen, daß dieser Prozessor über eine Load/Store-Architektur sowie dieselbe Adressierungsmöglichkeit (s. Teilaufgabe a)) verfügt und jeden Befehl ebenfalls in einem Taktzyklus ausführt. Ergänzen Sie die im folgenden gegebene Operation um eine Folge von Operationen (in eigenen Worten) zur Berechnung der Programmschleife durch einen universellen Prozessor.

1. Lade ein Schleifenzähler-Register mit dem Wert n.

2. ....

3. ....

4. ....

5. ....

6. ....

7. ....

8. ....

Schätzen Sie den Zeitbedarf ab, den dieser universelle Mikroprozessor für die Berechnung der Programmschleife (Zeilen 10 – 15) benötigt und vergleichen Sie das Ergebnis mit dem aus d).

(Lösung auf Seite 230)

Aufgabe 91: DSP-Programmierung (32-bit-Multiplikation)   (I.6.3)

a) Gegeben sei eine vorzeichenbehaftete 32-bit-Zahl Z $= (ZH, ZL)$ im Festpunkt-Format 1.31. Stellen Sie die 16-bit-Teilzahlen ZH, ZL sowie Z als binäre Tupel dar und geben Sie jeweils die Wertigkeit des höchstwertigen Bits sowie das Format (S – „signed", U – „unsigned") an. Stellen Sie außerdem Z als gewichtete Summe aus ZH und ZL dar.

   ZH = (......, ..., ..., ...)   Wertigkeit des MSB: ...., Format: ....

   ZL = (......, ..., ..., ...)   Wertigkeit des MSB: ...., Format: ....

   Z = (......, ..., ..., ...)   Wertigkeit des MSB: ...., Format: ....

   Z = ... · ZH + ... · ZL

b) Geben Sie die Formel zur Berechnung des Produktes zweier vorzeichenbehafteter Festpunktzahlen $X = (XH, XL)$, $Y = (YH, YL)$ im 1.31-Format als Funktion der Teilzahlen XH, XL, YH, YL an, die die Stellenwertigkeit der Teilprodukte berücksichtigt. Geben Sie für die Teilprodukte das geforderte Format an (SS, SU, US, UU).

   P = X · Y = ...

   = ...

   = P3 + (P2 + P1) + P0

(Diese Bezeichnungen werden für Teilaufgabe c) benötigt.)

Format von: P3: ...., P2: ...., P1: ...., P0: ....

c) Geben Sie nun für den ADSP-218x eine Befe hlsfolge zur Multiplikation der bei-
den vorzeichenbehafteten 32-bit-Festpunkt-Zahlen X, Y im 1.31-Format (d.h. das
Ergebnis liegt im   1.31-Form at vor). Die Befehlsfolge soll die Zahlen
XH, XL, YH, YL zunächst aus dem Datenspeicher ab Adresse DM(0x3800) in die
Eingaberegister de r MAC-Einhei t einlesen, danach die gefo rderte Multiplikation
ausführen und das Ergebnis im Datenspeicher ab der Adresse DM(0x3810) ablegen. (Dabei soll das niederwertige Teilergebni s die untere Adr esse belegen. Di e
Adressierung des Ergebnisbereiches soll indirekt über einen Daten-Adreßgene-
rator DAG geschehen.)

Adresse	Befehl	Kommentar
PM(0x0100)		; Teilzahlen laden
PM(0x0101)		;
PM(0x0102)		;
PM(0x0103)		;
PM(0x0104)		; DAG für Ergebnis initialisieren
PM(0x0105)		;
PM(0x0106)		;
PM(0x0107)		; *Fractional*-Modus wählen
PM(0x0108)		; Berechnung des Produkts und
PM(0x0109)		; Abspeichern des Ergebnisses
PM(0x010A)		;
PM(0x010B)		;
PM(0x010C)		;
PM(0x010D)		;
PM(0x010E)		;
PM(0x010F)		;
PM(0x0110)		;
PM(0x0111)		;
PM(0x0112)		;
PM(0x0113)		;
PM(0x0114)		;
PM(0x0115)		;
PM(0x0116)		;

(Lösung auf Seite 231)

II.   Übungen zu Band II

II.1   Bussysteme

Aufgabe 92: PCI-Bus   (II.1.5)

Eine PCI-Karte in einem System mit mehreren PCI-Bussen besitze ein Erweiterungs-ROM, das im 4-Gbyte-Adreßraum des System s den Bereich $0180 0000 – $01FF FFFF belege.

a) In das Register CONFIG_ADDRESS der Host-Brücke werde die Adresse $8003 2831 eingetragen, über die die PCI-Karte angesprochen wird.

- An welchem der mehrfachen PCI-Busse befindet sich die Karte?
- Welche Gerätenummer hat die Karte?
- Welche Funktion wird in der Karte angesprochen?
- Welches Register des Konfigurationsbereichs wird adressiert?
- Welchen W ert liefert ein einfacher Lesezugriff auf das Register   CONFIG_DATA?

b) Mit der unter a) aufgeführten Adresse im Register CONFIG_ADDRESS werde nun zunäc hst durch einen Schreibbefehl der W   ert $FFFF FFFE ins Register CONFIG_DATA übertragen. Danach erfolge wiederum ein Lesebefehl auf das-selbe Register.
Welchen Wert liefert der Lesebefehl und wie ist dieser Wert zu interpretieren?

(Lösung auf Seite 233)

Aufgabe 93: SCSI-Bus   (II.1.6)

a) Vervollständigen Sie die folgende Tabelle, in der die Pegel der Steuersignale für den SCSI-Bus in den verschiedenen Phasen der Kom munikation angegeben sind. (Geben Sie die Signale in negativer Logik an, d. h. den H-Pegel durch ‚0', den L-Pegel durch ‚1'.)

Phase	Abkürzung	BSY#	SEL#	MSG#	I#/O	C#/D
Bus free	BF					
Arbitration	AR					
Selection	SEL					
Command	CMD					
Data in	DI					
Data out	DO					
Status	ST					
Message in	MI					
Message out	MO					

b) Im folgenden Bild 29 ist ein kleines Rechnersystem skizziert, bei dem an einem
16-bit-SCSI-Bus über einen 8-bit-Adapter ein Festplattencontroller m it zwei Fest-
platten sowie ein weiteres SCSI-Gerät angeschlossen sind.

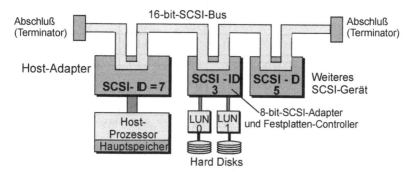

Bild 29: Ein einfaches SCSI-System

Auf dem 16-bit-Datenbus werden während einer   SCSI-Übertragung die in unten
stehender Tabelle 22 angegebenen Signalzustände (in negativer Logik) beobachtet.

Tabelle 22: Datenbus- und Steuersignale während einer SCSI-Übertragung

Takt	Steuersig.	Datenbus DB15-DB0	Takt	Steuersig.	Datenbus DB15-DB0
1	0 0 0 0 0	0000 0000 0000 0000	19	1 0 1 1 1	0000 0000 0000 0001
2	1 0 0 0 0	0000 0000 1010 0000	20	1 0 1 1 1	0000 0000 0000 0010
3	1 1 0 0 0	0000 0000 1000 1000	21	1 0 1 1 1	0000 0000 0000 0011
4	1 0 1 0 1	0000 0000 1100 0001	22	1 0 1 1 1	0000 0000 0000 0000
5	1 0 1 0 1	0000 0000 0000 0001	23	1 0 0 0 1	0000 0000 0000 1000
6	1 0 1 0 1	0000 0000 0000 0011	24	1 0 0 0 1	0000 0000 0010 0001
7	1 0 1 0 1	0000 0000 0000 0001	25	1 0 0 0 1	0000 0000 1011 0001
8	1 0 1 0 1	0000 0000 0011 0011	26	1 0 0 0 1	0000 0000 0111 1000
9	1 0 1 0 1	0000 0000 0000 1111	27	1 0 0 0 1	0000 0000 0000 0010
10	1 0 1 1 1	0000 0000 0000 0001	28	1 0 0 0 1	0000 0000 0000 0000
11	1 0 1 1 1	0000 0000 0000 0011	29	1 0 0 1 0	0000 0000 1111 0101
12	1 0 1 1 1	0000 0000 0000 0001	30	1 0 0 1 0	0000 0000 0011 1101
13	1 0 1 1 1	0000 0000 0011 0101	....	.....	....
14	1 0 1 1 1	0000 0000 0000 0111	....	.....	....
15	1 0 1 0 1	0000 0000 0000 0001	1052	1 0 0 1 0	0000 0000 1001 0111
16	1 0 1 0 1	0000 0000 0000 0010	1053	1 0 0 1 1	0000 0000 0000 0000
17	1 0 1 0 1	0000 0000 0000 0011	1054	1 0 1 1 1	0000 0000 0000 0000
18	1 0 1 0 1	0000 0000 0000 0001	1055	0 0 0 0 0	0000 0000 0000 0000

Steuersignale in negativer Logik in der Reihenfolge: BSY#, SEL#, MSG#, I#/O, C#/D

Tragen Sie in die folgende Tabelle für jeden Takt die SCSI-Busphase m   it ihrer
Abkürzung nach Teil a) ein. Fassen Sie die Takte jeder Phase zusam men. Geben
Sie für jede Phase eine E rklärung dafür an, was in dieser Phase geschieht un d er-
klären Sie die Bedeutung der einzelnen B   itfelder. Geben Sie außerdem an, wer
(Initiator/Target) die Informationen auf den Bus legt.

Takt	Phase	Erklärung	I/T
1			
2			
3			
4			
5			
6			
7			
8			
9			
10			
11			
12			
13			
14			
15			
16			
17			
18			
19			
20			
21			
22			
23			
24			
25			
26			
27			
28			
29			
30			
....			
1052			
1053			
1054			
1055			

(Lösung auf Seite 233)

Aufgabe 94: USB   (II.1.7)

In dieser Aufgabe sollen Sie sich ausführlicher mit dem *Universal Serial Bus* (USB) mit der Standard-Übertragungsrate von 12 Mbit/s beschäftigen.[1]

a) Berechnen Sie die Anzahl der Bytes, die   in jedem 1-ms-Zeitrahmen *(Frame)* übertragen werden können.

b) Kann über den betrachteten USB ein kontinuierlicher St   rom von Stereo-Audio- daten übertragen werden, der mit einer Abtastrate von 44.100 Hz und einer Auflö- sung von 16 bit pro A btastwert aufgezeichnet wird? Begründen Si e Ihre Antwor t ausführlich.

c) In einem Rechensystem mit dem betrachteten USB sollen

   i.   4 Audiokanäle m it einer erforderlichen Bandbreite von 200   kbyte/s isochron übertragen werden,

   ii. Interruptdaten im Um fang von 150 byte pro Zeitrahmen transferiert werden und

   iii. 10 % der Übertragungskapazität des Busses für Steuerdaten reserviert sein,

   iv. aber keine Daten mit langsamer Geschwindigkeit *(Low Speed)* auftreten.

   Tragen Sie in der folgenden Skizze ei nes Zeitrahmens die Belegung des USB mit den beschriebenen Datenübertragungen ein. Vernachlässigen Sie dabei – der Ein- fachheit halber – alle Datenbytes und Zeiten, die nur dem Übertragungsprotokoll *(Overhead)* dienen, also das SOF-Paket, das   EOF-Zeitintervall, die Token- und Handshake-Pakete usw. Beschriften Sie die unterscheidbaren Daten geeignet.

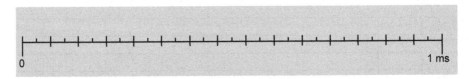

d) Von einem Scanner wird über den betrachteten USB ein Bild m it 12 Mbyte Spei- cherbedarf übertragen.[2] Wie lange dauert die Übertr agung wenigstens, w enn man die Busbelastung nach c) zugrunde legt? Geben Sie die Berechnung an.

e) Wie lange dauert die Übertragung des Bildes nach d),   wenn der USB völlig frei ist, also keinerlei andere Datenübert ragungen stattfinden? Begründen Sie Ihre Antwort.

(Lösung auf Seite 235)

---

[1] Beachten Sie: 12 Mbit/s = 12.000.000 bit/s, also 1 M = 10^6, nicht 2^{10}.
[2] Hier ist natürlich 1 MB = 2^{20} = 1.048.576

Aufgabe 95: CAN-Bus (Arbitrierung) (II.I.9)

a) Auf dem CAN-Bus werde n die in der folgenden Tabelle (in Hexadezimalform) dargestellten Bitfolgen beobachtet. Dabe i entspreche das MSB *(Most Significant Bit)* dem Bit ID28 des Identifikationsfeldes ID28, ..., ID18 bzw. ID28, ..., ID0.

Nr.	Bitfolge (hexadezimal)	Format (S/E)	Identifikation (hexadezimal)	Rahmentyp (D/A)	Datenfeldlänge (DLC)
1	$4339AC5D00				
2	$39A18ABCDE				
3	$FE9BDCFE10				
4	$3A7A725900				
5	$3C616ADEF0				

i. Ergänzen Sie die Tabelle um das Format des Identifikationsfeldes S/E („Standardformat" oder „Erweitertes Form at"), um die Identifikationen der Nachrichten und ihren Typ D/A („Datenrahmen" bzw. „Anforderungsrahm en") sowie die Länge DLC des übertragenen Da tenfeldes. (Der Einfachheit halber können Sie die Kennung im erweiterten Form at inklusi ve der eingeschlossenen Bits RTR, IDE, SRR und „reserviert" angeben.)

ii. Welche der ermittelten Kennungen ist ungültig? (Begründung)

Kennung-Nr.: ...., weil ....

iii. In welcher Reihen folge scheiden die Nachrichten bei der Bus-Arbitrierung aus? Stellen Sie den bitweisen Abla uf der Arbitrierung für die ersten 12 Bits der Identifikationen dar. Kennzeichnen Si e dabei die Bits, in denen die einzelnen Nachrichten unterliegen.

 1.   __ __ __ __ __ __ __ __ __ __ __ __

 2.   __ __ __ __ __ __ __ __ __ __ __ __

 3.   __ __ __ __ __ __ __ __ __ __ __ __

 4.   __ __ __ __ __ __ __ __ __ __ __ __

 5.   __ __ __ __ __ __ __ __ __ __ __ __

Buszustand: __ __ __ __ __ __ __ __ __ __ __ __

Reihenfolge: ....

iv. Welche binären Werte müssen im Akzeptanz-Kennungsregister AKR und Akzeptanz-Maskenregister AMR eines Knotens stehen, der nur Nachrichten vom Typ Nr. 2 empfangen soll?

AKR = ...$_2$ = \$ ...., AMR = ...$_2$ = \$ ....

v. Welcher Wert steht nach dem Arbitrierungsverfahren im *Arbitration Lost Capture Register* ALCR des Knotens, der die Nachricht Nr. 5 aussenden wollte?

ALCR = ...$_{10}$ = \$ ....

b) Wie im Abschnitt II.1.9 beschrieben, wird auf dem CAN-Bus das Verfahren des *Bit Stuffings* durchgeführt, bei dem der Sender nach jeweils 5 Bits gleicher „Polarität" (rezessiv bzw. dominant) ein Bit der entgegengesetzten Polarität einfügt, das vom Empfänger dann wieder entfernt werden muß. Kennzeichnen Sie in den folgenden Teilaufgaben alle Bits, die durch das *Bit Stuffing* bei der Übertragung auf dem CAN-Bus hinzugefügt werden. Angenommen werde dabei, daß die betrachteten Nachrichten mit dem links stehenden Bit zuerst übertragen werden.

i. Welche Bitfolge wird auf dem CAN-Bus übertragen, wenn der Sender die folgenden, in binärer Form vorliegenden Daten übertragen will?

Sender	CAN-Bus

00100111011111101000000000000110... $\Rightarrow$ ....

ii. Welche Daten übernimmt der Empfänger, wenn er auf dem CAN-Bus die folgende Bitfolge liest?

CAN-Bus	Empfänger

10100000100111110001000001011 0... $\Rightarrow$ ....

c) Ein Knoten sende nach seinem Anschalten an den CAN-Bus eine Folge von korrekten (d.h. fehlerfreien) und fehlerhaften Nachrichten, die durch die Kürzel k bzw. f bezeichnet werden:

Nr.	1	2	3	4	5	6	7	8	9	10	11	12	13
Kennung	k	k	f	k	f	k	k	k	f	k	k	k	k
Zähler													

i. Tragen Sie in die letzte Zeile der oben stehenden Tabelle den jeweils vorliegenden Wert des Sende-Fehlerzählers *(Tx Error Counter)* ein.

ii. Die fehlerhaft ausgesandten Nachrichten des Knotens seien näherungsweise gleichmäßig in seinem Nachrichtenstrom verteilt. Geben Sie an, wie groß der Prozentsatz der fehlerhaften Nachrichten höchstens sein darf, wenn der Knoten nicht (fast sicher) in den *Bus Off*-Zustand gehen soll.

....

....

....

....

(Lösung auf Seite 235)

Aufgabe 96: CAN-Bus (Nachrichtenempfang)   (II.1.9)

Eine Funkuhr mit CAN-Bus-Schnittstelle übertrage die aktuelle Uhrzeit und das Datum im 14-stelligen BCD-Code im Standard-Format in folgender Form:

hhmmssTTMMJJJJ

wobei die Übertragung mit der Stundenangabe beginnt.
(hh: Stunde, mm: Minute, ss: Sekunde, TT: Tag, MM: Monat, JJJJ: Jahr)

Auf dem CAN-Bus werde die folgende, in hexadezimaler Form vorliegende Nachricht der Funkuhr aufgezeichnet:

$6690E2E648A2C0C4006265FFFF

Das höchstwertige Bit dieser Nachricht ist das *Start-of-Frame Bit* SOF; am Ende der Nachricht wurden zur Erleichterung der Hexadezimaldarstellung ‚1'-Bits *(Bus Idle)* so hinzugefügt, daß die Bitanzahl ein Vielfaches von 4.

a) Geben Sie zunächst die gelesene Nachricht [3] als Bitfolge an. Kennzeichnen und benennen Sie darin die unterscheidbaren Bitfelder.

0 [   ] 31

32 [   ] 63

64 [   ] 95

b) Welche Zeit und welches Datum werden durch die Nachricht übertragen?

Datenbytes in hexadezimaler Form: $..
Uhrzeit (hh:mm:ss):   ....
Datum (TT.MM.JJJJ):   ....

---

[3] genauer: die ersten 96 Bits.

c) Wurde die Nachricht bereits von einem Empfänger gelesen und als fehlerfrei quittiert? (Begründung erforderlich.)

d) Geben Sie die 12-bit-Identifikation (einschließlich RTR-Bit) der oben stehenden Nachricht als Hexadezimalzahl an:

ID1 = $...

e) Ein weiterer Controller am CAN-Bus versuche gleichzeitig zur Funkuhr, eine andere Nachricht mit der 12-bit-Identifikation (inklusive RTR-Bit) ID2 = $CE7 abzusenden.

Geben Sie an, welche der Nachrichten zuerst übertragen wird und in welchem Bit der Identifikation (ID28, ..., ID18) sich die erfolgreiche Nachricht durchsetzt.

ID1 = ...2

ID2 = ...2

f) Ein CAN-Controller enthalte in seinem Akzeptanzkennungs-Register AKR und in seinem Akzeptanzmasken-Register AMR die folgenden Werte:

AKR = $FC, AMR = $31.

Geben Sie an, ob dieser Controller die Nachricht der Funkuhr akzeptiert oder nicht. Begründen Sie Ihre Antwort!

(Lösung auf Seite 237)

Aufgabe 97: CAN-Bus (Nachricht senden)   (II.1.9)

a) Vier Knoten A,..,D am CAN-Bus senden gleichzeitig Nachrichten mit den folgenden, hexadezimal dargestellten 12-bit-Identifikationen (inklusive RTR-Bit) aus:

$$ID_A = \$772, \quad ID_B = \$62E, \quad ID_C = \$967, \quad ID_D = \$61C.$$

i. In welcher Reihenfolge setzen sich die Nachrichten bei der Bus-Arbitrierung durch? Stellen Sie den bitweisen Ablauf der Arbitrierung dar!

ii. Welcher Wert steht im *Arbitration Lost Capture Register* ALCR des Knoten B nach dem Arbitrierungsvorgang, wenn die Bits des Identifikationsfeldes (ohne RTR-Bit) – wie in Abschnitt II.1.7 gezeigt – mit ID28, ..., ID18 durchnumeriert werden?

iii. Welche der Nachrichten A, ..., D übertragen Daten, welche fordern Daten an?

iv. Welche der angegebenen Nachrichten wird vom Knoten D akzeptiert, wenn sein Akzeptanzkennungs-Register AKR den Wert $67 und das Akzeptanzmasken-Register AMR den Wert $07 haben?

v. Geben Sie für die Belegung der Register AKR und AMR nach iv. den gesam -
ten Bereich der Nachrichtenidentifikationen an, die vom Knoten D akzeptiert
werden.

b) Ein Therm o-Element m it integriertem CAN-Bus-Controller messe Temperaturen
im Bereich –75 °C bis 150 °C mit einer Genauigkeit von zwei Nachkommastellen.
Die Temperaturwerte werden als 6stellig e B CD-Zahlen übertra gen. Dabei stellt
die erste („linke") Stelle das Vorzeichen in gewohnter W eise dar: „+' ≡ „0', „–
' ≡ ,1'. Die Übertragung beginnt m it dem Vorzeichen, danach folgenden die
Ziffern m it absteigender W   ertigkeit. Der Dezim   alpunkt werde nicht m   it
übertragen, sondern implizit nach dem 4. übertragenen Zeichen angenommen.
Geben Sie bitweise und hexadezim al die vollständige Nachricht an, die den
Temperaturwert T = –032,65°C mit der Identifikation $65E auf dem CAN-Bus
überträgt. (Für die Hexadezim aldarstellung beginnen Sie m it dem SOF-Bit und
füllen die Bitfolge ggf. am Ende mit den rezessiven Bits der Rahmenpause auf.)
Zur Vereinfachung werde die 15-bit-Prüfzeichenfolge CRC – anders als im
CAN-Standard – durch die BCD-codi erte Anzahl d er „1'-Bits in allen vorausge-
hend übertragenen Bitfeldern der Nachricht (einschließlich SOF) gewonnen.

(Lösung auf Seite 238)

II.2   Aufbau und Organisation des Arbeitsspeichers

Aufgabe 98: Speicherorganisation   (II.2.2)

Betrachten Sie die Bilder II.2.2-1 und II.2.2-3.

a) Unterstellt sei eine Organisation $m \times 8$ bit eines Fest wertspeicher-Bausteins. Bestimmen Sie für $n = 13$ die Anzahl der Zeilen und Spalten einer quadratischen Speichermatrix. Wie groß sind in diesem Fall der Wert m, die Anzahl der Adreßleitungen zur Zeilenauswahl und die Anzahl K der Leitungen pro Bündel?

b) Skizzieren Sie das Multiplexer-Schaltnetz zur Auswahl von jeweils genau acht Speicherzellen.

(Lösung auf Seite 239)

Aufgabe 99: Speicherzellen (mit Ohmschen Widerständen)   (II.2.3)

Versuchen Sie zu erklären, warum Ohm sche Widerstände als Koppelelem ente zwischen den Zeilen- und Spaltenleitungen A bz w. B nach Bild II.2.3-1 sehr ungeeignet sind.

(Lösung auf Seite 239)

Aufgabe 100: EPROM-Baustein   (II.2.4)

Auf der beiliegenden CD-ROM finden Sie in der Datei Am27X64.pdf das Datenblatt zum EPROM-Baustein Am 27X64 der Fi rma AMD (Advanced Micro Devices). Ihre Aufgabe ist es, dieses Datenblatt gründlich zu „studieren" und danach die folgenden Fragen zu beantworten:

a) Welche Kapazität und welche Organisation besitzt der Baustein?

b) In welchen Gehäusetypen wird der Baust ein angeboten? Wie viele Anschlüsse haben diese Gehäuse? Wie viele der Anschlüsse sind nicht belegt (NC – *No Internal Connection*)?

c) Mit welcher Betriebsspannung wird der Baustein betrieben?

d) In welchen Bereichen m üssen alle Eingangs- und Ausgangsspannungen, bezogen auf das Massepotential, liegen, um den Baustein vor Zerstörung zu schützen?

e) Welche Spannungsbereiche definiere n H-Pegel und den L-Pegel an den Eingängen bzw. Ausgängen des Bausteins?

f) Wie wird der Baustein in den Strom sparmodus *(Stand-by Mode)* versetzt? W ie groß ist die Stromaufnahme und der Leistungsverbrauch in diesem Modus?

g) In welchem Bereich liegt die m aximale Zugriffszeit der verschiedenen Typen des Bausteins? Wie groß ist sie für den Bausteintyp Am27X64-55?

h) Welche Pegel m üssen die Steuersignal e CE# oder OE# des Bausteins für einen Lesezugriff annehmen? Wie lange m uß der Baustein das ausgegebene Datum noch stabil auf dem Datenbus halten *(Output Hol d Ti me)*, nachdem Adressen, CE# oder OE# deaktiviert wurden?

i) Wie lange müssen die Adressen stabil an den Eingängen des Bausteins anliegen? Wie groß ist dieser Wert für den Am27X64-55, wie groß für den Am27X64-255?

j) Nehmen Sie an, daß ein Adreßdecoder t $_{DEC}$ = 10 ns benötigt, um aus einer Adresse das Auswahlsignal CE# d es Bausteins Am 27X64-55 zu er zeugen. W ie lan ge dauert es m aximal vom Anlegen einer gültigen Adresse am Adreßdecoder und dem Speicherbaustein bis zur Ausgabe eines gültigen Datums an den Speicherausgängen?

k) Wie viele Wartezyklen muß ein Prozessor beim Lesezugriff auf den Am27X64-55 einlegen, wenn er selbst eine Buszykluszeit von 10 ns besitzt und die Dauer eines Wartezyklus mit der eines Buszyklus übereinstimmt. Skizzieren Sie den zeitlichen Ablauf eines Lesezugriffs auf dem System bus m it allen relevanten Signalen. Die Anforderung der Wartezyklen über ein READY-Signal werde vom Adreßdecoder erzeugt.

(Lösung auf Seite 240)

Aufgabe 101: Statische CMOS-Zelle (II.2.4)

Beschreiben Sie die Funktionsweise der st atischen CMOS-Speicherzelle nach Bild II.2.4-3.

(Lösung auf Seite 241)

Aufgabe 102: Dynamische 3-Transistor-Speicherzelle (II.2.4)

Im Bild 30 sehen Sie das Schaltbild einer dynam ischen 3-Transistor-Speicherzelle *(3-Device Cell)*. Bei dieser Zelle wird zur Speicherung der Information die *Gate*-Kapazität C des Transistors TSP benutzt. Sie ist im Bild gestrichelt als Kondensator gezeichnet. Für das Schreiben bzw. Lesen de r Zelle werden jeweils ein Tripel (Z_X, B_X, T_X) bzw. (Z_Y, B_Y, T_Y) benutzt, bestehend aus einer (Zeilen-)Auswahlleitung Z, einer Bitleitung B und einem Schalttransistor T.

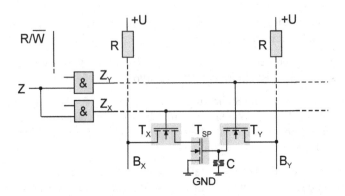

Bild 30: 3-Transistor-Zelle

Beschreiben Sie die Funktionsweise der Zelle für das Einschreiben und Auslesen einer Information. Beantworten Sie insbesondere die folgenden Fragen:

a) Welcher Buchstabe (X bzw. Y) ist logisch dem Einschreiben bzw. dem Auslesen zuzuordnen?

b) Wie muß die R/$\overline{W}$-Leitung mit den freien Eingängen der Und-Gatter verbunden werden?

c) Wird durch das Lesen der Zelle die gespeicherte Information zerstört? (Begründung)

d) Muß die Zelle in regelmäßigen Abständen wieder aufgefrischt werden *(Refresh)*? (Begründung)

e) Erweitern Sie die Schaltung im Bild 30 durch Tristate-Gatter so, daß die Bitleitungen B$_X$, B$_Y$ zu einer Datenleitung D zusammengefaßt werden. Die Steuerung der Tristate-Gatter geschieht durch die R/$\overline{W}$-Leitung.

(Lösung auf Seite 242)

Aufgabe 103: Leseverstärker für dynamische RAMs   (II.2.4)

Schauen Sie sich zunächst noch einmal genau den Schreib-/Leseverstärker eines dynamischen RAMs nach Bild II.2.4-13 an.

Skizzieren Sie nun den zeitlichen Verlauf aller wesentlichen Signale beim Lesen der Speicherzellen 4 bzw. 70, wenn in ihnen der logische Wert ‚0' bzw. ‚1' gespeichert ist.

(Lösung auf Seite 243)

Aufgabe 104: Bank- und Seitenadressierung   (II.2.6)

Ein (byteweise adressierbarer) Arbeitsspei cher sei aus DRAM-Bausteinen ohne Seitenzugriff aufgebaut, die in B Speicherbänken (B $= 2^s$; s $= 0, ..., 3$) untergebracht sind (s. Bild 31).

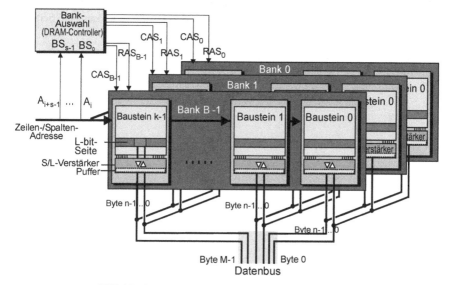

Bild 31: Hauptspeicher mit mehreren Speicherbänken

Die Breite eines Speicherworts sei M byte   (M $= 2^m$; m $= 0, ..., 3$). Die DRAM-Bausteine besitzen ei ne Organisation von N × n byte (n $= 2^q$; q $= 0, 1, 2$; n $\leq$ M, N beliebig groß). Eine Seite (Zeile) ihrer Speicherm atrizen habe eine Länge von L bit (L $= 2^p$; p $= 8, ..., 12$). Es werde davon ausgegangen, daß die m eisten Speicherzugriffe auf eine Folge von Speicherwörtern unter sequentiellen Adressen stattfinden.

a) Die benutzten Speicherbausteine sollen zunächst nicht über die Möglichkeit eines Seitenzugriffs verfügen, d.h. die Schreib-/Leseverstärker (S/L) besitzen keine Pufferregister. In einer Zugriffsfolge unter sequentiellen W   ortadressen finde ein Bankwechsel nach jedem Zugriff statt.

   i. Bestimmen Sie allgem ein (in s, m, p, q) die geeigneten Adreßsignale $A_{i+s-1}, ...,$ A_i für die Ansteuerung der Bankauswahlsignale $BS_{s-1}, ..., BS_0$.

   ii. Geben Sie die Adreßsignale für den folgenden Fall an:
       vier Speicherbänke, byteweise organisi erte DRAMs, 64-bit-Speicherwörter, Seitengröße: 1024 bit.

b) Nun bestehe der Arbeitsspeicher aus DRAMs m it Seitenzugriff (Pufferregister in den S/L-Verstärkern). Alle andere n obe n gem achten Annahm en sol len weiterhin gelten. In einer Zugriffsfolge unter sequentiellen   Wortadressen finde ein Bankwechsel bei jedem Wechsel der aktiven Speicherseite statt.

i. Bestimmen Sie wiederum allgem ein (in s, m, p, q) die geeigneten Adreßsi-
    gnale A_{i+s-1}, ..., A_i für die Ansteuerung der Bankauswahlsignale BS_{s-1}, ..., BS_0.

ii. Geben Sie die Adreßsignale für den folgenden Fall an:
    M = 4 byte, zwei Speicherbänke,
    N×16-bit-DRAMs, Seitengröße: 4.096 bit.

(Lösung auf Seite 244)

II.3   Systemsteuer- und Schnittstellenbausteine

Aufgabe 105: Interrupt-Controller (Steuerregister)   (II.3.2)

Erklären Sie den Unterschied in der W irkung des CE-Bits zu der des $\overline{\text{I/P}}$ -Bits bzw.
des beschriebenen ENI-Eingangs (s. Bild II.3.2-2 und Bild II.3.2-5).

(Lösung auf Seite 244)

Aufgabe 106: Interrupt-Controller (im PC)   (II.3.2)

Die Interruptsteuerung ei nes Personal Com puters besteht aus zwei Interrupt-Controllern (PIC) vom Typ Intel 8259A, wie sie im   Abschnitt II.3.2 (in vereinfachter
Form) beschrieben wurden. Diese bilden ein kaskadiertes   System aus einem *Master*
und einem *Slave*. Die Eingänge der Interrupt-Controller sind m it den 16 Interruptsi-
gnalen IRQ0 – IRQ15 verbunden. Der *Slave*-Controller hängt dabei am Eingang IR2
des *Masters* (Signal IRQ2).

a) Vervollständigen Sie den Schaltplan in B ild 32, indem Sie die entsprechenden Si-
    gnalleitungen und Ein-/Ausgänge miteinander verbinden.

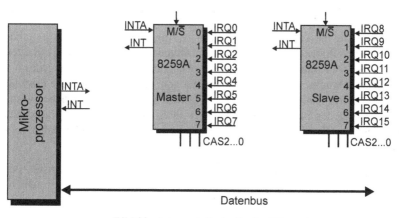

Bild 32: Interrupt-Controller im PC

Die folgende Tabelle 23 gibt an, welche Kom ponenten des PCs an den verschiedenen
Interruptleitungen angeschlossen sind.

Tabelle 23: Interruptquellen im PC

Signal	Komponente	Priorität	INT $___	relative Adresse
IRQ0	Timer 0 (Systemuhr)			
IRQ1	Tastatur			
IRQ2	Slave-PIC			
IRQ3	serielle Schnittstelle 2 (COM2)			
IRQ4	serielle Schnittstelle 1 (COM1)			
IRQ5	parallele Schnittstelle 2 (LPT2)			
IRQ6	Diskettencontroller			
IRQ7	parallele Schnittstelle 1 (LPT1)			
IRQ8	Echtzeituhr			
IRQ9	reserviert			
IRQ10	reserviert			
IRQ11	reserviert			
IRQ12	reserviert			
IRQ13	Coprozessor			
IRQ14	Festplattencontroller			
IRQ15	reserviert			

b) Ergänzen Sie die Tabelle 23 durch di   e Angabe der Prioritäten (0   höchste, 14 niedrigste Priorität), m it denen die verschiedenen Interrupts abgearbeitet werden. Dabei sei vorausgesetzt, daß die Priorität der Interrupteingänge jedes   Controllers mit wachsender Eingangsnum mer abni mmt (fallende, feste Prioritäten) und die I nterruptsteuerung im *Special Nesting Mode* (SNM) betrieben wird, d.h. die Eingänge des Slaves „drängen" sich – ihren Prioritäten nach – zwischen die des Masters. (IRQ2 ist als Interrupteingang nicht nutzbar und hat daher keine Priorität.)

c) Geben Sie im folgenden Bild die Belegungen für die relevanten Register[1] des *Masters* und *Slaves* (binär und hexadezim al) für die unter a) und b) gem achten Festlegungen sowie die folgenden Vorgaben an:

- alle Interruptanforderungen sind flankengetriggert,
- die Länge einer Interruptvektor-Nummer ist 1 byte: IVNL = 01,
- Interrupts an den Controller-Eingängen sollen zur CPU weitergereicht werden,

---

[1] Diese Register, deren Bitfelder in Abschnitt II.3.2 beschrieben sind, entsprechen nicht in allen Details den Registern des realen Bausteins 8259A, sondern sind zu Lehrzwecken   um Bitfelder anderer Timer-Bausteine ergänzt worden.

- automatisches Rücksetzen des *Interrupt Service Bits* durch INTA,

- feste Interruptprioritäten in absteigender Reihenfolge, gegeben durch:
  PRI1 = 0, PRI0 = 0,

- alle Interrupts, die nach obiger Tabelle „reserviert" sind, seien gesperrt, alle
  anderen aktiviert,

- Die Interruptvektor-Nummern des Master-Controllers sollen m it $08, die des
  Slaves mit $70 beginnen.

(Zur Bedeutung der Register und ihrer Bitfelder s. Abschnitt II.3.2)
Kennzeichnen Sie bitte in Ihrer Lösung die Bitfelder, deren Belegung irrelevant
(don't care) ist, und belegen Sie sie mit ‚0'.
Tragen Sie die so festgelegten Interruptvektor-Nummern in die oben stehende
Tabelle nach, ebenso die re lativen Adressen de r Interruptvektoren – bezog en auf
die Basisadresse der IVN-Tabelle (vgl. Ab schnitt I.2.2). Dabei sei vorausgesetzt,
daß die Länge eines Interruptvektors IVL = 4 byte ist.

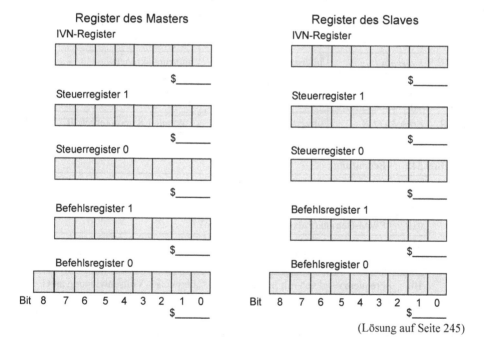

(Lösung auf Seite 245)

Aufgabe 107: Timer (Zählmodi)   (II.3.4)

Berechnen Sie für den Anfangswert $4749 die Länge des Zählzyklus für alle vier im
Unterabschnitt II.3.4.2 beschriebenen Zählmodi eines *Timers*. Beachten Sie dabei,
daß jeder Zählzyklus erst mit dem Ende des Nullzustandes abgeschlossen ist.

(Lösung auf Seite 247)

Aufgabe 108: Timer (Frequenz Shift Keying)   (II.3.3)

Gegeben sei ein *Timer* und de ssen vereinfachte s Program miermodell. Der T imer besitze zwei Auffangregister *(Latches)* A und B, m ittels derer über einen Steuereingang
Gate (G) das *Frequency Shift Keying-* Verfahren folgendermaßen unterstützt wird:
Liegt der Steuereingang G auf logisch ‚0‘, so wird der Anfangswert aus Auffangregister A verwendet; liegt dagegen G auf logisc h ‚1‘, so wird der Anfangswert aus Auffangregister B verwendet. Der Tim er besitze das im Bild 33 gezeigte Steuerregister
CR.

Bit	7	6	5	4	3	2	1	0
	OE	IE	FIC			CM	CL	PR

Bild 33: Das Steuerregister CR des Timers

Die folgende Tabelle 24 zeigt die Bedeutung der einzelnen Steuerbits.

Tabelle 24: Bedeutung der Steuerbits

Bit	Bezeichnung	Zustand 0	Zustand 1
OE	*Output Enable*	Ausgang deaktiviert	Ausgang aktiviert
IE	*Interrupt Enable*	Interrupt deaktiviert	Interrupt aktiviert
CM	*Count Mode*	16-bit-Modus	2×8-bit-Modus
CL	*Clock*	externer Takt	interner 1-MHz-Takt
PR	*Prescaler1:8*	unveränderter Takt	Takt auf 1/8 heruntergeteilt
FIC	Funktion und Interruptsteuerung mit den folgenden 8 Zuständen:		

Bits 543	Bedeutung	
000	periodischer Zählbetrieb	
001	Frequenzvergleich mit, Interrupt falls Zählzyklus > Vollschwingung an G	
010	PWM-Betrieb (Pulsweiten-Modulation)	
011	Pulsbreitenvergleich mit Interrupt, falls Zählzyklus > Pulsbreite an G	
100	*Single-Shot*-Betrieb (Monoflop-Betrieb)	
101	Frequenzvergleich mit Interrupt, falls Zählzyklus < Vollschwingung an G	
110	*Strobe*-Betrieb (Monoflop-Betrieb mit kurzem Ausgangsimpuls)	
111	Pulsbreitenvergleich mit Interrupt, falls Zählzyklus < Pulsbreite an G	

Es sei vorausgesetzt, daß alle Modi zur Signalausgabe m it Software-Triggerung arbeiten, d.h. durch das Beschreiben des Latch-Regi sters wird augenblicklich ein neuer
Zählzyklus gestartet. Im *Strobe*-Modus stimme die Länge des Ausgangsim puls m it
der Periodendauer des aktiven Zähltaktes – unter Berücksichtigung des Prescalers –
überein. Im periodischen Zähl betrieb gehe das Ausgangssignal des Timers mit jeder

Initialisierung zunächst auf den L-Pegel und wechsle dann beim Zählerstand des halben Anfangswertes auf den H-Pegel.

Die Taktung des Timers erfolge intern mit 1 MHz oder extern mit einem Takt von maximal 0,5 MHz. Hier sei ein externer Takt von 0,2 MHz vorausgesetzt.

a) Mit welchen Werten in binärer und hexadezimaler Form muß das Steuerregister jeweils programmiert werden, wenn der Timer in den beiden folgenden Betriebsarten eingesetzt werden soll:

   i. Betriebsmodus 1:
      Takt unverändert, interner Zähltakt, 2×8-bit-Zählmodus, *Single-Shot*-Betrieb, Interrupt zum Prozessor freigegeben, Ausgang des Timers freigegeben;

   ii. Betriebsmodus 2:
      Takt unverändert, externe Taktung, Ausgabe eines *Strobe*-Impulses, Interrupt zum Prozessor deaktiviert, Ausgang des Timers freigegeben.

b) In das Auffangregister A sei der Anfangswert \$289F, in das Auffangregister B der Anfangswert \$0513 geladen. Berechnen Sie für die beiden Fälle G = 0 und G = 1 und für die beiden Betriebsmodi in Teilaufgabe a) jeweils die Zählzykluszeit T_0 (G = 0) und T_1 (G = 1)!

   Wie groß ist die Impulsdauer des *Strobes* in Teilaufgabe a) ii., wenn der externe Takt – wie vorausgesetzt – eine Frequenz von 0,2 MHz hat?

   Skizzieren Sie qualitativ für den Fall G = 0 die Ausgangssignale des Timers im unten stehenden Diagramm und kennzeichnen Sie die relevanten Zeitpunkte.

Hinweis: Beachten Sie, daß jeder Zählzyklus erst mit dem Ende des Nullzustandes abgeschlossen ist.

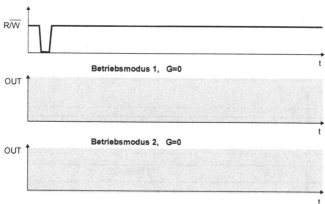

c) Betriebsmodus 3:

Nun werde der Tim er m it dem Steuerwort $C3 program miert. Interpretieren Sie das Steuerwort, indem Sie für jedes Bit oder jede Bitgruppe die Wirkung auf den Zählbetrieb angeben!

d) Berechnen Sie für den Betriebsm odus 3 nach Teilaufgabe c) für die beiden Fälle $G = 0$ und $G = 1$ die jeweilige Zählzykluszeit T_0 $(G = 0)$ und T_1 $(G = 1)$! Welches Verhältnis T_0/T_1 ergibt sich für das *Frequency Shift Keying*-Verfahren?

Skizzieren Sie qualitativ für den Fall $G = 1$ das Ausgangssignal des Tim ers im unten vorgegebenen Diagramm und kennzeichnen Sie die relevanten Zeitpunkte.

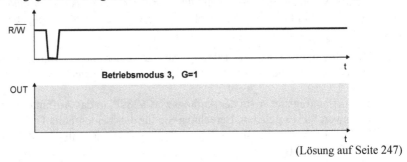

(Lösung auf Seite 247)

Aufgabe 109: Timer (Impulslängen-Messung)   (II.33)

Geben sei ein 16-bit-Zeitgeber/Zähler-Baustein *(Timer)* mit einem Steuerregister CR, das den im Bild 33 gegebenen Aufbau besitzt. Die darin eingetragenen Bitfelder sollen im wesentlichen die in Aufgabe 108 be schriebenen Funktionen haben. Hier sei jedoch nun vorausgesetzt, daß der Ausgang OUT erst nach dem Ablauf eines vollen Zählzyklus seinen Zustand ändere!

a) Bei Ver wendung des int ernen 1-MHz-T aktes werde am Ausgang OUT einmalig das Signal nach Bild 34 (nicht m aßstäblich) aufgezeichnet, das zu einer Unterbrechungsanforderung (Interrupt) zum Prozessor führen soll.

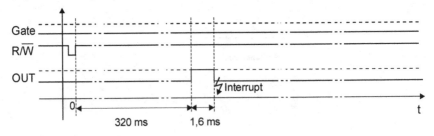

Bild 34: Zeitdiagramm des Ausgangssignals

Die Signalausgabe soll nicht re-triggerbar geschehen, das heißt, ein eventuelles erneutes Schreiben in das Auffangregister LATCH wirkt sich erst nach Ablauf des aktuellen Zählzyklus aus.

Geben Sie einen geeigneten Programmierwert für das Steuerregister CR sowie den Anfangswert für den Zähler an, die zu diesem Ausgangssignal führen können. (Der Wert für CR soll binär und hexadezim al, für das Auffangregister LATCH dezimal und hexadezimal angegeben werden.) Begründen Sie Ihre Angaben.

b) Geben Sie die Werte für das Steuerregister CR und das Auffangregister LATCH für den Fall an, daß ein sym metrisches Rechtecksignal *(Square Wave)* mit minimaler Frequenz am Ausgang OUT erzeugt wird, wenn der Timer mit dem internen Systemtakt arbeitet. W ie groß ist diese Frequenz? W ie groß seine Schwingungsdauer?

c) Der Prozessor hat keine Hardwarem öglichkeit festzustellen, ob der von ihm im periodischen Zählmodus gestartete Timer über seinen *Gate*-Eingang G angehalten wurde oder nicht. Geben Sie die Skizze für ein Programm(stück) an, durch das der Prozessor den Zustand des *Gates* zu einem bestimmten Zeitpunkt – wenigstens für hinreichend lange Zählzykl en – „indirekt" durch Beobachtung des aktuellen Zählerwertes des Timers feststellen kann.

d) Geben Sie die Skizze für ein Program m(stück) an, das den Timer als sog. Wobbel-Generator betreibt, d.h. die Frequenz der Rechteckschwingung am Ausgang OUT steigt von einer (programmierbaren) Startfrequenz bis zu e iner Endfrequenz an und fällt danach wieder zur Anfangsfrequenz ab. Dieser Vorgang wird zyklisch fortgesetzt, wobei die Zeitspanne für einen Zyklus variabel ist.

e) Programmieren Sie den Tim er als *Watch-Dog*, der nach 1 m s einen Alarm (Interrupt) auslöst, wenn er nicht rechtzeitig wieder getriggert wird.

(Lösung auf Seite 249)

Aufgabe 110: Timer (Impulslängen-Messung) (II.3.3)

Betrachtet werde wiederum der 16-bit-Zeitgeber/Zähler-Baustein (Tim er) nach Aufgabe 108.

a) Das Auffangregister LATCH sei m it dem Wert $FFFF, das Steuerregister CR mit dem Wert $1E geladen. Am Gate-Eingang G werde das im folgenden Bild 35 gezeigte Zeitsignal angelegt.

Geben Sie an, in welchem Betriebsm odus der Tim er arbeitet und welcher Zählerstand im Timer nach dem Ende des Impulses am Gate-Eingang vorliegt.

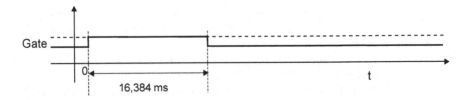

Bild 35: Zeitsignal des Timers

b) Geben Sie an, wie der Prozessor aus dem   unter a) ermittelten Zählerstand die Länge des Impulses am Gate-Eingang berechnen kann. W ie lang ist er in Periodendauern des Zählertaktes?

c) Am Timer-Ausgang soll nach einer Verzöge rung, die m it der unter b) ermittelten Impulsdauer übereinstim mt, ein *Strobe*-Signal der Länge 1 µs ausgegeben werden. (Interrupts zum Prozessor seien deaktiviert.) W elche Werte m üssen dazu in das Auffangregister LATCH und das Steuerregister CR geschrieben werden?

d) Im periodischen Zählm odus (Taktgenerator) wechsle der Tim er-Ausgang m it jeder Initialisierung des Zählers seinen Zustand. Am externen Zähleingang C liege ein Takt mit einer Frequenz von 0,2 MHz.

   Geben Sie für den 2×8-bit- sowie den 16-bit-Zählm odus die Programmierung des Auffangregisters LATCH und des Steuerre gisters CR an, für die das Signal am Ausgang OUT die niedrigste Frequenz annim mt. (Software-Triggerung, Interrupts zum Prozessor seien deaktiviert.) Bestim men Sie für beide Fälle die Periodendauer des Ausgangssignals.

e) Am Timer-Ausgang OUT soll im 2×8-bit-Zählmodus ein Signal nach folgender Skizze ausgegeben werden. Geben Sie an, m it welchen Werten dazu das Steuerregister und das Auffangregister geladen werden m üssen. Weitere Annahmen seien: keine Interrupts, Software-Triggerung, interner Takt.)

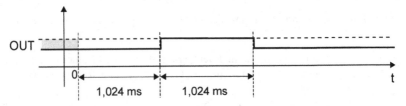

(Lösung auf Seite 250)

Aufgabe 111: Timer (Frequenz-Messung)   (II.3.4)

Betrachtet werde wiederum der 16-bit-Zeitgeber/Zähler-Baustein (Tim er) nach Aufgabe 108 m it dem 16-bit-Auffangregister LATCH, dem Steuerregister CR und dem
Statusregister SR.

a) Welchen Wert muß m an in das Steuerregister CR schrei   ben und welchen   An-
    fangswert AW kann man in das Auffangregister LATCH laden, um m it dem Ti-
    mer die Länge der Schwingungsdauer eines   Rechtecksignals ausmessen zu
    können? Dabei sollen:

    - der interne 1-MHz-Zähltakt verwendet werden,

    - der Ausgang OUT des Timers deaktiviert sein,

    - der Interrupt zum Prozessor aktiviert sein,

    - möglichst kleine Frequenzen ausgemessen werden können.

Bitfeld	binärer Wert	Bedeutung im aktuellen Fall

Geben Sie auch die Vorbelegung des Auffangregisters LATCH für das geforderte
Ausmessen möglichst kleiner Frequenzen an.

CR = \$............., LATCH = \$.............................

b) Am Gate-Eingang G des Tim ers werde ein Rechtecksignal angelegt, dessen Fre-
    quenz zwischen 0,1 Hz und ca. 1 kHz variiert. Die aktuelle Frequenz soll   durch
    den Timer gemessen werden.

Skizze:

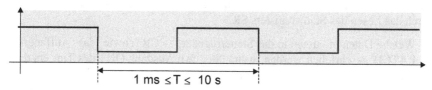

$$1\text{ ms} \leq T \leq 10\text{ s}$$

Vervollständigen Sie die folgende Tabelle, indem Sie für jede ausgewählte Frequenz angeben,

- ob für sie ein Interrupt zum Prozessor ausgelöst wird,
- welcher Wert ggf. beim Lesen des Zählerwertes im Timer in der Interruptroutine erhalten wird,
- welche Schwingungsdauer in ms daraus berechnet wird.

Frequenz	Interrupt	Zählerwert	berechnete Schwingungsdauer
1000 Hz			
100 Hz			
10 Hz			
1 Hz			
0.1 Hz			
.... Hz			

c) Geben Sie die allgem einen Form eln für die Erm ittlung de s Zählerwertes aus der Anzahl der Zähler-Taktperioden N und die Berechnung der Schwingungsdauer T in µs und ms an.

d) Berechnen Sie auf drei Stellen hint er dem Kom ma genau die Frequenz (in Hz), bei der – unter den Bedingungen von b) – gerade noch ein Interrupt durch den Timer erzeugt wird. Tragen Sie diese Frequenz m it ihrem Anfangswert im Register LATCH und der Schwingungsdauer in die letzte Zeile der Tabelle von b) ein.

(Lösung auf Seite 252)

Aufgabe 112: Timer (Impulserzeugung) (II.3.4)

Betrachtet werde wiederum der 16-bit-Zeitgeber/Zähler-Baustein (Tim er) nach Aufgabe 108 m it dem 16-bit-Auffangregister LATCH, dem Steuerregister CR und dem Statusregister SR.

Bei allen Teilaufgaben sollen Interrupts zum Prozessor zugelassen und der interne 1-MHz-Zähltakt verwendet werden. Die Angabe der Latch-Werte muß nur ± 5 % genau sein. In jeder Interruptroutine muß das Interrupt-Flag gelöscht werden. Dies geschieht durch das Lesen des Statusregisters SR.

a) Welche Daten m üssen in das Steuerregister CR sowie das Auffangregister LATCH geschrieben werden, wenn über de n Ausgang OUT des Tim ers die beiden folgenden Signale ausgegeben werden sollen.

i.

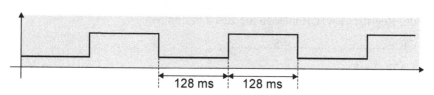

CR = ...₂ = $............,

LATCH = $...........................

Betriebsmodus: ....

Zählmodus: ....

Berechnung für LATCH: ....

ii.

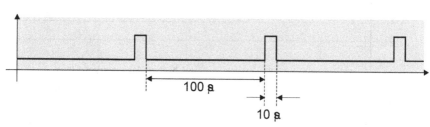

CR = ...₂ = $............,

LATCH = $...........................

Betriebsmodus: ....

Zählmodus: ....

Berechnung für LATCH: ....

b) Geben Sie eine Befehlsfolge für die Interruptroutine an, durch die das in der folgenden Skizze gezeigte Signal an OUT ausgegeben wird.

Ausgabesignal:

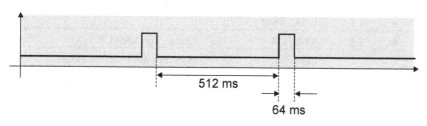

In dieser Routine soll nur der Wert des Steuerregisters CR geeignet geändert werden, nicht der des LATCH-Registers. Den Anfangswert von CR sowie den W ert des Registers LATCH müssen Sie zuerst bestimmen:

CR = ...$_2$ = $.............,

LATCH = $..............................

Betriebsmodus: ....

Zählmodus: ....

Berechnung für LATCH: ....

Interruptroutine:

Nr.	Marke	Befehl	Bemerkung
1	INT:	;	
2		;	
3		;	
		;	
		;	
		;	
			; Löschen der Interrupt-Flags
		RTI	; Rücksprung ins unterbr. Programm

c) Skizzieren Sie das Signal, das an OUT ausgegeben wird, wenn CR und LATCH aus Teil b) sowie eine weitere Speicherzelle FLAG die folgenden Anfangsbelegungen haben und die nachsteh ende Interruptroutine ausgeführt wird. Dabei sei angenommen, daß der Ausgang OUT im deaktivierten Zustand auf L-Pegel liege.

CR = $C2, LATCH = $63 = ...$_{10}$, FLAG = 0000 1111$_2$ = $0F

Interruptroutine:

Nr.	Marke	Befehl	Bemerkung
1	INT:	LSR FLAG	; FLAG rechts schieben
2		BCC L1	; falls Carry Flag nicht gesetzt ⇒ L1
3		LDA #$C2	;
4		BRA L2	; Sprung nach L2
5	L1:	LDA #$42	;
6	L2:	STA CR	; Steuerwort nach CR
7		LDA SR	; Löschen des Interrupt-Flags
8		RTI	; Rücksprung ins unterbr. Programm

Ausgabesignal: Bei gesperrter Ausgabe sei O3 = 0.

Tragen Sie in die Skizze auch die zeitliche Lage und Dauer der   unterscheidbaren Signalabschnitte ein. Beschreiben Sie die Funktion der Interruptroutine und insbesondere auch der Variablen FLAG.

(Lösung auf Seite 253)

Aufgabe 113: Parallelport (Ausgangsschaltung)   (II.3.5)

Im Bild II.3.5-2 wur de nicht da rauf eingegangen, was beim Lesen eines Datums auf den Portleitungen geschieht, die als Ausgang geschaltet sind. Es werden hauptsächlich zwei Varianten dafür realisiert, welche n Wert der Prozessor nach einem Lesezugriff auf eine Ausgangsleitung erhält:

a)   Zustand des Bits DR_i im Datenregister,

b)   Zustand der Ausgangsleitung P_i.

Erweitern Sie das Bild II.3.5-2 so, daß jeweils eine der beiden   Varianten realisiert wird.

(Lösung auf Seite 254)

Aufgabe 114: Parallelport (Zeitlicher Verlauf der Zugriffe)   (II.3.5)

In dieser Aufgabe sollen Sie sich m   it dem Parallelport-Baustein 8255 von   Intel beschäftigen, der im Unterabschnitt II.5.3.3 beschrieben wurde.

Skizzieren Sie den zeitlichen Verlauf ei nes Lese- und eines Schreibzugriffes auf einen der Ports PX, X = A, B, C_H, C_L. Betrachten Sie dabei die Signale

D_i, i = 0, ..., 7:	System-Datenbus,
PX_i, i = 0, ..., 7:	Portleitungen,
CS#, A_1, A_0:	Baustein- und Registerauswahl,
RD#:	Lesesignal,
WR#:	Schreibsignal.

Die beiden letzten Signale benötigt der Baustein anstelle ei nes kom binierten Lese-/ Schreibsignals R/W #. Sie zeigen alternativ den Typ des Buszyklus an. Die Datenübernahme in den Prozessor bzw. das Datenregister DR des Port-Bausteins geschieht mit der positiven Flanke der Signale RD# bzw. WR#.

(Lösung auf Seite 256)

Aufgabe 115: Parallelport (Halbduplex-Übertragung) (II.3.5)

In den Bildern II.3.5-6 und II.3.5-7 haben Sie die Synchronisation der Datenübertragungen mit einem Intel 8255-Baustein für die (getrennte) Eingabe und Ausgabe kennengelernt. Im Modus 2 ist auch eine Halbduplex-Übertragung mit dem 8255 möglich, bei der sich nach jedem Datentransfer die Übertragungsrichtung ändern kann.

Ihre Aufgabe ist es nun, mit Hilfe der oben genannten Bilder das Zeitdiagramm für diese Halbduplex-Übertragung zu erstellen. Dazu geben wir Ihnen zunächst in Tabelle 25 den wesentlichen Ausschnitt zum Modus 2 aus dem Datenblatt des 8255 an. Wichtig für die Lösung der Aufgabe ist insbesondere die Beschreibung des Quittungssignals ACK#. Eine bidirektionale Übertragung ist natürlich nur möglich, wenn sowohl der Port-Baustein wie auch das Peripheriegerät die gemeinsamen Datenleitungen hochohmig *(tristate)* schalten können.

Tabelle 25: Beschreibung der Signale im Modus 2

Operating Modes:
Mode 2 (Strobed Bidirectional Bus I/O). This functional configuration provides a means for communicating with a peripheral device or structure on a single 8-bit bus for both transmitting and receiving data (Bidirectional Bus I/O). "Handshaking" signals are provided to maintain proper bus flow discipline in a similar manner to MODE 1. Interrupt generation and enable/disable functions are also available.

MODE 2 Basic Functional Definitions:
- *Used in Group A only.*
- *One 8-bit, bidirectional bus port (Port A) and a 5-bit control port (Port C).*
- *Both inputs and outputs are latched.*
- *The 5-bit control port (Port C) is used for control and status for the 8-bit, bidirectional bus port (Port A).*

Bidirectional Bus I/O Control Signal Definition:
INT (Interrupt Request). A "high" on this output can be used to interrupt the CPU for both input or output operations.

Output Operations:
OBF#   (Output Buffer Full). The OBF# output will go "low" to indicate that the CPU has written data out to Port A.
ACK#   (Acknowledge). A "low" on this input enables the tristate output buffer of Port A to send out the data. Otherwise, the output buffer will be in the high impedance state.
IE1   (The INT flip-flop associated with OBF#). Controlled by bit set/reset of PC_6.

Input Operations:
STB#   (Strobe Input). A "low" on this input loads data into the input latch.
IBF   (Input Buffer Full flip-flop). A "high" on this output indicates that data has been loaded into the input latch.
IE0   (the INT flip-flop associated with IBF). Controlled by bit set/reset of PC_4.

Gehen Sie für Ihre Lösung davon aus, daß zunächst der Prozessor ein Datum in das Datenregister DR_A des Ports PA und gleichzeitig oder kurze Zeit später das Peripheriegerät ein Datum in den Eingabepuffer IB_A schreibt. Erst danach sollen die Daten vom Peripheriegerät aus DR_A und vom Prozessor aus IB entnommen werden. Kommentieren Sie Ihre Lösung!

Hinweise: Da der Prozessor und das Peripheriegerät asynchron arbeiten, sind natürlich viele verschiedene Ablaufreihenfolgen der Übertragung m öglich. Notwendig ist nur, daß das Schreibsignal W R# vor de m Quittungssignal ACK# und das Strobe-Signal STB# vor dem Lesesignal RD# kommen.

(Lösung auf Seite 257)

Aufgabe 116: Parallelport (Centronics-Schnittstelle)   (II.3.5)

Begründen Sie, warum das Hardwareprotokoll nach Bild I I.3.5-7 nicht dazu geeignet ist, die Centronics-Schnittstelle mit einem 8255-Port-Baustein auf einfache W eise zu realisieren.

(Lösung auf Seite 257)

Aufgabe 117: Parallelport (Centronics-Schnittstelle)   (II.3.5)

Im Rahmen dieser Aufgabe soll die im Unterabschnitt II.3.5.4 vorgestellte Centronics-Schnittstelle etwas ausführlicher betrachtet werden. Dabei liegt unser Augenmerk vorwiegend auf den Handshake-Signa len sowie einer kleinen Erweiterung des dort kurz vorgestellten Standard-Betriebsmodus (SPP).

a) Nennen Sie m indestens fünf Gründe, die einen Drucker dazu veranlassen können, die BUSY-Leitung auf den H-Pegel zu setzen und dadurch anzuzeigen, daß er beschäftigt ist.

b) Erläutern Sie, wie der Handshake-Vorgang unter ausschließlicher Verwendung der Signalleitungen STROBE# und ACKNLG# erfolgen kann.

c) Im U nterabschnitt II.3.5.4 wurde k urz der *Nibble Mode* der Centronics-Schnittstelle erwähnt, der im Standard-Betriebsmodus (SPP) einen asym metrischen bidirektionalen Betrieb erm öglichte. W ie kurz beschrieben, wurden bei dieser Betriebsart vier Meldesignale der Ce ntronics-Schnittstelle (PE, SLCT, ERROR und BUSY) verwendet, um Daten 4-bitweise vom Peripheriegerät zum Com puter zu senden. Zu diesem Zweck wird jedes vom Peripheriegerät zu übertragende Datum zunächst halbiert und dann, m it dem niederwertigen *Nibble* beginnend, übertragen.

Während die STROBE#-Le itung – ebenso w ie die Datenleitungen – ihre Bedeutung behalten, entfällt das ACK#-Signal, an dessen Stelle nun das PtrClk#-Signal rückt. PtrClk# wird genau dann aktiviert, wenn das Periph eriegerät Daten an den Computer übertragen m öchte. Dieses Si gnal darf vom Periph eriegerät jedoch nur dann gesetz t werden, wenn der Com puter durch ein inaktives HostBusy-Signal anzeigt, daß er zur Übernahme von Daten bereit ist.

Vervollständigen Sie das folgende Diagramm sowie die nachfolgende Verfahrensbeschreibung. Verwenden Sie hierfür die bereits vorgegebenen Eintragungen sowie die oben stehenden Erläuterungen.

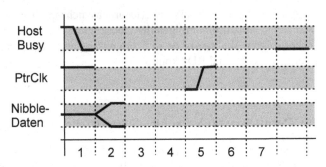

Geben Sie nun an, was in den mit 1. – 7. bezeichneten Schritten passiert.

1. Der Computer setzt ....

2. ....
   ....

3. Nach einigen Mikrosekunden ....
   ....

4. Das Nibble wird nun vom Computer entgegengenommen. Dieser setzt nun
   ....

5. Das Peripheriegerät setzt ....

6. Durch .... signalisiert der Computer seine
   Bereitschaft, diesen Vorgang mit dem höherwertigen Nibbel zu wiederholen.

7. Das Peripheriegerät darf nun ....

Erläutern Sie die Notwendigkeit von Schritt 5.

Läßt sich im *Nibble Mode* auch eine Art Burst-Betrieb realisieren?

(Lösung auf Seite 258)

Aufgabe 118: Parallelport (Druckeranschluß)   (II.3.5)

Betrachten Sie den Ansc hluß eines Druckers an eine Parallelschnittstelle m it dem 8255-Baustein nach Bild 36.

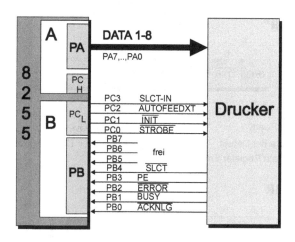

Bild 36: Druckerschnittstelle mit dem 8255-Baustein

a) In welchem Modus muß der 8255 für den im Bild 36 dargestellten Einsatz betrieben werden? Welche Übertragungsrichtungen müssen für die Por tleitungen fest-gelegt werden?

b) Geben Sie das Flußdiagramm für ei n Unterprogramm an, das den Datentransfer nach dem Hardware-Übertragungsprotokoll aus Bild 36 vornim mt. Der Wert des beschriebenen *Time Outs* betrage eine Sekunde und werde in einem nicht näher darzustellenden Unterprogramm überwacht. Im Fehlerfall s ollen die beiden Ursachen „Papierende" und „anderer Fehler" unterschieden werden.

(Lösung auf Seite 260)

Aufgabe 119: Asynchrone serielle Schnittstelle   (II.3.6)

In dieser Aufgabe geht es um   die „Program mierung" eines asynchronen seriellen Schnittstellenbausteins. Dazu finden Sie zunächst im Bild 37 seinen Registersatz.

Statusregister SR

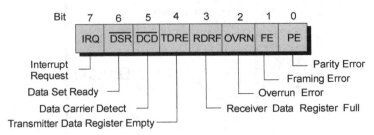

Befehlsregister IR

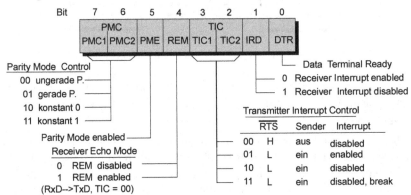

Steuerregister CR

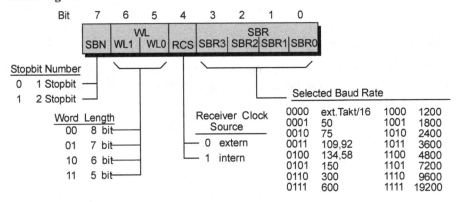

Bild 37: Der Registersatz der seriellen Schnittstelle

a) Mit welchem Wert in binärer und hexadezimaler Form müssen CR und IR initialisiert werden, damit die Schnittstelle in der folgenden Betriebsart eingesetzt werden kann:

- 8 Datenbits, 1 Stopbit,
- 4.800 baud, interner Empfängertakt,
- kein Paritätsbit,
- *"Receiver Echo Mode"* deaktiviert,
- Sender aktiviert, Sender-Interrupt aktiviert, Empfänger-Interrupt deaktiviert,
- DTR: „Prozessor will Daten austauschen".

CR = ... $_2$ = $................

IR = ... $_2$ = $................

b) Tragen Sie in das folgende Diagramm für die unter a) bestimmte Übertragungsart den Signalverlauf auf der V.24-Übertragungsleitung TxD für das ASCII-Zeichen ‚A' ($41) ein?

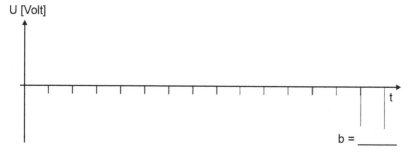

Kennzeichnen Sie alle Bits durch ihren „Namen" und ihren logischen Wert. Zeichnen Sie auch die Spannungsbereiche für den H- und L-Pegel, die Bitdauer b sowie das „Pausensignal" bis zum nächsten übertragenen Zeichen ein.

c) Nun seien ein Rechner und ein Peripheriegerät über eine V.24-Verbindung als Nullmodem miteinander gekoppelt. In der Betriebsart, für die die Schnittstelle des Rechners unter a) initialisiert wurde, wird auf der Empfangsleitung RxD des Gerätes das folgende Zeitdiagramm beobachtet:

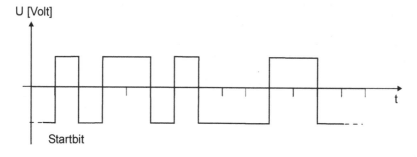

Durch einen „Program mierfehler" sei die ser ielle Schnittstelle des Peripheriege-
rätes auf eine Baudrate von 9600 eingestellt worden, d.h. sie liest jedes Zeichen
mit doppelter Bitrate. Alle anderen Übertragungsparameter (Parität ja/nein, Bitanzahl, Stopbits) stimmen mit denen aus Teilaufgabe a) überein. Setzen Sie im folgenden voraus, daß das Peripheriegerät kei ne Zeichen aussendet und beim
Empfang kein Überlauf (Overrun) auftritt.

Welche Zeichen werden bei der oben dargestellten Signalfolge im Peripherie-
riegerät em pfangen? W elchen Inhalt hat das Statusregisters SR des Empfängers
jeweils vor dem Lesen des Em pfangsdatenregisters DR? W elche Fehler werden
festgestellt?

1. Zeichen: Z1 = ...$_2$ = $ ....

Statusregister: SR = ...$_2$ = $ ....

Fehler: ....

2. Zeichen: Z2 = ...$_2$ = $ ....

Statusregister: SR = ...$_2$ = $ ....

Fehler: ....

(Lösung auf Seite 262)

Aufgabe 120: Asynchrone serielle Schnittstelle   (II.3.6)

Auch in dieser Aufgabe beschäftigen wir uns wieder m it „Progr ammierung" des
asynchronen seriellen Schnittstellenbausteins, der in Aufgabe 119 beschrieben wurde.

a) In welcher Betriebsart wird die V.24-Schnittstelle betrieben, wenn das Steuerregister CR und das Befehlsregister IR mit den folgenden Werten initialisiert werden?

$$IR = \$69, \qquad CR = \$3C.$$

Anzahl der Bits pro Zeichen: ....

Anzahl der Stopbits: ....

Parität: (aktiviert/nicht aktiviert, Art[2]): ....

Empfängertakt (extern/intern): ....

Empfänger-Interrupt (aktiviert/nicht aktiviert): ....

"Receiver Echo Mode" (aktiviert/nicht aktiviert): ....

Sender (aktiviert/nicht aktiviert): ....

Sender-Interrupt (aktiviert/nicht aktiviert): ....

Baudrate: ....

---

[2] gerade Parität: Anzahl der Einsen in Datenbits und Paritätsbit ist gerade
   ungerade Parität: Anzahl der Einsen in Datenbits und Paritätsbit ist ungerade

b) Durch welches Bit und welches dam it verknüpfte Modem-Steuersignal zeigt der Prozessor dem Peripheriegerät an, daß er Daten austauschen will?

Volle Signalbezeichnung: ....

Abkürzung: ....

Bitzustand bei Initialisierung nach a): ....

Pegel auf der Signalleitung: H oder L: ....; 12 V oder –12 V: ....

c) Tragen Sie in das folgende Diagram m für die unter a) bestim mte Übertragungsart den Signalverlauf auf der V.24-Übert ragungsleitung RxD für das ASCII-Zeichen ‚9' ($39) ein? Kennzeichnen Sie alle Bits (SB: St artbit, Di: Datenbit i, P: P aritäts-bit, StB: Stopbit). Zeichnen Sie auch die Spannungspegel für den (gewählten) H- und L-Pegel, die Bitdauer b sowie das „Pausensignal" – beschriftet m it *"Break"* – bis zum nächsten übertragenen Zeichen ein.

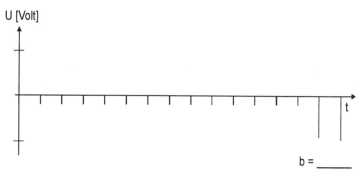

d) Nach dem Em pfang eines Zeichens ent halte das Statusregister SR der V.24-Schnittstelle den W ert $9D. Geben Sie di e Bedeutung der einzel nen Bits des Sta-tusregisters für den vorliegenden W ert an und dabei insbesondere, ob und welche Fehler bei der Übertragung aufgetreten sind.

Bit	Bezeichnung	Wert	Bedeutung im gegebenen Fall
0			
1			
2			
3			
4			
5			
6			
7			

(Lösung auf Seite 263)

Aufgabe 121: Asynchrone serielle Schnittstelle   (II.3.6)

Auch in dieser Aufgabe beschäftigen wir uns noch einmal mit „Programmierung" des asynchronen seriellen Schnittstellenbausteins, der in Aufgabe 119 beschrieben wurde.

a) Mit welchem Wert in binärer und hexadezimaler Form müssen CR und IR initialisiert werden, damit die Schnittstelle in der folgenden Betriebsart eingesetzt werden kann:

- 7 Datenbits, Paritätsbit erzeugen, gerade Parität, 1 Stopbit
- 2400 baud, interner Empfängertakt
- *"Receiver Echo Mode"* deaktiviert
- Sender aktiviert, Sender- und Empfänger-Interrupt aktiviert *(enabled)*
- DTR: „Prozessor will Daten austauschen"

$$CR = \dots\dots\dots\dots\dots\dots\dots_2 = \$\dots\dots\dots$$
$$IR\ = \dots\dots\dots\dots\dots\dots\dots_2 = \$\ \dots\dots\dots$$

b) Tragen Sie in das folgende Diagramm für die unter a) bestimmte Übertragungsart den Signalverlauf auf der V.24-Übertragungsleitung TxD für das ASCII-Zeichen ‚K' ($4B) ein? Kennzeichnen Sie alle Bits, insbesondere das MSB und LSB. Zeichnen Sie auch die Spannungspegel für den (gewählten) H- und L-Pegel, die Bitdauer b sowie das „Pausensignal" bis zum nächsten übertragenen Zeichen ein.

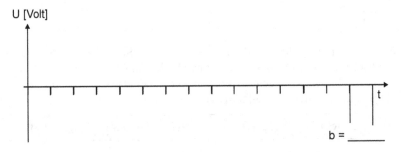

c) In der Betriebsart, für die die Schnittstelle unter a) initialisiert wurde, wird auf der Empfangsleitung RxD das folgende Zeitdiagramm beobachtet:

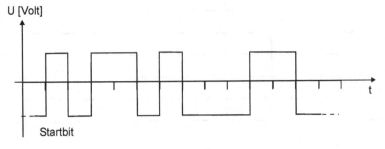

Bestimmen Sie den Inhalt des Statusregi sters SR in binärer und hexadezim aler Form vor dem Lesen des Em pfangsdatenregisters RDR durch den Mikroprozessor. Setzen Sie dabei voraus, daß die Schnittstelle als „Null-Modem" betrieben wird, d.h. daß an der Schnittstelle DTR# und DSR # (sowie CTS# und RTS#) miteinander verbunden sind. Das Sendedatenregister TDR sei leer. Es sei kein Überlauf *(Overrun)* aufgetreten. Begründen Sie die Werte der einzelnen Statusbits.

$$SR = \text{.............................}_2 = \$\text{...................}$$

Bit	Wert	Begründung
PE		
FE		
OVRN		
RDRF		
TDRE		
DCD#		
DSR#		
IRQ		

(Lösung auf Seite 264)

Aufgabe 122: Asynchrone serielle Schnittstelle   (II.3.6)

Auch in dieser Aufgabe beschäftigen wir uns mit „Programmierung" des asynchronen seriellen Schnittstellenbausteins, der in Au fgabe 119 beschrieben wurde. Das folgende Bild 38 stellt die Übertragung zwei er Zeichen im ASCII-Code (7 oder 8 Bits/Zeichen) auf der V.24-Leitung TxD da r, wie sie m it dem Oszilloscop zu beobachten ist. Vorausgesetzt sei im folgenden, daß bei der Übertragung kein Fehler auftritt.

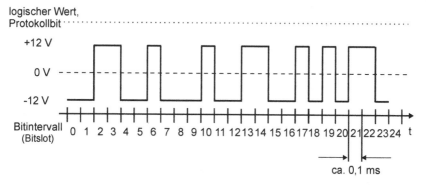

Bild 38: Zeichenübertragung auf der V.24-Leitung

a) Berechnen Sie die Übertragungsrate in bd (Baud). Als Ergebnis soll eine der für den Baustein nach Bild 37 einstellbaren Baudraten herauskommen.

Übertragungsfrequenz: ≈ .... kHz   ⇒

Baudrate .... bd = ... bit/s

b) Werden die Zeichen im 8-bit-Code übertragen? Geben Sie eine Begründ ung an, indem Sie (am besten) die Annahm e eines 7-bit-Codes zu einem   Widerspruch führen! Kennzeichnen Sie danach in obi ger Skizze die Bits jedes Zeichen   durch ihren logischen W ert (,0', ,1') b zw. durch SB (St artbit) und St B (Stopbit, sofern schon feststellbar).

c) Wie lauten die Zeichen Z1, Z2 in binä rer und hexadezim aler Form? (MSB links, LSB rechts!)

Z1 = ...$_2$ = \$...............   (Bitslots: .... − ....)

Z2 = ...$_2$ = \$...............   (Bitslots: .... − ....)

d) Wird die Übertragung durch ein Paritätsbit   gesichert? Begründen Sie bitte Ihre Antwort! W enn ja, geben Sie die Art   dieses Paritätsbits an *(even, odd, mark, space)*! Kennzeichnen Sie ggf. in obiger Skizze die Paritätsbits durch P.

e) Wie viele Stopbits werden nach jedem Zeichen übertragen? (Begründung!)

f) Berechnen Sie die Netto-Übertragungsrate (in bd), also die Anzahl der eigentli-chen Datenbits, ohne Start-, Stop- und Paritätsbits, die pro Sekunde   übertragen werden. (Rechnung angeben!)
Die Übertragung von 8 Datenbits erfordert:

.... = ... Bits

Netto-Rate: .... bd ≈ .... bd

g) Geben Sie für die in der Skizze gezei gte Zeichenübertragung die Programmierung des Steuerregisters CR und des Befehlsregisters IR in binärer und hexadezimaler Form an, wenn die Übertragung (im   Vollduplex-Betrieb) in beiden Richtungen durch I nterrupts zum Prozessor gest euert und der Empfangstakt intern erzeugt werden soll.

IR = ...$_2$ = \$...........................

CR = ...$_2$ = \$...........................

(Lösung auf Seite 265)

Aufgabe 123: Synchrone serielle Schnittstelle   (II.3.7)

Die Frequenz des Schiebetaktes SCLK der serielle   n Schnittstelle SPORT im
ADSP218X (vgl. Unterabschnitt II.3.7.3) wird dadurch festgelegt, daß im   Register
SCLKDIV *(Serial Clock Divide Modulus)* ein W ert angegeben wird, durch den die
Frequenz des System taktes CLKOUT dividiert werden soll. Dabei gilt die folgende
Formel:

$$\text{Frequenz von SCLK} = 0.5 \cdot (\text{Frequenz von CLKOUT})/(\text{SCLKDIV} + 1).$$

Das Register RFSDIV *(RFS Divide)* hat nur dann eine Bedeutung, wenn das Synchro-
nisiersignal RFS intern erzeugt und vom Kom munikationspartner ausgewertet wird.
Der Wert in RFSDIV legt fest, m it welcher Frequenz das Signal RFS auftreten und –
dementsprechend – Datenwörter em pfangen werden sollen. Diese Frequenz   wird
nach folgender Formel berechnet:

$$\text{Frequenz von RFS} = (\text{Frequenz von SCLK})/(\text{RFSDIV} + 1).$$

Die Um rechnung der Form el zeigt, daß der W ert (RFSDIV + 1) angibt, wie viele
Takte von SCLK zwischen zwei Aktivierungen des Signals RFS auftreten. Daraus
folgt auch, daß die Eingabe von Werten, die kleiner als die Bitanzahl der Datenwörter
ist, nicht zulässig ist.

a) Berechnen Sie allgemein den W ert, de n m an ins Register SCLKDIV eintragen
    muß, um einen Schiebetakt mit der Frequenz SCLK zu bekommen.

b) Geben Sie die W erte für SCLKDI V an, di e man bei einem angenommenen Sy -
    stemtakt CLKOUT = 12,288 MHz für eine Schiebefrequenz von SCLK = 9.600
    Hz bzw. SCLK = 2,048 MHz benötigt.

c) Welchen Wert muß man ins Register RFSDIV eintragen, wenn bei einer Schiebe-
    frequenz von SCLK = 2,048 MHz eine W ort-Übertragungsrate von 8 kHz (8.000
    Wörter pro Sekunde) erreicht werden soll?

(Lösung auf Seite 266)

Aufgabe 124: Digital/Analog-Wandlung   (II.3.8)

Im Abschnitt II.3.8 wurde gezeigt, daß die Aufgabe der Digital/Analog-W   andlung
(kurz: D/A-Wandlung) darin besteht, d en Bereich der n- bit-Dualzahlen $0 \leq D \leq 2^n - 1$
auf einen vorgegebenen Spannungsbereich $U_{min} \leq U < U_{max}$ linear abzubilden. Dazu
wird der Spannungsbereich in 2^n gleich große Abschnitte unterteilt, deren Länge m an
LSB (Wertigkeit des *Least Significant Bits*) nennt, d.h.

$$LSB := (U_{max} - U_{min})/2^n \text{ [Volt]}.$$

Jeder Dualzahl wird nun als analoger Wert die folgende Spannung zugewiesen:

$$U_{DA}(D) = D \cdot LSB + U_{min}$$

Berechnen Sie mit dem oben definierten Wert LSB die maximale analoge Ausgangsspannung $U_{DA,max}$.
Welchem Digitalwert würde bei dieser Berechnung die maximale Spannung U_{max}
zugewiesen?

(Lösung auf Seite 266)

Aufgabe 125: D/A-Wandlung und PWM-Signal   (II. 3.8)

Betrachten Sie das Bild II.3.8-1.

a) Bestimmen Sie für den im Bild II.3.8-1 dargestellten Digitalwert \$A0 die Aus-
gangsspannung U_{DA}(\$A0), indem Sie die gezeichnete Rechteckschwingung PWM
integrieren.

b) Skizzieren Sie eine Schaltung, die aus einem   eingegebenen Digitalwert D ein
PWM-Signal der dargestellten Form erzeugt. (Zur Verfügung stehen Ihnen neben
einem Taktgenerator Dualzähler, Register und Komparatoren.)

c) Berechnen Sie für einen 8-bit-Wandler nach b) mit der Taktfrequenz von 10 MHz
die Zeiten T_S und T_I sowie die dem Digitalwert \$A0 zugeordnete Impulslänge T_P.
Welche maximale Wandlungsrate kann so erreicht werden?

(Lösung auf Seite 267)

Aufgabe 126: D/A-Wandler   (II.3.9)

Ein 4-bit-Digital/Analog-Wandler mit vier Kanälen wird über eine serielle Schnittstelle angesteuert. Die erzeugte Ausgangsspannung liegt zwischen $0 \le U_A < 1,6$ V.

a) Berechnen Sie den Ausgangswert für das LSB.

$$U_{LSB} = \ldots\ldots\ldots\ldots V$$

b) Die Daten werden in Folgen mit jeweils 7 Bits (B6 – B0) seriell übertragen. Die
Bits B6 bis B3 kennzeichnen den auszugebenden Wert des D/A-Wandlers. Die
Bits B2 und B1 benennen den Kanal, auf dem der Wert ausgegeben werden soll,
und auf Bit B0 wird die ungerade Parität übertragen. Schlüsseln Sie die folgenden
Werte auf, die der D/A-Wandler empfangen hat, und überprüfen Sie die Parität.
Kennzeichnen Sie die fehlerhaften Werte.

Wert	B6, B5, B4, B3, B2, B1, B0	Kanal	Wert (V)	Fehler
$52				
$2F				
$7C				
$21				
$0C				

c) Die Wandlungszeit für einen Wert beträgt 3 ms. Die Schnittstelle kann mit den in der folgenden Tabelle angegebenen Baudraten betrieben werden. Tragen Sie in die Tabelle ein, wie viele Kanäle so maximal kontinuierlich mit neuen Werten versorgt werden können.

Baudrate	Anzahl der Kanäle
2.400	
4.800	
9.600	
19.200	
38.400	

(Lösung auf Seite 268)

II.4   Mikrocontroller

Aufgabe 127: Systembus-Controller   (II.4.3)

Die System busschnittstelle eines Mikroc ontrollers m it 24-bit-Adreßbus und 16-bit-Datenbus verfüge über eine Schaltung, die d ie Festlegung m ehrerer externer Adreß-bereiche erlaubt. Jedem Adreßbereich ist ei n Adreßregister AR (s. Bild 39) zugeord-net, in dem die Größe des Bereichs defini ert und die oberen Bits seiner Basisadresse bestimmt werden. In eine m Steuerregister SR kann die Anzahl der von der Schnitt-stelle bei Zugriffen auf diesen Bereich automatisch eingefügten Wartezyklen angege-ben werden. Weiterhin kann dort festgelegt werden, ob die Schnittstelle bei Lese- oder Schreibzugriffen (oder beiden) auf diesen   Adreßbereich ein *Chip-Select*-Signal CS erzeugen soll oder nicht.

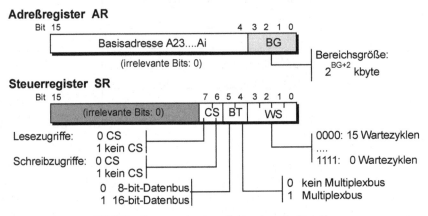

Bild 39: Steuerregister zur Systembusschnittstelle

Weiterhin kann der Bustyp (BT) für den Adreßbereich spezifiziert werden, wobei die höchstwertigen Adreßsignale A23, ..., A16 in allen Fällen über eigene Leitungen aus-gegeben werden:

- kein Adreß/Daten-Multiplexbetrieb m it Adreßbus A15, ..., A0 und (gem ultiplex-tem) 8-bit-Datenbus D7, ..., D0,

- kein Adreß/Daten-Multiplexbetrieb m it getrenntem Adreßbus A15,   ..., A0 und Datenbus D15, ..., D0,

- Adreß/Daten-Multiplexbetrieb mit 16-bit-Adreß/Datenbus AD15, ..., AD0,

- Adreß/Daten-Multiplexbetrieb mit 8-bit-Adreßbus für die „mittleren" Adreßsigna-le A15, ..., A8 und gemultiplextem Adreß/Datenbus AD7, ..., AD0.

Geben Sie in binärer und hexadezimaler Form die Belegung der Register AR und SR an, wenn im Adreßbereich ab $FC8000 ein 32-kbyte-Speicherbaustein mit der Datenbreite 8 bit angesprochen werden soll, der für jeden Zugriff fünf Wartezyklen benötigt und nicht beschrieben werden darf.[1]

BG = ...

AR = ...$_2$ = $.....................

Bustyp: ....

SR = ...$_2$ = $.....................

(Lösung auf Seite 268)

Aufgabe 128: Virtuelle Speicherverwaltung (II.4.3)

Ein Mikrocontroller besitze einen 16-bit-Datenbus sowie einen 24-bit-Adreßbus. Er verfüge über eine rudimentäre Form der „virtuellen Speicherverwaltung", die im Bild 40 skizziert ist. Der Adreßbereich wird dabei in 16 kbyte große „Seiten" eingeteilt. Für die Auswahl von bis zu vier aktuellen Seiten werden vier 16-bit-Register DPPi (Datenseiten-Zeiger, *Data Page Pointer*) benutzt, in denen jedoch nur die unteren 10 Bits ausgewertet werden. Die im Befehl angegebene „virtuelle" Adresse ist 16 bit lang. Ihre höchstwertigen beiden Bits selektieren das verwendete DPP-Register. Die Speicheradresse (physikalische Adresse) ergibt sich aus der „Verkettung" (Konkatenation) des DPP-Registerinhalts und der unteren 14 Bits der virtuellen Adresse, dem Seiten-Offset.

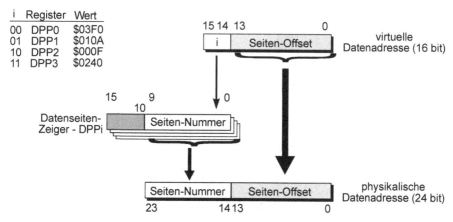

Bild 40: Prinzip der Speicherverwaltung

---

[1] Dabei müssen Sie von einem Standardbaustein ausgehen. Ihre Lösung soll ohne den Einsatz weiterer Bausteine, wie Latches, Gatter usw., auskommen.

a) Wie viele Seiten kann der Datenspeicher maximal umfassen?
Können sich zwei verschiedene Seiten „überlappen", also wenigstens eine Speicherzelle gemeinsam enthalten? (Begründung!)

b) Welche physikalische Adresse wird durch die virtuelle Adresse $B400 angesprochen, wenn die DPP-Register die im oben stehenden Bild angegebenen Werte besitzen? (Bitte Herleitung angeben!)

c) Welcher Wert muß ins DPP3-Register geschrieben werden, wenn damit die Speicherseite ab der Adresse $A7C000 selektiert werden soll? Wie lautet die virtuelle Adresse der Speicherzelle $A7CE38? (Bitte Herleitung angeben!)

(Lösung auf Seite 268)

Aufgabe 129: JTAG-Test   (II.4.3)

Das folgende Bild 41 zeigt einen kleinen Ausschnitt aus einer durch den JTAG-Port überwachten Elektronikplatine. Gezeigt sind zwei Bausteine A, B, von deren Anschlüssen jeweils 8 (numeriert von 1 bis 8) miteinander verbunden bzw. mit Masse (0 V) oder der positiven Betriebsspannung (+U_B) belegt sind. Durch den JTAG-Port soll in dieser Aufgabe nur der Normalbetrieb, also der Test auf Fehler in den Verbindungsleitungen, durchgeführt werden.

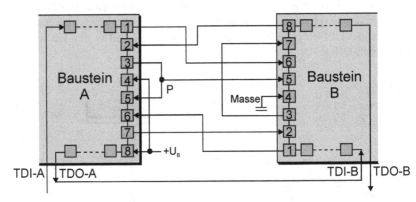

Bild 41: Kleines JTAG-Beispiel

a) Im folgenden Bild sind in einem Testmuster T_{ein} die Belegungen für die betrachteten Boundary-Scan-Zellen der beiden Bausteine vorgegeben. Ergänzen Sie das Bild um die Belegungen T_{aus} dieser Zellen nach Ausführung des Tests, wenn davon ausgegangen wird, daß die dargestellten Verbindungen keine Fehler aufweisen.

	A	B
	1 2 3 4 5 6 7 8	1 2 3 4 5 6 7 8
T_{ein}	.... X X 1 0 0 1 0 0 1 0 X X	X X 0 0 0 0 0 1 1 1 X X ....
T_{aus}	.... X X _____ X X	X X _____ X X ....

(X: irrelevante Zustände der angrenzenden Scan-Zellen)

b) Nun werden sukzessive zwei Tests m it den Eingabem ustern T_{ein}, T'_{ein} durchgeführt, die zu den unt en angegebenen Ausgabem ustern T_{aus}, T'_{aus} führen. Stellen
   Sie fest, ob und welche Fehler dadurch aufgedeckt werden. Zur Auswahl stehen:

- Kurzschluß gegen Masse *(Stuck-at-Zero)*,

- Kurzschluß gegen positive Betriebsspannung $+U_B$ *(Stuck-at-One)*,

- Unterbrechung einer Leiterbahn.

	A	B
	1 2 3 4 5 6 7 8	1 2 3 4 5 6 7 8
T_{ein}	.... X X 1 0 1 1 0 0 1 0 X X	X X 0 0 1 0 0 1 0 1 X X ....
T_{aus}	.... X X 1 1 1 1 1 0 1 1 X X	X X 0 1 1 0 1 0 1 1 X X ....
T'_{ein}	.... X X 0 0 0 1 0 0 1 0 X X	X X 0 0 0 0 0 1 0 1 X X ....
T'_{aus}	.... X X 0 1 0 1 1 0 1 1 X X	X X 0 1 0 0 0 1 1 X X ....

c) Geben Sie eine Folge von Testmustern T_{ein}, T'_{ein} T'''_{ein} an, durch die ein verm ute-
   ter Kurzschluß zwischen den Leiterbahnen von B1 → A6 und A7 → B2 (mit gro-
   ßer Wahrscheinlichkeit) gefunden werden kann. Gehen Sie bei Ihrer Lösung
   davon aus, daß sich bei einem Kurzschluß der Ausgang des Bausteins A gegenüber dem des Bausteins B durchsetzen wird, d.h. auf beiden Leitungen liegt dann
   der Pegel des Ausgangs von A vor. Begründen Sie Ihre Antwort.

	A	B
	1 2 3 4 5 6 7 8	1 2 3 4 5 6 7 8
T_{ein}	.... X X _____ X X	X X _____ X X ....
T_{aus}	.... X X _____ X X	X X _____ X X ....
T'_{ein}	.... X X _____ X X	X X _____ X X ....
T'_{aus}	.... X X _____ X X	X X _____ X X ....
T''_{ein}	.... X X _____ X X	X X _____ X X ....
T''_{aus}	.... X X _____ X X	X X _____ X X ....
T'''_{ein}	.... X X _____ X X	X X _____ X X ....
T'''_{aus}	.... X X _____ X X	X X _____ X X ....

(Lösung auf Seite 269)

III. Verständnisfragen zum Gesamttext

III.1 Ja/Nein-Fragen

(Antworten ab Seite 270)

Sind die folgenden Aussagen richtig oder nicht?	ja/nein

1. Bei einem **mikroprogrammierten Mikroprozessor** kann der Anwender den Befehlssatz selbst ändern und so seinen Anforderungen anpassen.

2. Die **Arbeitsgeschwindigkeit** moderner Prozessoren wird nur durch die Schaltgeschwindigkeit der verwendeten Transistoren begrenzt.

3. Unter dem Begriff **Mikroprogramm** versteht man jedes Maschinenprogramm, das von einem Mikroprozessor ausgeführt werden kann.

4. Der Arbeitsspeicher eines Mikrorechner-Systems wird auch als **Mikroprogramm-Speicher** bezeichnet.

5. Eine Unterbrechungsanforderung, die durch die Bearbeitung eines ungültigen Befehlscode auftritt, heißt **Software-Interrupt**.

6. Die Abkürzung **MMX** *(Multimedia Extension)* steht für die Erweiterung eines Personal Computers um Einheiten zur Ausgabe von Graphiken, Musik und Geräuschen (Graphikkarten, Soundkarten) usw.

7. Ein **Registersatz** unterscheidet sich von einem kleinen Schreib-/Lese-Speicher (RAM) nur dadurch, daß er mit auf dem Prozessorchip integriert ist.

8. Ein **synchroner Systembus** verlangt von allen angeschlossenen Komponenten die Einhaltung derselben strengen Anforderungen an ihre Zugriffsgeschwindigkeit.

9. Auf einem **synchronen Systembus** wird mit jedem Taktimpuls genau ein Datum übertragen.

Sind die folgenden Aussagen richtig oder nicht?	ja/nein

10. Unter einem *Strobe* versteht m an ein Triggersignal, das nach dem Eintreten eines Ereignisses nur für einen einzigen oder wenige Taktzyklen seinen Signalpegel ändert.

11. Gleitpunktzahlen nach dem IEEE-754-Standard werde n stets durch **Abschneiden** *(Truncation)* niederwertiger Bits gerundet.

12. Die **Assemblerbefehle** „logisches Linksschieben" und „arithmetisches Linksschieben" (LSL bzw. ASL) kön nen in denselben Maschinenbefehl übersetzt werden.

13. Bei der **indirekten Adressierung** zeigt die im Befehl spezifizierte Adresse nicht unm ittelbar auf den Operanden selbst, sondern auf ein Speicherwort, in dem die eigentliche Operandenadresse zu finden ist.

14. Der Controller eines Cache-Speichers wird auch als **Speicherverwaltungseinheit** bezeichnet.

15. Die beiden Begriffe **Datenkohärenz** und **Datenkonsistenz** für einen Cache-Speicher werden stets synonym verwendet, d.h. sie haben dieselbe Bedeutung.

16. In einem *n-Way Set Associative Cache* wird der Eintrag zur Aufnahme eines neuen Datum s eindeutig durch das **Indexfeld** in seiner Speicheradresse bestimmt.

17. Beim **LRU-Verfahren** *(Least Recently Used)* kann u.U. auch das zuletzt eingelagerte Datum als erstes wieder verdrängt werden.

18. In einem *Direct Map ped Cache* werden die Daten im mer unter eindeutigen Speicheradressen abgelegt.

19. Unter *Hardware Interlocking* versteht m an eine Maßnahm e, den Systembus gegen unerlaubte Zugriffe von externen Rechnerkomponenten zu sperren.

20. Nur RISC-Prozessoren arbeiten Befeh le in einer o der m ehreren **Pipeline(s)** ab.

21. Für die **Ausführung eines Maschi nenbefehls** benötigt jeder Mikroprozessor im Mittel wenigstens einen Taktzyklus.

22. Bei einem **superskalaren** Mikroprozessor m it Superskalaritätsgrad n werden in jedem Takt im mer n Befehle gleichzeitig in die Pipelines eingespeist.

Sind die folgenden Aussagen richtig oder nicht?	ja/nein

23. Unter der **Speicherabbildungsfunktion** der virtuellen Speicherverwaltung versteht man die Berechnung der physikalischen Speicheradresse aus der logischen/virtuellen Adresse durch die Speicherverwaltungseinheit.

24. Der **Translation Lookaside Buffer** ist ein kleiner Cache zur Unterstützung der Speicherverwaltungseinheit bei der Umsetzung virtueller in physikalische Adressen.

25. Digitale Signalprozessoren besitzen typischerweise eine **Harvard-Architektur**.

26. **Digitale Signalprozessoren** verfügen oft über mehrere schnelle Parallelports, über die sie mit anderen Digitalen Signalprozessoren kommunizieren können.

27. Neben der Multiplikation spielt die möglichst schnelle Ausführung der **Division** bei Digitalen Signalprozessoren eine wichtige Rolle.

28. Eine Speicherverwaltungseinheit wird auch als **MAC** *(Memory Access Control)* bezeichnet.

29. Der **PCI-Bus** ist ein synchroner Multiplexbus, der größere Datenmengen in Blöcken *(Bursts)* übertragen kann.

30. In jedem **Flash-Speicherbaustein** können alle Zellen nur gemeinsam gelöscht werden.

31. In einem **statischen Schreib-/Lese-Speicherbaustein** bleiben die Daten auch nach dem Abschalten der Betriebsspannung erhalten.

32. Die **Arbeitsgeschwindigkeit** moderner Mikroprozessoren stimmt in der Regel mit ihrer Zugriffsgeschwindigkeit auf den Arbeitsspeicher überein.

33. Die Begriffe **Speicherseite** und **Speicherbank** bedeuten dasselbe, werden also synonym gebraucht.

34. Der Zugriff auf **dynamische RAM-Bausteine** wird immer im Handshake-Verfahren, d.h. ohne den Einsatz eines Taktsignals durchgeführt.

35. Für die Realisierung eines **DDR-RAMs** *(Double Data Rate)* muß die Zugriffsgeschwindigkeit auf seine Speicherzellen gegenüber konventionellen DRAM-Zellen verdoppelt werden.

36. Je größer ein (zusammenhängender) Speicherbereich ist, desto mehr Adreßsignale braucht ein **Adreßdecoder** für die Erzeugung eines Auswahlsignals für diesen Bereich (z.B. *Chip Select*-Signal).

37. Die Realisierung eines **Handshake-Verfahrens** zur Synchronisation der Datenübertragung setzt die Verwendung eines Taktsignals voraus.

38. Zur Realisierung eines **Handshake-Verfahrens** zur Synchronisation der Datenübertragung werden wenigstens zwei Signale benötigt.

39. Die **Kaskadierung** mehrerer Interrupt-Controller bezeichnet man auch als *Daisy Chaining*.

40. Die Aktivierung bzw. Deaktivierung der Tristate-Treiber zwischen einem lokalem Bus und dem Systembus wird von sog. **DMA-Controllern** gesteuert.

41. Unter dem Begriff **DMA** *(Direct Memory Access)* versteht man den direkten Zugriff des Prozessors auf den Arbeitsspeicher ohne den Umweg über den Cache.

42. Die maximalen **Zählzykluslängen** eines 16-bit-Timers sind im 2x8-bit- und 16-bit-Zählmodus gleich.

43. Das Ausgangssignal eines **Digital/Analog-Wandlers** ist ein kontinuierliches Signal, das jeden beliebigen Wert im Ausgangsspannungsbereich – also unendlich viele verschiedene (analoge) Spannungswerte – annehmen kann.

44. **Mikrocontroller** mit 8-bit-Prozessorkern spielen heute keine wesentliche Rolle mehr.

III.2 Satzergänzungsfragen

(Lösungen ab Seite 277)

1. Ein **8-bit-Indexregister IR** verfüge über die Möglichkeiten der automatischen Modifikation „autoinkrement/autodekrement" und Skalierung. W elcher W ert W wird zur Adreßberechnung verwendet, wenn IR = $1E, Skalierungsfaktor m = 8 und predekrement mit n = 2 gewählt wird?

   W = ...

2. Das **IEEE-754-Format** zur Berechnung von Gleitpunkt zahlen unterscheidet sich hauptsächlich durch d ie beiden folge nden Eigenschaften von der „n orma- len" Darstellung von (binären) Gleitpunktzahlen durch Vorzeichen, Mantisse und Exponent:

   1. ....

   2. ....

3. Die Verwaltung großer Regist ersätze in Form von **überlappenden Register- bänken** bietet insbesondere die folgenden beiden Vorteile:

   1. ....

   2. ....

4. Nennen Sie wenigstens zwei wichtige Eigenschaften, die den Einsatz von **Mi- krocontrollern** in kleinen, tragbaren Geräten unterstützen:

   1. ....

   2. ....

5. Geben Sie an, durch welche Teile einer Speicheradresse beim *Direct Mapped Cache* eine **Inhaltsadressierung** bzw. eine **Ortsadressierung** durchgeführt wird:

   Inhaltsadressierung: ....

   Ortsadressierung: ....

6. Welche Funktionen besitzen die beiden folgenden Register eines Mikroprozes- sors:

   Befehlsregister: ....

   Befehlszähler: ....

7. ***Traps*** (im engeren Sinne) und *Faults* gehören zu den internen/externen Unter-
    brechungsanforderungen *(Nichtzutreffendes streichen!)*. Sie unterscheiden sich
    dadurch, daß

    Traps: ....

    Faults: ....

8. Die Verwaltung eines gr oßen **Registerspeichers** in disjunkten Registerbänken
    hat insbesondere die folgenden Vorteile gegenüber seiner   Verwaltung als ho-
    mogener Registersatz:

    1. ....

    2. ....

9. Mit ***Output Compare*** bezeichnet man eine Funktion eines ....
    -Bausteins, durch die ....

    ....

10. Der Begriff **PCI** steht für .... und be-
    zeichnet..

    ....

11. Nennen Sie jeweils einen Vor- und einen Nachteil von   **dynamischen Spei-
    cherzellen** gegenüber statischen Speicherzellen:..

    Vorteil:...

    Nachteil:...

12. **Verzweigungsbefehle** unterscheiden sich durch d ie beiden folgen den Eigen-
    schaften von Sprungbefehlen:

    1. ....

    2. ....

13. Unter der **Superskalarität** eines Mikroprozessors versteht m   an die Eigen-
    schaft seines Steuerwerks ....

    ....

14. Die (m eisten) **Digitalen Signalprozessoren** verfügen über die beiden folgen-
    den speziellen Adressierungsarten zur Ausführung von Algorithm en der digi-
    talen Signalverarbeitung:

    1. ....

    2. ....

15. Nennen Sie jeweils einen Vor- und einen Nachteil der **Festpunkt-Zahlendar-**
stellung gegenüber der **Gleitpunkt-Zahlendarstellung**:

Vorteil:...

Nachteil: ....

16. Der Beg riff **PWM** steht für .... und bezeichnet ein
Verfahren, bei dem..

....

17. Nennen Sie wenigstens zwei verschiedene Maßnahm en, die im **CAN-Bus** zur
Sicherung gegen Übertragungsfehler eingesetzt werden:

1. ....

2. ....

18. Nennen Sie jeweils einen Vorteil und einen Nachteil eines **asynchronen Sy-**
stembusses gegenüber einem synchronen Bus:

Vorteil: ....

Nachteil:...

19. Unter dem **Durchschreibeverfahren mit *Write Around*** auf einen Cache ver-
steht man:..

....

20. Ein **Übertragungsverfahren**, bei dem zusam menhängende Datenblöcke in
gleichmäßigen Zeitabständen und mit gleichen Zeitdauern transferiert werden,
wird als .... Übertragung bezeichnet. Sie kann z.B. im folgenden Bussystem eingesetzt werden:

....

21. Was versteht man unter ***Busy Waiting***?

....

....

22. Erläutern Sie den Begriff ***Fly-by-Transfer*** für einen DMA-Controller!

....

....

23. Erläutern Sie die Funktionsweise einer ***Watch-Dog*-Schaltung**!

....

....

24. Unter der **speicherbezogenen Adressierung** von Peripheriebausteinen *(Memory-mapped Addressing)* versteht man ....
....

25. Unter dem Begriff **Speicherabbildungsfunktion** versteht man....................
....
....

26. Unter dem Begriff **Pipelineverarbeitung** versteht man ....
....

27. Unter einer **maskierbaren Unterbrechungsanforderung** versteht man ....
....

28. Unter dem Begriff *Instruction Prefetching* versteht man ....
....

29. Unter dem **M.E.S.I.-Protokoll** bei Cache-Speichern versteht man..................
....
....

30. Die wesentlichen Nachteile des **Rückschreibverfahrens** gegenüber dem **Durchschreibverfahren** bestehen darin, daß...
....
....

31. Unter dem Verfahren des **verteilten Auffrischens** versteht man ....
....
....

32. **Digitale Signalprozessoren** sind Mikroprozessoren, die ....
....
und dazu insbesondere über ....
.... verfügen.

33. Der **Multiplexbus** hat gegenüber dem nicht **gemultiplexten Bus** den
Vorteil: ....
Nachteil: ....

34. Das **Hardware Interlocking** einer Pipeline hat gegenüber einem **Bypass** den
    Vorteil:..

    ....

    Nachteil:..

    ....

35. Ein **vollassoziativer Cache** hat gegenüber einem *Direct Mapped Cache* den
    Vorteil:..

    ....

    Nachteil:..

    ....

36. Der Anschluß eines Druckers über die **V.24-Schnittstelle** hat gegenüber dem
    Anschluß über die **Centronics-Schnittstelle** den
    Vorteil:..

    ....

    Nachteil:..

    ....

37. Unter einem *Floating Gate* versteht man ....

    ....

    Man findet es z.B. in der folgenden Schaltung:

    ....

38. Unter dem **Auffrischen** von dynamischen Speicherbausteinen versteht man

    ....

    ....

39. Die **schnellste Form de r Datenüber tragung** zwischen dem Hauptsp eicher
    und einer Ein-/Ausgabe-Schnittstelle   wird ....genannt
    und benötigt im Idealfall für jedes übertragene Datum ....
    Buszyklus/Buszyklen.

40. Ein wesentlicher Unterschied zwischen den **bitorientierten** bzw. **z eichenori-
    entierten Protokollen** der synchronen seriellen   Datenübertragung besteht
    darin, daß ....

    ....

41. Geben Sie an, wofür die Abkürzung **CPI** und **IPC** stehen u nd in welchem Verhältnis diese Größen zueinander stehen:

    CPI: ....

    IPC: ....

    Verhältnis: ....

42. Ein Speicherbaustein, der elektrisch in der Schalt ung selbst gelöscht und programmiert werden kann, wird abkürzend als ....-Baustein bezeichnet. Die Abkürzung steht für ....

    ....

43. Eine **CapCom-Schaltung** ist eine Erweiterung eines ....–Bausteins und wird zur Realisierung der beiden folgenden Funktionen eingesetzt:

    1. ....

    2. ....

    (Es sollen die englischen und deutschen Bezeichnungen angeben werden.)

44. Geben Sie für die **FIFO-** und **LRU-Ersetzungsstrategie** an, wofür die Abkürzungen stehen und welchen Eintrag sie ersetzen, wenn Platz für einen neuen Eintrag benötigt wird:

    FIFO: ....

    ....

    LRU: ....

    ....

45. Der Vorgang, der zur Erhaltung der ge speicherten Information in einem **dynamischen RAM** nötig ist, wird als .... bezeichnet und muß regelmäßig in Zeitintervallen m it einer Dauer von .... bis .... durchgeführt werden.

46. Wie werden die speziellen Rechenwerke eines **Digitalen Signalproz essors** (DSP) genannt, die die Auswahl der Operanden im Speicher zur Aufgabe haben?

    ....

    Wie viele dieser Rechenwerke muß ei n DSP wenigstens besitzen? (Begründung!)

    Erforderliche Anzahl: ...., da ....

    ....

IV.   Lösungen

IV.1   Lösungen der Übungen zu Band I

Zu Aufgabe 1: zu den Maßeinheiten Kilo, Mega, Giga, ... (I.1.1)

a) Aus $\qquad$ $2^x = 10^y \Rightarrow y = \log_{10} 2^x = x \cdot \log_{10} 2$

folgt $\qquad$ $c = \log_{10} 2 \approx 0{,}301.$

Entsprechend folgt aus $\qquad$ $2^x = 10^y$

$$x = y \cdot \log_2 10 \Rightarrow d = \log_2 10 \approx 3{,}322.$$

Wie zu erwarten ist, gilt : $\quad d = 1/c.$

b)

	2^x	$10^{c \cdot x}$	10^y	$2^{d \cdot y}$	f	r (%)
kilo	2^{10}	$10^{3{,}010}$	10^3	$2^{9{,}96}$	24	2,40
Mega	2^{20}	$10^{6{,}021}$	10^6	$2^{19{,}932}$	48.576	4,86
Giga	2^{30}	$10^{9{,}031}$	10^9	$2^{29{,}898}$	73.741.824	7,37
Tera	2^{40}	$10^{12{,}041}$	10^{12}	$2^{39{,}864}$	99.511.627.776	9,95

Die Falschinterpretation der Maßeinheit bedeutet, anstelle des „richtigen" Exponenten $x = d \cdot y$ den nach oben gerundeten „falschen" Exponenten $m = \lceil x \rceil$, also 10, 20, 30 oder 40, in der Zweier-Potenz zu verwenden. Der absolute relative Fehler r in Prozent berechnet sich damit zu:

$$r = |2^m - 10^n|/10^n \cdot 100.$$

Zu Aufgabe 2: zu den Begriffen bit, byte, bit/s, ... (I.1.1)

a) Größe des Speicherbereichs in bit: $\quad 2^n \text{ byte} = 2^n \cdot 8 \text{ bit} = 2^{n+3} \text{ bit.}$

Nach Aufgabe 1a) gilt: $\qquad 2^{n+3} \approx 10^{0{,}301 \cdot (n+3)}.$

Damit folgt für die Übertragungszeit:

$$T = 10^{0{,}301 \cdot (n+3)}/10^m \text{ s} = 10^{0{,}301 \cdot (n+3) - m} \text{ s.}$$

b) Nach a) folgt mit: 512 kbyte $= 2^9 \cdot 2^{10}$ byte $= 2^{19}$ byte

und   10 Mbit/s $= 10 \cdot 10^6$ bit/s $= 10^7$ bit/s

$T = 10^{0,301 \cdot (19+3)-7}$ s $= 10^{-0,378}$ s $= 0{,}419$ s.

c) Aus   512 Kbyte $= 2^{19+3}$ bit $= 2^{22}$ bit

folgt: $T' = 2^{22}/(10 \cdot 2^{20})$ s $= 2^2/10$ s $= 0{,}400$ s.

Für den absoluten relativen Fehler r ergibt sich damit:

$$r = |0{,}419 - 0{,}400| \cdot 100/0{,}419 = 4{,}53 \%.$$

Zu Aufgabe 3: Moore'sches Gesetz   (I.1.2)

a) Für den Steigerungsfaktor F der Transistoren v om Intel 4004 z um Pentium 4E gilt:

$$F = 125.000.000/2.250 \approx 55.556.$$

Daraus folgt für die Dauer D der Periode, nach der – rein rechnerisch – jeweils eine Verdopplung der Transistorzahl stattgefunden hat (vgl. Aufgabe 1a):

$$2^{(2004 - 1971)/D} = 10^{0,301 \cdot (2004 - 1971)/D} = F$$

$$\Rightarrow \quad 0{,}301 \cdot 33/D = \log_{10} F$$

$$\Rightarrow \quad D = 9{,}933/\log_{10} F \approx 9{,}933/4{,}745 = 2{,}093.$$

Eine Verdopplung der Transistorzahl hat im Mittel also nur (in etwa) alle 25 Monate stattgefunden.

b) Setzt m an für die ber echnete Dauer den „ganzen" W ert D $= 2$ ein, so bekommt man von 1971 bis 2004, also in 33 Jahren, den Faktor:

$$F = 2^{33/2} = 92.682.$$

Mit diesem Faktor müßte der Pentium 4E ca.

$$92.682 \cdot 2.250 \approx 209 \text{ Millionen Transistoren},$$

also 67 % mehr, haben.

c) In den 33 Jahren von 1971 bis 2004 erhält man bei

- einer Verdopplung alle 1,5 Jahre den Faktor: $F = 2^{33/1.5} = 4.194.304$,

- einer Verdopplung jedes Jahr den Faktor: $F = 2^{33/1} = 8.589.934.592$.

Im ersten Fall würde der Prozessor dann ungefähr 9,5 Milliarden Transistoren, im zweiten Fall sogar 19 Billionen Transistoren umfassen.

Zu Aufgabe 4: Leistungsangabe in MIPS   (I.1.2)

a) $L = 3 \cdot 3.400 \cdot 10^6$ Instructions/s = 10.200 MIPS = 10,2 GIPS
(Giga Instructions Per Second)

b) Nach dem Joy'schen Gesetz sollte für das Jahr 2003 gelten:

$L' = 2^{2003-1984}$ MIPS = 2^{19} MIPS = 524.288 MIPS $\approx$ 524 GIPS.

Der Leistungswert nach dem Joy'schen Gesetz ist also ungefähr um den Faktor 51 größer als der vom Pentium 4 im Jahr 2003 erreichte MIPS-Wert.

Zu Aufgabe 5: Mikroprogramm-Steuerwerk (Ampelsteuerung)   (I.2.1)

a) Das erfoderliche Mikroprogramm ist im Bild 42 dargestellt.

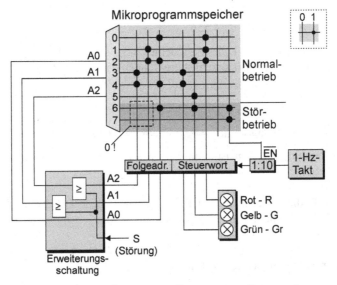

Bild 42: Das vollständige Mikroprogramm-Steuerwerk

Die Folgeadressen der ersten sechs Mikrobefehle durchlaufen den Zyklus:

$$0 - 1 - 2 - 3 - 4 - 5 - 0 \ \dots\dots$$

Die zugehörigen Steuerwörter sorgen für die Farbfolge:

Rot – Rot – Rot-Gelb – Grün – Grün – Gelb – Rot .....

Durch die Wahl der Steuerwörter dauern die Zustände Rot und Grün doppelt solange wie die Übergangszustände Rot-Gelb und Gel b. Das letzte Bit der Steuerwörter ist m it dem *Enable*-Eingang EN des Frequenzteilers   verbunden und in
allen diesen Mikrobefehlen auf L-Pegel gesetzt, so daß der Teiler aktiviert ist.

Damit wird die Taktzykluszeit auf 10 Sekunden erhöht und die Zustände besitzen die in der Aufgabenstellung geforderte Dauer.

b) **Störbetrieb**

In diesem Modus gibt es nur die beiden Steuerwörter für „Gelb an" (Mikrobefehl 6) und „Gelb aus" (Mikrobefehl 7). Alle anderen Lampen sind stets ausgeschaltet. Das Steuerbit für den Enable-Eingang EN des Frequenzteilers ist auf ‚1' gesetzt, so daß der Teiler deaktiviert ist und damit die Taktzyklusdauer nur eine Sekunde dauert.

Das niederwertige Bit der Folgeadresse ist so gesetzt, daß von einer geraden Adresse zu einer ungeraden und umgekehrt gesprungen wird. Die Erweiterungsschaltung setzt bei S = 1 die beiden höherwertigen Adreßbits A2 = A1 = 1, so daß in diesem Modus zyklisch die Adreßfolge 6 – 7 – 6 – 7 – ..... durchlaufen wird.

Die höherwertigen Bits der Folgeadressen sind auf ‚0' gesetzt, so daß das Schaltwerk nach dem Umschalten von S auf ‚0' zum Mikrobefehl 0 oder 1, also in den Zustand Rot springt.

Zu Aufgabe 6: Mikroprogramm-Steuerwerk (Dualzähler)   (I.2.1)

Das folgende Bild 43 zeigt eine mögliche Realisierung des Mikroprogramm-Steuerwerks.

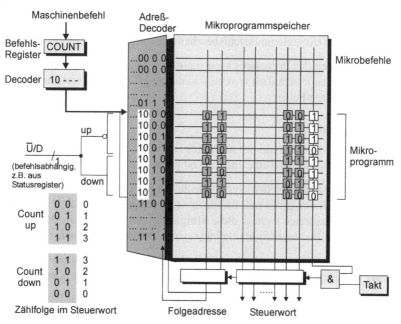

Bild 43: Blockschaltbild des Mikroprogramm-Steuerwerks

Das Mikroprogramm zur Realisierung des Zählers umfaßt 2 · 4 Mikrobefehle, wobei das U#/D-Signal als Adreßsignal A1 zur Auswahl der ersten bzw. zweiten Hälfte des Mikroprogramms dient. Als Folgeadresse ist in jedem Mikrobefehl jeweils der nächste zu erreichende Zählerwert in binärer Form eingetragen. Die Folge der Zustandsübergänge an den unteren Bits des Steuerwort-Registers ist im Bild unten links dargestellt.

Die Taktsteuerung geschieht durch ein einfaches Und-Gatter (&), das durch das letzte Bit jedes Mikrobefehls „geöffnet" (Bit = 1) bzw. „gesperrt" (Bit = 0) wird und dementsprechend den Takt auf das Steuerwort/Folgeadreß-Register durchschaltet oder nicht. Der Takt wird stets im letzten Mikrobefehl einer ausgewählten Operation gestoppt.

Zu Aufgabe 7: Mikroprozessor-Signale (HALT, HOLD) (I.2.2)

Zum HALT-Signal

- Dieses Signal wird nur in Ausnahmesituationen aktiviert und zeigt häufig das Vorliegen eines nicht (vom Prozessor) zu behebenden Fehlers an.

- Der Mikroprozessor gibt den Systembus unbedingt und sofort nach Beendigung des augenblicklichen Buszugriffs frei, indem er seine Ausgänge hochohmig schaltet. Alle Steuersignale – auch die, die nicht der Steuerung des Systembusses dienen – werden inaktiv geschaltet.

- Der Prozessor stellt jegliche Befehlsbearbeitung ein.

- Eine Weiterarbeit des Prozessors kann nur durch das Zurücksetzen des Systems oder einen Interrupt veranlaßt werden – in der Regel natürlich erst nach Behebung eines festgestellten Fehlers.

Zum HOLD-Signal

- Dieses Signal wird während des normales Betriebes des Mikroprozessor-Systems aktiviert und zeigt an, daß eine andere Komponente *Bus Master* werden will.

- Der Mikroprozessor gibt den Systembus in der Regel nach Beendigung des augenblicklichen Buszugriffs frei, indem er seine Ausgänge hochohmig schaltet. In bestimmten Situationen kann er diese Freigabe hinauszögern, z.B. dann, wenn der augenblickliche Buszugriff unmittelbar einen weiteren Zugriff bedingt.

- Der Prozessor kann intern den augenblicklich ausgeführten Befehl oder andere Befehle in seiner Warteschlange bzw. im internen Cache (weiter-)bearbeiten.

Unmittelbar nach der Deaktivierung des Signals kann der Prozessor erneut auf den Systembus zugreifen.

Zu Aufgabe 8: Interruptsteuerung   (I.2.2)

Tabelle 26 zeigt die Zeitpunkte (in Taktzy klen), zu denen die Interruptroutinen gestartet werden.

Tabelle 26: Startzeitpunkte der Interruptroutinen

Zyklen	Aktion
50	Start der NMI-Routine
70	Ende der NMI-Routine, Fortsetzung des Hauptprogramms
80	Start der IRQ-Routine
120	Ende der IRQ-Routine, Fortsetzung des Hauptprogramms
150	Start der NMI-Routine
170	Ende der NMI-Routine, Fortsetzung des Hauptprogramms
240	Start der IRQ-Routine
250	Unterbrechung der IRQ-Routine, Start der NMI-Routine
270	Ende der NMI-Routine, Fortsetzung der IRQ-Routine
300	Ende der IRQ-Routine, weiter mit dem nächsten IRQ
340	Ende der IRQ-Routine, weiter mit dem nächsten IRQ
350	Unterbrechung der IRQ-Routine, Start der NMI-Routine
370	Ende der NMI-Routine, Fortsetzung der IRQ-Routine
400	Ende der IRQ-Routine, Fortsetzung des Hauptprogramms
	Hier tritt ein Fehler auf:
	Durch die Unterbrechungen der IRQ-Routine durch den NMI und die damit verbundene Verzögerung geht der fünfte IRQ verloren!
450	Start der NMI-Routine
470	Ende der NMI-Routine, Start der IRQ-Routine
510	Ende der IRQ-Routine, Fortsetzung des Hauptprogramms
550	Start der NMI-Routine
570	Ende der NMI-Routine, Fortsetzung des Hauptprogramms
600	Start der IRQ-Routine
640	Ende der IRQ-Routine, Fortsetzung des Hauptprogramms

Das vervollständigte Zeitdiagramm ist im Bild 44 dargestellt.

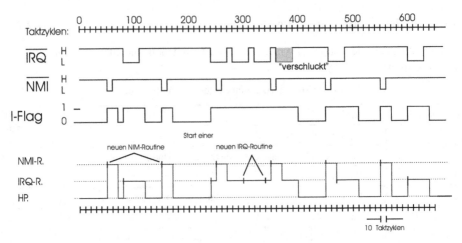

Bild 44: Vervollständigtes Zeitdiagramm

Die 5. IRQ-Anforderung wird nicht ausgeführt, da sie nach der ver zögerten Bearbeitung der 4. Anforderung nicht mehr am IRQ-Eingang ansteht.

Zu Aufgabe 9: Interruptschachtelung   (I.2.2)

a)   IBR = $A780.

IVN	Startadresse	Priorität
1	7076	
2	B080	
3	C004	
4	C0A0	
5	5066	
6	2044	
7	997C	

Startadresse ISR = IVN · 2 + IBR

b)

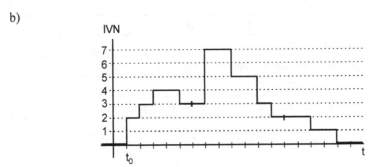

c) Da für keine andere Routine die Priorität größer als 7, also wenigstens 8, sein kann, kann diese ISR nicht unterbrochen werden.

Da eine Anforderung mit IVN = 7 jede andere ISR (außer mit IVN = 7) und natürlich auch jedes Programm unterbrechen kann, entspricht sie dem NMI *(Non Maskable Interrupt)*.

Zu Aufgabe 10: Interruptsteuerung (Motorola MC680X0)   (I.2.2)

Tabelle 27 zeigt, in welcher Reihenfolge die auftretenden Unterbrechungsanforderungen abgearbeitet werden.

Tabelle 27: Reihenfolge der Interrupt-Bearbeitung

Zeitpunkt	I2–I0	Ereignis
0	2	Laden durchs Betriebssystem
1	3	Interrupt der Klasse 3
2	4	Interrupt der Klasse 4
3	3	Fortsetzung des Interrupts der Klasse 3
4	2	Beendigung des Interrupts der Klasse 3
5	3	2. Interrupt der Klasse 3
6	7	NMI
7	3	Fortsetzung des 2. Interrupts der Klasse 3
8	5	Interrupt der Klasse 5
9	3	Fortsetzung des 2. Interrupts der Klasse 3
10	2	Beendigung des 2. Interrupts der Klasse 3

Die Interruptanforderung der Klasse 1 wird hier nie ausgeführt, da vom Betriebssystem die Klasse 3 als Klasse niedrigster Priorität verlangt wird.

Zu Aufgabe 11: Interruptvektor-Tabelle (Lage und Größe)   (I.2.2)

Anfangsadresse des Vektors: $\$A000\ 8C00 + 4 \cdot 22 = \$A000\ 8C00 + \$58$

Lage der ISR-Startadresse: $\$A000\ 8C58 - \$A000\ 8C5B$

Größe der Tabelle: $256 \cdot 4 = 1.024 = \$0400 \qquad \Rightarrow$

Lage der Vektortabelle: $\$A000\ 8C00 - \$A000\ 8CFF$

Man muß unbedingt wissen, ob die Startadresse im *Little-Endian*-Format oder *Big-Endian*-Format angegeben ist.

Zu Aufgabe 12: Interruptvektor-Tabelle (Interrupt-Startadressen) (I.2.2)

Zur Erklärung wird im Bild 45 noch ei nmal die Berechnung der Startadresse   einer
Interruptroutine dargestellt. Im Bild si nd die in der Aufgabenstellung gegebenen
Werte eingetragen. Es zeigt, wie z.B. aus der überm ittelten IVN = 13, der Skalierung
mit der Adreßlänge 4 (byte) und der Addition zum   Inhalt des Basisadreß-Registers
die Startadresse ($F7008014) in der Interruptvektor-Tabelle gefunden wird.

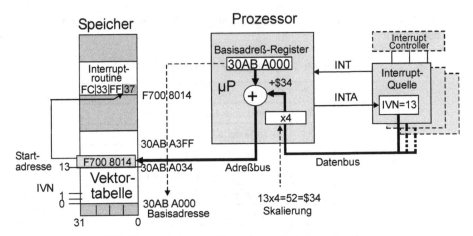

Bild 45: Ermittlung der Startadresse der Interruptroutine

a) Maximale Größe und Lage der IVT im Speicher:

Anfangsadresse: $30AB A000

Endadresse: $30AB A3FF

max. Größe: $4 \cdot 256 = 1.024$ byte.

(Jede Adresse besteht aus 32 bit, also ist jeder Eintrag der IVT 4 byte groß.)

b) Die gesuchten Werte sind in der Tabelle 28 eingetragen.

Tabelle 28: Werte der IVNs 7 und 13

IVN (dez.)	Startadresse des Int.-Vektors in IVT	Startadresse der ISR	1. OpCode-Byte der ISR
7	$30AB A01C	$2AB0 7FF8	$BD
13	$30AB A034	$F700 8014	$37

Die eingetragenen Startadressen der Interruptvektoren in der IVT berechnen sich
folgendermaßen:

IVN = 7: $30AB A000 + 4 · 7 = $30AB A01C

IVN = 13: $30AB A000 + 4 · 13 = $30AB A034

Aus der Annahme des *Little-Endian*-Formats ergeben sich damit die dargestellten Startadressen der Interrupt-Servive-Routinen.

Die folgende Tabelle 29 zeigt die Lage der betrachteten Interruptvektoren und den Beginn der zugehörigen Interruptroutinen im dargestellten Speicherausschnitt.

Tabelle 29: Lage der Interruptvektoren zu IVN = 7 und IVN = 13

Startadresse des Interruptvektors zu IVN = 13   Start ISR 13

Adresse \ X	F	E	D	C	B	A	9	8	7	6	5	4	3	2	1	0
F700 802X																
F700 801X												37				
F700 800X																
....																
30AB A03X	IVN 15				....				F7 : 00 : 80 : 14				IVN 12			
30AB A02X	IVN 11				....								IVN 8			
30AB A01X	2A : B0 : 7F : F8				Interruptvektor-			Tabelle					IVN 4			
30AB A00X	IVN 3				(Ausschnitt)				....				IVN 0			
....																
2AB0 7FFX										BD						
2AB0 7FEX																

Start ISR 7

Startadresse des Interruptvektors zu IVN = 7   Basisadresse der IVT: $30AB A000

Zu Aufgabe 13: Indizierte Adressierung   (I.2.3)

(AP: Adreßpuffer, DBP: Datenbuspuffer,
F: Ergebnis des Addierers, Ri: Register i = 1, 2)

B0	⟶	R2	Basisadresse nach R2
DBP	⟶	R1	Offset nach R1
Addition			(B0) + <Offset>
F	⟶	R1	Zwischenergebnis nach R1

I0	⟶	R2	Index nach R2
Addition			[(B0)+<Offset>]+(I0)
F	⟶	AP	Operandenadresse nach AP

Inkrement R2			(I0)+1
F	⟶	I0	neuer Indexwert nach I0

Zu Aufgabe 14: Virtuelle Speicherverwaltung (I.2.3)

a) Die oberen 14 Bits der virtuellen Adresse stellen die Segmentnummer in der Deskriptor-Tabelle da. Jeder Deskriptor ist 4 byte lang. Einträge in dieser Tabelle finden sich also an den Adressen „Basis adresse+0", „Basisadresse+4", „Basisadresse+8" usw. Durch Skal ieren der Seg mentnummer m it 4 wird aus der S egmentnummer der Offset zur Startadresse der Tabelle im Basisregister.

b) Die virtuelle Adresse $0037AFE teilt sich auf in die Segm entnummer $003 und den Offset in dieses Segment $7AFE. Der dritte Eintrag in der Deskriptor-Tabelle, beginnend bei $000400 (Inhalt des Basisregisters), findet sich durch 4 · $3 + $400 = $C + $400 = $00040C. In der Tabelle im Bild 3 findet sich unter dieser Adresse der Deskriptor $200C6000. Bei diesem W ert geben die unteren 2 4 Bits, also $0C6000, die physikalische Adresse des Segm entbeginns an. Die Bits 31 – 29 geben die erlaubte Zugri ffsart an. Hier findet sich das Bitm uster 001. Nur Bit 29 ist gesetzt, demzufolge darf auf dieses Segment nur ausführend zugegriffen werden.

c) Das Segment m it der Num mer 6 wird in der Tabelle nach Bild 3 an der Adresse 4 · $6 + $400 = $000418 beschrieben. Laut Aufgabenstellung wird gefordert, daß das Segment an der physikalischen Adres se $12A0F0 beginn t und m it Le se-, Schreib- und Ausführungsrechten versehen wird. Daher wird der Deskriptor $E012 A0F0 ab Adresse $000418 eingetragen. Bevor dieser jedoch eingetragen werden darf, muß sichergestellt sein, daß ni cht bereits ein als gültig gekennzeichnetes Segment dort vorliegt. Der ursprüngliche Wert an der Adresse $000418 war $00F12345. In diesem Des kriptor sind d ie Bits 31, ..., 29 sämtlich 0, der Eintrag ist daher noch frei. In unserem Fall liegt keine Überlappung vor, denn alle anderen gültigen Segm ente liegen außerhalb des neu eingetragenen Adreßbereiches von $12A0F0, ..., $13A0EF ($12A0F0 + $FFFF). Die neue SDT entsteht also dadurch, daß der Eintrag $00F12345 ab $000418 durch $F012A0F0 ersetzt wird.

d) Es existieren m aximal 2^{24} = 16.777.216 verschiedene physikalische Adres sen. Jedes Segm ent ist 64 kbyte = 65.536 byte lang. Dies ergibt 256 nicht überlappende 64-kbyte-Segmente im H auptspeicher. F ür 256 Segm ente werden für die Deskriptor-Tabelle 256 · 4 = 1.024 byte benötigt. Insgesam t stehen dam it dann noch $2^{24} - 2^{10}$ = 16.776.192 byte für Program me und Daten zur Verfügung. W erden weniger als 256 Segmente mit je 64 kbyte angelegt, z.B. nur 10 Segmente, so wird weniger Platz für die Tabelle (nur 40 byte) benötigt, aber es sind dann auch nur noch 640 kbyte ansprechbar. W erden m ehr als 256 Segm ente eingetragen, so überlappen sich m indestens zwei Segm ente, was Ein-/Auslagerungsvorgänge m it sich bringt. W eiterhin nimmt die Tabelle m ehr Platz im Hauptspeicher ein. Alles in allem ergibt sich also, das bei der genannten Konfiguration 256 Segm ente optimal sind.

e) Damit die geforderte einfache Skalierung stattfinden kann, m uß der Skalierungsfaktor 8 betragen. Ein Eintrag in der De skriptor-Tabelle ist dam it 8 byte lang und hat z.B. die folgende Form:

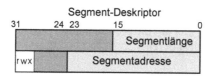

Da auch die SDT m aximal 64 kbyte groß ist, können m aximal 8192 Segm ente verwaltet werden. Für die Selektion eines Segment-Deskriptors werden somit nur 13 Bits benötigt, so daß ein Bit der virtuellen 30-bit-Adresse unbenutzt bleibt.

Zu Aufgabe 15: Arithmetisch/logische Einheit (ALU) (I.2.4)

Zunächst skizzieren wir im Bild 46 den Aufbau eines parallelen Addierers/Subtrahierers, der die Subtraktion als Addition im Zweierkomplement nach folgender Formel ausführt. ($\overline{B}$ steht für die bitweise Inversion von B.)

$$A - B = A + B_{2K} = A + \overline{B} + 1.$$

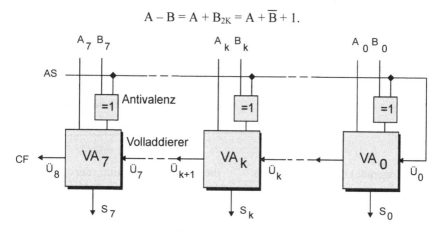

Bild 46: Paralleles Addier-/Subtrahierwerk

Die Antivalenzschaltungen übernehm en darin die bitweise Inversion des Operanden B; der Übertragseingang $\ddot{U}_0 = AS = 1$ sorgt für die Addition der 1.

(Im folgenden stehen: $\equiv$ für die Äquivalenz, $\neq$ für die Antivalenz, $\wedge$ für die Und-Verknüpfung, $\vee$ für die Oder-Verknüpfung, $\neg$ für die bitweise Negation und $\Leftrightarrow$ für „genau dann, wenn".)

a) **CF und AF**

Für das Übertrags-Ausgangssignals $\ddot{U}_k+1$ *(Carry/Borrow)* des Volladdierers VA_k gilt bekanntlich:

$$\ddot{U}_{k+1} = (A_k \wedge (B_k \neq AS)) \vee (A_k \wedge \ddot{U}_k) \vee ((B_k \neq AS) \wedge \ddot{U}_k)$$
$$= (A_k \wedge (B_k \neq AS)) \vee (\ddot{U}_k \wedge (A_k \vee (B_k \neq AS))) .$$

Beginnend mit $\ddot{U}_0 = AS$, kann m an daraus nun iterativ $AF = \ddot{U}_4$ und $CF = \ddot{U}_8$ berechnen. Wir wollen hier auf die Ausrechnung verzichten. (Führen Sie sie doch zur Übung für AF selbst durch.)

OF

Bei der Addition kann e in Überl auf n ur au ftreten, wenn beide O peranden das gleiche Vorzeichen haben, aber das Ergebnis das entgegengesetzte Vorzeichen hat. Hier gilt also:

$$OF^+ = (A_7 \equiv B_7) \wedge (A_7 \neq F_7) \wedge (\neg AS) .$$

Bei der Subtraktion tritt ein Überlauf nur dann auf, wenn beide Operanden entgegengesetztes Vorzeichen haben und das Ergebnis ein anderes Vorzeichen als der Operand A hat. Also gilt:

$$OF^- = (A_7 \neq B_7) \wedge (A_7 \neq F_7) \wedge AS .$$

Durch die Oder-Verknüpfung beider Fälle erhält man:

$$OF = (A_7 \neq F_7) \wedge (((A_7 \equiv B_7) \wedge (\neg AS)) \vee ((A_7 \neq B_7) \wedge AS))$$
$$= (A_7 \neq F_7) \wedge (A_7 \equiv B_7 \equiv (\neg AS)) .$$

Zur Berechnung der nächsten drei Flags ist nicht viel zu sagen:

$$ZF = \neg(F_7 \vee F_6 \vee ... \vee F_1 \vee F_0), \qquad \text{(Alle Ergebnis-Bits sind 0.)}$$

$$SF = F_7, \qquad \text{(Das MSB ist das Vorzeichen.)}$$

$$EF = \neg F_0. \qquad \text{(Das LSB gerader Zahlen ist 0.)}$$

PF

Die (ungerade) Parität wird durch die modulo-2-Summe der Ergebnisbits $F_7, ..., F_0$ gegeben. Diese Sum me wird bekanntlich durch die Antivalenz-Verknüpfung der Summanden ermittelt. Also folgt:

$$PF = F_7 \neq F_6 \neq .... \neq F_1 \neq F_0 .$$

b) i. A, B vorzeichenlose ganze Zahlen

- $A<B$ $\Leftrightarrow$ $A - B < 0$ $\qquad\qquad$ $\Leftrightarrow$ $CF = 1$ (*Borrow* aus „Stelle 8"),
- $A \geq B$ $\Leftrightarrow$ $\neg(A < B)$ $\qquad\qquad$ $\Leftrightarrow$ $CF = 0$,
- $A>B$ $\Leftrightarrow$ $(A - B \geq 0) \wedge (A - B \neq 0)$ $\Leftrightarrow$ $(CF = 0) \wedge (ZF = 0)$,
- $A \leq B$ $\Leftrightarrow$ $\neg(A > B)$ $\qquad\qquad$ $\Leftrightarrow$ $(CF = 1) \vee (ZF = 1)$.

ii. A, B vorzeichenbehaftete Zahlen im Zweierkomplement

Aus $AS = 1$, $SF = F_7$ und der oben hergeleiteten logischen Funktion des Überlauf-Bits OF folgt zunächst:

$$OF = OF^- = (A_7 \neq B_7) \wedge (A_7 \neq SF)$$
$$= [(\neg A_7) \wedge B_7 \wedge SF] \vee [A_7 \wedge (\neg B_7) \wedge (\neg SF)].$$

Daraus folgt weiter:

$SF = 1 \Leftrightarrow OF = (\neg A_7) \wedge B_7$,

$SF = 0 \Leftrightarrow OF = A_7 \wedge (\neg B_7)$.

Nun kann m an die vier in Tabelle 30 gezeigt en Möglichkeiten für die Wahl von SF und OF genauer untersuchen:

Tabelle 30: Möglichkeiten für die Wahl von SF und OF

OF	SF	Bedingung	Ergebnis
0	0	kein Überlauf, F positiv: $0 \leq A - B \leq 2^7 - 1$	$A \geq B$
0	1	kein Überlauf, F negativ: $-2^7 \leq A - B < 0$	$A < B$
1	0	$(A_7 = 1) \wedge (B_7 = 0)$: A negativ, B positiv	$A < B$
1	1	$(A_7 = 0) \wedge (B_7 = 1)$: A positiv, B negativ	$A > B$

Daraus ergeben sich nun unmittelbar die gesuchten Beziehungen:

- $A < B$ $\qquad\qquad\qquad\qquad \Leftrightarrow (OF \neq SF) = 1$,
- $A \leq B \Leftrightarrow (A < B) \vee (A = B) \Leftrightarrow (OF \neq SF) \vee ZF = 1$,
- $A > B \Leftrightarrow \neg(A \leq B) \qquad\qquad \Leftrightarrow (OF \neq SF) \vee ZF = 0$,
- $A \geq B \Leftrightarrow \neg(A < B) \qquad\qquad \Leftrightarrow (OF \neq SF) = 0$.

c) Die gesuchte Schaltung ist in Bild 47 dargestellt.

d) Durch die Addition kann der BCD-Zahlenbere ich in der unteren Hälfte des Ergebnisses durch zwei Möglichkeiten verlassen werden:

i. Es tritt eine Pseudotetrade A, B, C, D, E, F auf. Diese wird durch die folgende logische Funktion angezeigt:

$$L = F_3 \wedge (F_2 \vee F_1).$$

ii. Durch das Flag AF wird ein Übertrag in die obere Hälfte des Ergebnisses gemeldet.

In beiden Fällen, angezeigt durch $L \vee AF = 1$, muß die ALU zum Ergebnis F den Wert \$06 addieren. Entsprechend kann in der oberen Ergebnishälfte eine Pseudotetrade oder ein Übertrag auftreten, der hier durch das Flag CF gemeldet wird.

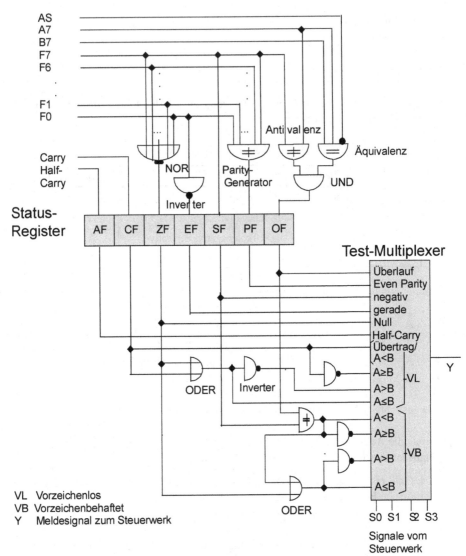

Bild 47: Erzeugung der Flags und Testmultiplexer

Daher muß die ALU immer dann, wenn

$$CF \lor H := CF \lor [F_7 \land (F_6 \lor F_5)] = 1$$

ist, zum Ergebnis F den Wert $60 addieren. Das Ergebnis der Addition wird nun durch das Übertragsbit CF und das korrigierte Ergebnis F' dargestellt.

Beispiele:

	i)		ii)	
		CF		CF
	A:	89		89
	B:	+ 44		+ 98
Korrektur der	F: AF=0	CD	AF, CF=1	1 21
unteren Tetrade		+ 06		+ 06
Korrektur der		D3		1 27
oberen Tetrade		+ 60		+ 60
		1 33		1 87

Zu Aufgabe 16: Bereichsüberschreitung der ALU   (I.2.4)

a) i. Eine Bereichsüberschreitung liegt bei der Addition vor, wenn die   Summe zweier positiver Zahlen negativ oder di e Summe zweier negativer Zahlen positiv wird.

ii. und iii.

		A					
		$A6	OF	S	$6C	OF	S
B	$7A	$20	0	$20	$E6	1	$7F
	$80	$26	1	$80	$EC	0	$EC

b)

		A		
		$A604	UOF	S
B	$40A5	$E6A9	0	$E6A9
	$8066	$306A	1	$FFFF

c) R0 = $1A, R1 = $10, R2 = $04, R3 = $10

R2 enthält den Index (aus $\{0, ..., 7\}$) des höchstwertigen ‚1'-Bits der Zahl in R0.

Zu Aufgabe 17: Schiebe- und Rotationsoperationen   (I.2.4)

Die Ergebnisse der betrachteten Schiebe- und Rotationsoperationen werden in der folgenden Tabelle gezeigt.

	CF	A	CF
Anfangswert	0	10101101	0
Verschieben			
logisch/arithmetisch, nach links	1	01011010	
logisch, nach rechts		01010110	1
arithmetisch, nach rechts		11010110	1
Rotieren			
nach rechts		11010110	
nach links		01011011	
nach rechts mit Übertragsbit		11010110	1
nach links mit Übertragsbit	1	01011011	
nach rechts durchs Übertragsbit		01010110	1
nach links durchs Übertragsbit		01011010	1

Zu Aufgabe 18: 4-bit-Multiplexer   (I.2.4)

a) Im Bild 48 ist eine Realisierung aus   logischen Grundschaltungen für den 4-bit-
   Multiplexer skizziert. W egen der Einfac hheit der Schaltung verzichten wir hier
   auf weitere Erklärungen.

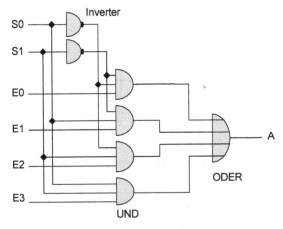

Bild 48: 4-bit-Multiplexer

b) Im Bild 49 ist der Aufbau des Schieberegisters skizziert.

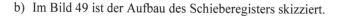
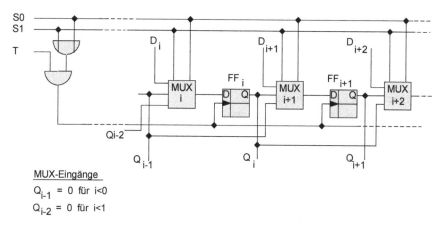

MUX-Eingänge

$Q_{i-1} = 0$ für $i < 0$

$Q_{i-2} = 0$ für $i < 1$

Bild 49: Aufbau des Schieberegisters

Es ist aus D-Flipflops aufgebaut, deren Eingängen jeweils ein Multiplexer vorge-schaltet ist. Diese Multiplexer werden durch zwei Signale S_1, S_0 gesteuert und dienen zur Auswahl genau einer der letzten drei aufgeführten Funktionen. Den Aufbau der Multiplexer ersieht man aus Bild 48, wenn man darin das oberste Und-Gatter des Eingangs E_0 entfernt. Die erstgenannte Funktion „Registerinhalt unverändert lassen" wird im Fall $S_0 = S_1 = 0$ dadurch erreicht, daß der Takt T (durch die Und/Oder-Gatterkombination) von den Flipflops abgetrennt wird.

c) Lösung siehe Bild 50.

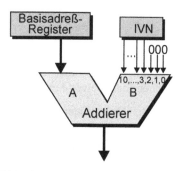

Bild 50: Skalierung der IVN mit 8

IVN wird auf die höherwertigen Eingänge B3 – B10 des Adreßaddierers gelegt, die niederwertigen werden konstant mit ‚0' belegt. Dadurch wird IVN um drei Bits nach links verschoben bzw. mit 8 multipliziert.

Zu Aufgabe 19: MMX-Operationen   (I.2.4)

Hexadezimale Werte:

R0 = (7FAD 84AE 59CA FCFF), R1 = (AD5F 01DD 6C00 F6FA).

a) Logisches Linksschieben (D):

R0 = (FF5B095C B395F9FE)

b) Arithmetisches Rechtsschieben (W):

R1 = (D6AF 00EE 3600 FB7D)

c) Vorzeichenbehaftete Addition mit Sättigung (W):

R0 + R1 = (2D0C 868B 7FFF F3F9)   Sättigung im 3. Wort von links

d) Vorzeichenlose Addition mit Sättigung (B):

R0 + R1 = (FF FF 85 FF C5 CA FF FF)   FF: Sättigung

e) Vorzeichenloser Vergleich auf „größer als" (W):

R0 > R1 = (0000 FFFF 0000 FFFF)

Zu Aufgabe 20: MMX-Operationen   (I.2.4)

a) Eingabewerte: R0 = (CD70 5F8C 0DC5 95F4), R1 = (B5F0 FFFF 105A 94FF)

R2 := R0	R2 = (CD70 5F8C 0DC5 95F4)
R2 := R2 > R1	R2 = (FFFF 0000 0000 FFFF)
R3 := R2	R3 = (FFFF 0000 0000 FFFF)
R3 := R3 −∧ R0	R3 = (0000 5F8C 0DC5 0000)
R2 := R2 ∧ R1	R2 = (B5F0 0000 0000 94FF)
R2 := R2 ∨ R3	R2 = (B5F0 5F8C 0DC5 94FF)

b) Die Operationsfolge berechnet elementeweise die Minima der (als vorzeichenlose Zahlen aufgefaßten) 16-bit-Wörter in R0 und R1 und schreibt diese Werte nach R2. Die ursprünglichen Eingabewerte in R0, R1 bleiben dabei erhalten.

c) Es reicht, in den beiden ersten Operationen R0 und R1 zu vertauschen.

Zu Aufgabe 21: Universelles Schiebe-/Zähl-Register   (I.2.5)

Als Wiederholung skizzieren wir zunächst im Bild 51 eine getrennte Lösungsmöglichkeit für jede der vier Betriebsarten, die das Register zur Verfügung stellen soll: Links/ Rechts-Schieben, Vorwärts/Rückwärts-Zählen. Das Register ist bei allen vier Möglichkeiten aus JK-Master-Slave-Flipflops aufgebaut, die mit einem gemeinsamen Takt T versorgt werden. Die verlangte Funktion des Rücksetzens wird durch die statischen Reset-Eingänge R der Flipflops erreicht, die miteinander verbunden werden. Diese Funktion wird im folgenden nicht weiter betrachtet.

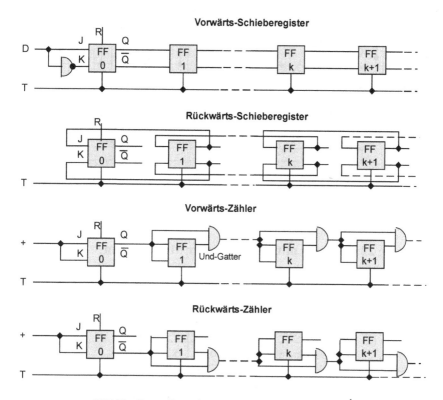

Bild 51: Darstellung der zu realisierenden Funktionen[1]

Im Bild 52 sind nun alle vier Teilfunkti onen in einem Register vereint. Die Auswahl einer Funktion geschieht über die 4-auf-1-Multiplexer (MUX), die allen Flipflop-Eingängen vorgeschaltet sind. Die beiden Steuereingänge S_0, S_1 der Multiplexer haben die in der folgenden Tabelle dargestellte Wirkung.

S_1	S_0	Funktion
0	0	Vorwärts-Zählen
0	1	Rückwärts-Zählen
1	0	Vorwärts-Schieben
1	1	Rückwärts-Schieben

---
[1] Aus zeichentechnischen Gründen ist im Bild 51 das ni ederstwertige Bit links gezeichnet ist, so daß hier - im Unterschied zur Darstellung im Buch - ein Vorwärtsschieben ein Rechtsschieben bedeutet.

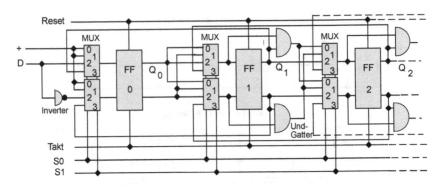

Bild 52: Das gesuchte Multifunktions-Register

Zu Aufgabe 22: Register mit automatischer Modifikation   (I.2.5)

a)

Modifikation	EA	B	IR
ohne	$E017	$41	$E2
predekrement	$E013	$F7	$DE
postdekrement	$E017	$41	$DE
preinkrement	$E01B	$3F	$E6
postinkrement	$E017	$41	$E6

b) $EA = (BR) + 4 \cdot (IR - 1) = \$E017, B = \$41, IR = \$38$

c) Durch Befehl angesprochene Speicheradresse: $(BR) + (IR) + \$15 = \$E015$, wobei (BR) und (IR) den Inhalt der Register BR bzw. IR bezeichnen.

Unter $E015, $E016 finden sich die Adresse EA und darin der Inhalt:

$$EA = \$E01B, \ B = \$3F.$$

Zu Aufgabe 23: Register   (I.2.5)

a) Angesprochene Speicheradresse: $\quad EA = \$0A80 \cdot 4 = \$2A00,$
   postdekrementiertes Indexregister $\quad IR = \$0A80 - 4 = \$0A7C$
   nach Befehlsausführung

b) i. R0: $00   da von rechts Nullen nachgezogen werden,
        R1: $05

   Allgemeiner Wert in R1:   Anzahl der ‚1'-Bits im Register R0.

ii. Wert in R1:

R1 = $01 (Maskierung des LSBs des Inhalts von R1, also $05 = 0000 0101)

Die Befehlsfolge berechnet die (gerade) Parität über den Inhalt des Registers R0.

iii. Nach der Ausführung der Befehlsfolge steht wieder der alte Wert, hier $E5, in R1.

iv. Durch die Addition wird das *Carry Flag* vor dem Zurückschieben nach R1 wieder auf ‚0' gesetzt, so daß nach dem 8-maligen Rotieren in R1 der Wert $00 = 0000 0000_2 steht.

Zu Aufgabe 24: Systembus-Multiplexer   (I.2.6)

a) Der Adreßbustreiber ist im Bild 53 dargestellt. Durch das Signal G *(Gate)* können beide Tristate-Treiber hochohmig geschaltet werden und damit der Programmzähler und der Adreßpuffer vom Adreßbus getrennt werden. Das Signal S selektiert genau eines der beiden angeschlossenen Register.

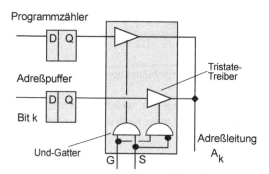

Bild 53: Der Aufbau des Adreßbustreibers

b) Im Bild 54 wurde der Adreßbustreiber aus Bild 53 um einen bidirektionalen Datenbustreiber erweitert.

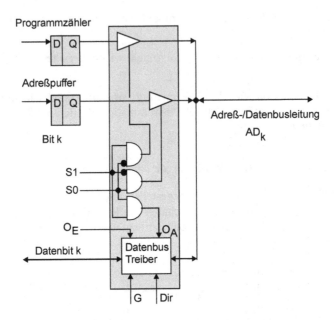

Bild 54: Treiber eines bidirektionalen Multiplexbusses

Zwei Auswahlsignale S_1, S_0 legen fest, welches Register mit dem externen Daten- / Adreßbus verbunden wird, und zwar nach der in der folgenden Tabelle gezeigten Beziehung.

S_1	S_0	ausgewähltes Register
0	0	kein Register ausgewählt, Busleitungen hochohmig
0	1	Adreßpuffer
1	0	Programmzähler
1	1	Datenbuspuffer

Die Aktivierung des Datenbustreibers geschieht durch die zusätzliche Steuerleitung G. Bei dieser Lösung kann der Prozessor ein Datum in den Datenbuspuffer schreiben, auch wenn dieser noch nicht auf den externen Bus geschaltet ist, d.h. der Eingang O_A auf L-Potential liegt. Durch Aktivierung der Eingänge G und O_E kann der Prozessor jederzeit den Inhalt des Datenbuspuffers lesen.

Zu Aufgabe 25: Busarbiter   (I.2.6)

a) Das folgende Bild 55 zeigt den Schaltplan des Arbiters.

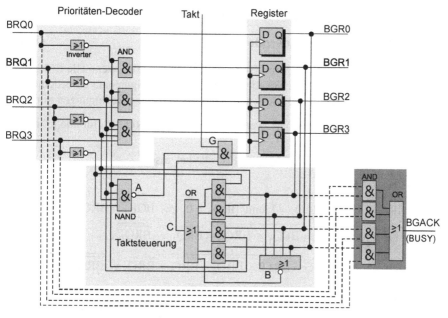

Bild 55: Schaltplan des Arbiters

- Der **Prioritätendecoder** realisiert die gewünschte Prioritätenfolge dadurch, daß jedes aktivierte Eingangssignal BRQi über die Und-Gatter (AND)   alle Eingänge mit niedrigerer Priorität i+1, .., 3 sperrt.

- Die **Taktsteuerung** berücksichtigt die drei in der Aufgabe vorgegebenen   Bedingungen zur Aktivierung des Taktes T:

  - Die Teilfunktion A sperrt T, wenn kein Knoten den   Zugriff zum Bus wünscht (A = 0). Durch A wird insbesondere das Busparken realisiert.

  - Durch die Teilfunktion B wird   berücksichtigt, daß nach dem Einschalten der Betriebsspannung noch kein Knot en den Zugriff gewährt bekommen hat. Hier sind B = 1 und C = 1. Für jeden Zugriffswunsch (A = 1) schaltet das Gatter G den Takt T durch.

  - Die Teilfunktion C ist auch dann auf ,1', wenn eines der vorgeschalteten Und-Gatter durchschaltet. Dies ist dann der Fall, wenn der angeschlossene BGRi-Ausgang auf ,1' liegt, der zugehörige BRQi-Eingang aber auf ,0 '. Mit anderen W orten: Knoten i hat zwar das Zugriffsrecht, verlangt es aber nicht länger.

b) Die Schaltung zur Erzeugung des BGACK-Si gnals prüft für jeden Knoten i, ob sowohl BRQi = 1 als auch BGRi = 1 ist. (Dies kann höchstens für einen einzigen Knoten der Fall sein.) Die nachfolgende Oder-Schaltung zeigt – wie verlangt – an, wann ein Knoten den Bus belegt.

Zu Aufgabe 26: Prioritätendecoder   (I.2.6)

a) Nach Aufgabenstellung bekommt BM_i nur dann den Zugriff, wenn alle BM_j, $j < i$, diesen nicht wünschen. (Die Negationsstriche über den Signalnam en bedeuten lediglich, daß diese im L-Pegel aktiv sind.) Für die logischen Bedingungen gilt:

$$BGR_i = 1, \text{ also aktiviert, wenn } BRQ_i = 1 \text{ und } BRQ_j = 1 \text{ für alle } j < i.$$

1. $BGR_0 = BRQ_0$, da BM0 höchste Priorität hat, also:

$$\overline{BGR_0} = \overline{BRQ_0}$$

2. $BGR_1 = 1$, wenn $BRQ_1 = 1$ und $BRQ_0 = 0$ $\Leftrightarrow$ $BGR_1 = BRQ_1 \wedge \overline{BRQ_0}$,

   daraus folgt: $\overline{BGR_1} = \overline{BRQ_1 \wedge \overline{BRQ_0}} = \overline{BRQ_1} \vee \overline{\overline{BRQ_0}}$.

3. Entsprechend: $\overline{BGR_2} = \overline{BRQ_2 \wedge \overline{BRQ_0} \wedge \overline{BRQ_1}} = \overline{BRQ_2} \vee \overline{\overline{BRQ_0} \wedge \overline{BRQ_1}}$.

4. $\overline{BGR_3} = \overline{BRQ_3 \wedge \overline{BRQ_0} \wedge \overline{BRQ_1} \wedge \overline{BRQ_2}} = \overline{BRQ_2} \vee \overline{\overline{BRQ_0} \wedge \overline{BRQ_1} \wedge \overline{BRQ_2}}$

Der Prioritätendecoder kann wie im Bild 56 dargestellt realisiert werden.

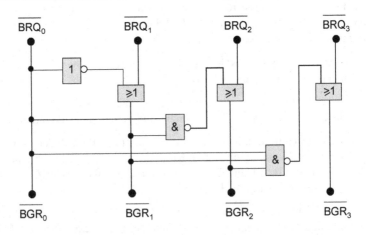

Bild 56: Realisierung des Prioritätendecoders

b) Um die sich zeitlich verändernden Anfragen nur in jedem neuem Taktzyklus zu vergeben, m uß der erteilte Buszugriff zwischengespeichert werden und m it der Triggerung des Taktes freigegeben werden. Eine mögliche Realisierung ist im Bild 57 m it D-Flip-Flops dargestellt. Di e NOR-Gatter sperren durch einen H-Pegel die Neuvergabe des Buszugriffs an einen höher priorisierten Busm aster (j<i), solange der angeschlossene BRQ-Eingang des m omentan zugriffsberechtigten Busmasters BM_i nicht deaktiviert wurde, d.h. solange $\overline{BRQ}_i = 0$ gilt.

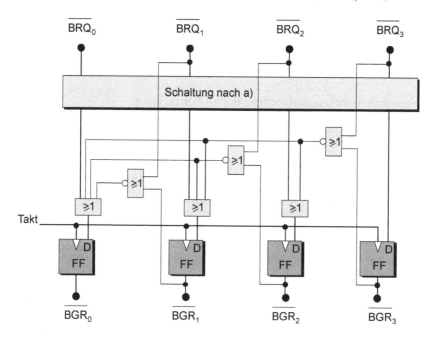

Bild 57: Realisierung des Prioritätendecoders

Ist der Bus m omentan nicht belegt, d.h. $\overline{BGR}_i = 1$ für alle i, so sind alle in der Zusatzschaltung erzeugten Eingänge der Oder-Schaltungen (vor den D-FFs) im Zustand ‚0'. Daher kann m it dem nächsten Takt das Ergebnis der Prioritätsschaltung nach a) in die Flipflops FF übernommen werden.

Zu Aufgabe 27: Systembus (Übertragungen)   (I.2.6)

a) Zeitdiagramm der Bussignale für die Burst-Übertragung

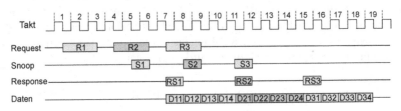

T1: 11 Zyklen, T2: 12 Zyklen, T3: 13 Zyklen.

b) Zeitdiagramm für ununterbrochene Burst-Übertragungen

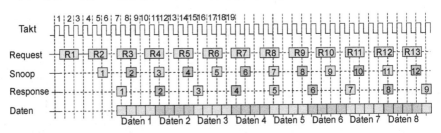

Zeit für Tn: T1: 11, T2: 12, T3: 13, T4: 14, T5: 15, T6: 16   Zyklen
Formel: Tn: 10 + n   Zyklen

Problem: Die Ausführungszeiten für die unm   ittelbar aufeinander folgenden
Transaktionen wachsen u nbeschränkt. Dies führt zu Problemen bei der Verwaltung der ausstehenden Transaktionen und u.U. zu großen Pipelinehemmnissen.

c) Zeitdiagramm für ununterbrochene Burst-Übertragungen mit FIFO

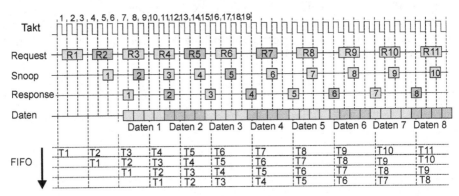

T1: 11 Zyklen, T2: 12 Zyklen, T3: 13 Zyklen, T4: 14 Zyklen,

T5: 15 Zyklen, T6: 16 Zyklen, T7: 16 Zyklen, T8: 16 Zyklen.

Allgemeine Formel für die Ausführungsdauer von Tn :

$$Tn = 10 + n, \qquad n = 1, 2, 3, 4, 5$$

$$Tn = 16, \qquad n \geq 6.$$

d)

- Nach b) werden für eine einzelne Transaktion ohne Überlappung 11 Taktzyklen benötigt. Bei einer Busfrequenz von 66 MHz bedeutet das eine Übertragungsrate von (MT: Megatransaktionen, Mbyte/s = 10^6 byte/s):

$$66/11 \text{ MT/s} = 6 \text{ MT/s} = 48 \text{ Mbyte/s}.$$

- Im ununterbrochenen Burst-Modus wird mit jedem Bustakt ein 8-Byte-Datum übertragen. Dem entspricht eine Übertragungsrate von:

$$66 \text{ MHz} \cdot 8 \text{ byte} = 528 \text{ Mbyte/s}$$

Zu Aufgabe 28: Systembus (Zeitverhalten)   (I.2.6)

a)

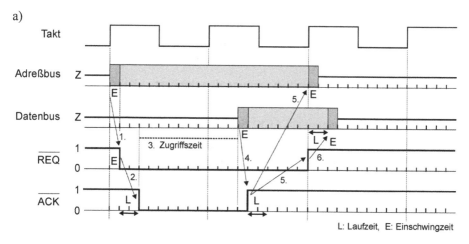

L: Laufzeit, E: Einschwingzeit

1. Der µP legt die Adresse auf den Adreßbus. Nach der Einschwingzeit E aktiviert er das Signal REQ: Adresse gültig – **Komponente selektiert.**

2. Die Komponente antwortet nach der Laufzeit L mit dem Quittungssignal ACK: **Selektion erkannt.**

3. Nach Ablauf der Zugriffszeit legt die Komponente das geforderte Datum auf den Datenbus.

4. Nach Ablauf der Einschwingzeit E deaktiviert die   Komponente das Signal
   ACK: **Datum bereitgestellt.**

5. Mit der nächsten positiven Taktflanke deaktiviert der μP das Signal REQ: **Datum empfangen**. Sie schaltet die Adressen in den   Tristate-Zustand, der nach der Zeit E eingenommen ist.

6. Nach der Zeit L schaltet die   Komponente die Datensignale in den Tristate-Zustand, der nach der Zeit E eingenommen ist.

b)

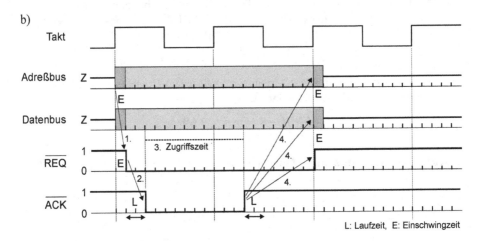

L: Laufzeit, E: Einschwingzeit

1. wie bei a). REQ aktiviert: **Komponente selektiert**. μP kann aber schon das Datum auf den Datenbus legen.

2. wie bei a). Quittungssignal ACK: **Selektion erkannt.**

3. Nach Ablauf der Zugriffszeit übernim mt die Kom ponente das Datum vom Datenbus. Sie deaktiviert ACK: **Datum übernommen.**

4. Mit der nächsten positiven Taktflanke deaktiviert der μP das Signal REQ: **Datenübernahme erkannt**. Er schaltet die Adressen und Daten in den Tristate-Zustand, der nach der Zeit E eingenommen ist.

c) Nein, weil die Kom ponente erst nach ih rer individuellen Zugriffszeit ihr Quittungssignal ACK deaktiviert und der Mikroprozessor erst als Reaktion darauf das Datum übernehmen (lesen) bzw. zurückziehen (schreiben) kann. Som it bestimmt die Komponente die Gesam tdauer des Buszugriffs nach ihrem eigenen „Zeitbedarf".

Zu Aufgabe 29: Integer-Zahlen (Zahlenbereich)   (I.3.1)

Aus $2^n = 10^x$ folgt $x = n \cdot \log_{10} 2 \approx 0{,}301 \cdot n$. Also:

32-bit-Format

vorzeichenlos: $\qquad\qquad 0 \le Z < (2^{32} = 10^{9,633}) \ < 4{,}3 \cdot 10^9$

vorzeichenbehaftet: $\quad -2^{31} \le Z < (2^{31} = 10^{9,332}) \ < 2{,}15 \cdot 10^9$

64-bit-Format

vorzeichenlos: $\qquad\qquad 0 \le Z < (2^{64} = 10^{19,266}) < 1{,}85 \cdot 10^{19}$

vorzeichenbehaftet: $\quad -2^{63} \le Z < (2^{63} = 10^{18,965}) < 9{,}23 \cdot 10^{18}$

Zu Aufgabe 30: Integer-Zahlen (Vorzeichenerweiterung)   (I.3.1)

$$A_{16} = \$0063, \quad B_{16} = \$FFA7$$

Begründung

Das Vorzeichen der Zahl muß erhalten bleiben. Im Zweierkomplement müssen dazu alle höherwertigen Bits mit dem Vorzeichenbit der 8-bit-Zahlen, also Bit 7, gefüllt werden *(Sign Extension)*. Bei der Umwandlung von positiven Zahlen, z.B. $A_8 \rightarrow A_{16}$, ist das offensichtlich. Für die hier interessierenden negativen 8-bit-Zahlen im Bereich $-128, ..., 127$ erhält man folgende Rechnung:

$$\begin{aligned}
Z_{16} &= 2^{16} - Z = 1 + \$FFFF - Z = 1 + \$FF00 + \$FF - Z \\
&= \$FF00 + (1 + \$FF - Z) = \$FF00 + (2^8 - Z) = \$FF00 + Z_8
\end{aligned}$$

Für $B_8 = \$A7$ ergibt sich damit der oben dargestellte Wert $B_{16} = \$FFA7$.

Zu Aufgabe 31: Gleitpunktzahlen (8 bit)   (I.3.1)

a)
$$\begin{aligned}
Z &= (-1)^1 \cdot 2^{2-3} \cdot (1.0100)_2 = -1 \cdot 2^{-1} \cdot (1.0100)_2 = -(0.10100)_2 \\
&= -\left(\frac{1}{2} + \frac{1}{8}\right) = -\frac{5}{8} = -0{,}625
\end{aligned}$$

b) $\quad Z = (-1)^0 \cdot 2^{7-3} \cdot (1.1111)_2 = 1 \cdot 2^4 \cdot (1.1111)_2 = (11111)_2 = 31$

c) $\quad Z = (-1)^0 \cdot 2^{0-3} \cdot (1.0000)_2 = 1 \cdot 2^{-3} \cdot (1.0000)_2 = (0.0010000)_2 = \frac{1}{8} = 0{,}125$

d) Es kann keine Null dargestellt werden.

Zu Aufgabe 32: IEEE-754-Format (Zahlenbereich)   (I.3.1)

a) **32-bit-Format**

kleinste positive Zahl: $\min = 2^{1-127} \cdot (1.0)_2 \approx 1{,}175 \cdot 10^{-38}$

größte positive Zahl: $\max = 2^{254-127} \cdot (1.111...1)_2$

$$\approx 2^{128} \approx 3{,}40 \cdot 10^{38}$$

64-bit-Format

kleinste positive Zahl: $\min = 2^{1-1023} \cdot (1.0)_2 \approx 4{,}49 \cdot 10^{-307}$

größte positive Zahl: $\max = 2^{2046-1023} \cdot (1.111...1)_2$

$$\approx 2^{1024} \approx 1{,}80 \cdot 10^{308}$$

b) $Z1_{10} = -1{,}75 = (-1)^1 \cdot 2^0 \cdot (1.1100...0)_2$

$$\Rightarrow \quad Z1_{32} = (-1)^1 \cdot 2^{0+127} \cdot (1.1100...0)_2$$

$Z2_{10} = 36\,864 = 2^{15} + 2^{12} = (-1)^0 \cdot 2^{15} \cdot (1.0010...0)_2$

$$\Rightarrow \quad Z2_{32} = (-1)^0 \cdot 2^{15+127} \cdot (1.0010...0)_2$$

Beide Zahlen sind in den folgenden Bitrahmen in Binärschreibweise dargestellt.

Z1:
```
1 0 1 1 1 1 1 1 1 1 1 0 0 0 0 0 0 0 0 0 0 0 0 0 0 0 0 0 0 0 0 0
31 30              23 22                                      0
```

Z2:
```
0 1 0 0 0 1 1 1 0 0 0 1 0 0 0 0 0 0 0 0 0 0 0 0 0 0 0 0 0 0 0 0
31 30              23 22                                      0
```

Zu Aufgabe 33: IEEE-754-Format (Addition)   (I.3.1)

a) Z1: Vorzeichen: $VZ = 0$

Charakteristik: $C = \$81 = 129_{10}$

Exponent: $E = \$02 = 2_{10}$

Mantisse: $(1.M)_2 = (1.0111010....0)_2 = 1{,}46875_{10}$

Z2: Vorzeichen: $VZ = 1$

Charakteristik: $C = \$80 = 128_{10}$

Exponent: $E = \$01 = 1_{10}$

Mantisse: $(1.M)_2 = (1.10010.....0)_2 = 1{,}5625_{10}$

b) $Z1_{32} = \$40BA\ 0000$

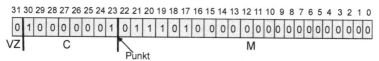

$Z2_{32} = \$C048\ 0000$

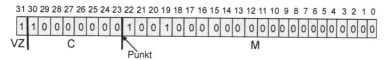

c) Die Charakteristik von $Z2_{32}$ muß um 1 erhöht werden (Multiplikation m it 2), so daß sie denselben W ert wie die Charakteristik von $Z1_{32}$ bekommt. Zur Korrektur muß die Mantisse von $Z2_{32}$ um eine Position nach rechts verschoben werden (Division durch 2).

$\Rightarrow$ $C1 = 10000001 = C2'$

Mantisse von $Z2_{32}$ vor der Addition: $(1.M)_2 \rightarrow (0.110010...0)_2 = \$640000$

Da beide Operanden verschiedene Vorzeichen haben, entspricht die Addition einer Subtraktion. Die Subtraktion der Mantissen ergibt:

Z1:   1.01110100000000000000000
Z2': – 0.11001000000000000000000
         0.10101100000000000000000

Normalisierung durch Linksschieben des Ergebnisses um eine Position:

         1.01011000000000000000000

und Korrektur der Charakteristik um –1 zu 10000000_2 ergibt:

$Z1_{32} + Z2_{32} = \$402C\ 0000$

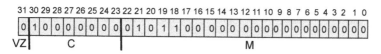

Zu Aufgabe 34: IEEE-754-Format (IEEE → dezimal)   (I.3.1)

a)

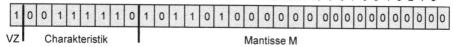

b) $Z_{32} = (-1)^{VZ} \cdot 2^C \cdot (1.M)_2 = (-1)^1 \cdot 2^{62} \cdot (1.10110100...0)_2 \qquad \Rightarrow$

$\quad Z_{10} = (-1)^{VZ} \cdot 2^E \cdot (1.M)_{10} = (-1)^1 \cdot 2^{-65} \cdot 1,703125_{10}$

$\qquad \approx -4,616 \cdot 10^{-20}$

c) **FGETEXP**

$\quad \mathscr{E}_{10} = -65_{10} = (-1)^{VZ} \cdot 2^E \cdot (1.M)_{10} = (-1)^1 \cdot 2^6 \cdot 1,015625_{10} \quad \Rightarrow$

$\quad \mathscr{E}_{32} = (-1)^{VZ} \cdot 2^C \cdot (1.M)_2 = (-1)^1 \cdot 2^{133} \cdot (1.0000010....0)_2$

$\qquad = \$C282\ 0000$

31	30	29	28	27	26	25	24	23	22	21	20	19	18	17	16	15	14	13	12	11	10	9	8	7	6	5	4	3	2	1	0
1	1	0	0	0	0	1	0	1	0	0	0	0	0	1	0	0	0	0	0	0	0	0	0	0	0	0	0	0	0	0	0

VZ | Charakteristik | Mantisse *(Fractional)*

FGETMAN

$\quad \mathscr{M}_{10} = -1,703125_{10} = (-1)^{VZ} \cdot 2^E \cdot (1.M)_{10} = (-1)^1 \cdot 2^0 \cdot 1,703125_{10} \quad \Rightarrow$

$\quad \mathscr{M}_{32} = (-1)^{VZ} \cdot 2^C \cdot (1.M)_2 = (-1)^1 \cdot 2^{127} \cdot (1.10110100...0)_2$

$\qquad = \$BFDA\ 0000$

31	30	29	28	27	26	25	24	23	22	21	20	19	18	17	16	15	14	13	12	11	10	9	8	7	6	5	4	3	2	1	0
1	0	1	1	1	1	1	1	1	1	0	1	1	0	1	0	0	0	0	0	0	0	0	0	0	0	0	0	0	0	0	0

VZ | Charakteristik | Mantisse *(Fractional)*

Zu Aufgabe 35: IEEE-754-Format (Gleitpunkt-Dezimalzahl)   (I.3.1)

a) Darstellung in binärer und hexadezimaler Form (s. auch das folgende Bild):

$\quad Z_{10} = -22,5 = -1,40625 \cdot 2^4 = -(1 + 1/4 + 1/8 + 1/32) \cdot 2^4$

$\quad Z_{32} = (-1)^{VZ} \cdot 2^C \cdot (1.M)_2 = (-1)^1 \cdot 2^{131} \cdot (1.011010...0)_2$

$\quad Z_{32} = \$C1B4\ 0000$

31	30	29	28	27	26	25	24	23	22	21	20	19	18	17	16	15	14	13	12	11	10	9	8	7	6	5	4	3	2	1	0
1	1	0	0	0	0	0	1	1	0	1	1	0	1	0	0	0	0	0	0	0	0	0	0	0	0	0	0	0	0	0	0

VZ | Charakteristik | Mantisse *(Fractional)*

b) Die Darstellung der Hexadezimalzahl \$3EEC 0000 als Binärzahl wird durch das folgende Bild gegeben:

31	30	29	28	27	26	25	24	23	22	21	20	19	18	17	16	15	14	13	12	11	10	9	8	7	6	5	4	3	2	1	0
0	0	1	1	1	1	1	0	1	1	1	0	1	1	0	0	0	0	0	0	0	0	0	0	0	0	0	0	0	0	0	0

VZ | Charakteristik | Mantisse *(Fractional)*

Daraus folgt für die gesuchte Dezimalzahl:

$Z_{10} = (-1)^0 \cdot 2^{125-127} \cdot (1 + 1/2 + 1/4 + 1/16 + 1/32) = +1{,}84375 \cdot 2^{-2} = +0{,}4609375$

c) i. positiver Zahlenbereich:

$+10^{-999} \cdot 00.....01$ bis $+10^{999} \cdot 999.....9 \approx +10^{1016}$

negativer Zahlenbereich:

$-10^{999} \cdot 999...9 \approx -10^{1016}$ bis $-10^{-999} \cdot 00.....01 = -10^{-999}$

ii. Dezimalzahl:

0100 0000 0001 0110 0000 0000 0000 0011 0001 0100 0001 0101
1001 0010 0110 0101 0011 0101 1000 1001 0111 1001 0011 0101

$Z = \$4016000031415926535897935$

$Z_{10} = +10^{-16} \cdot 31415926535897935 = 3{,}1415926535897935$

Es handelt sich um die Zahl π (Kreiszahl Pi).

Zu Aufgabe 36: IEEE-754-Format (Konstanten-ROM)   (I.3.1)

a)

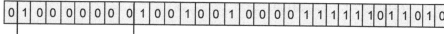

VZ   Charakteristik C   Mantissenteil M

$Z_{32} = \$40490FDA$

$Z_{32} \approx (-1)^0 \cdot 2^{128} \cdot (1.1001001)_2 \quad \Rightarrow$

$Z_{10} \approx 2^1 \cdot (1 + 1/2 + 1/16 + 1/128) = 3{,}140625$

Es handelt sich um die Kreiszahl π (Pi).

b) $Z_{10} = 10 = 1010_2 = 2^3 \cdot (1.010)_2 \quad \Rightarrow$

$Z_{32} = (-1)^0 \cdot 2^{3+127} \cdot (1.010)_2 = 2^{130} \cdot (1.010)_2 = \$4120\ 0000$

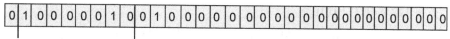

VZ   Charakteristik C   Mantisse M

Zu Aufgabe 37: IEEE-754-Format (dezimal → IEEE)   (I.3.1)

a) $Z_{10} = (-1)^{VZ} \cdot 2^{VZ \cdot E} \cdot (1.M)_{10} = (-1)^0 \cdot 2^{-2} \cdot 1{,}8125_{10}$ $\Rightarrow$

   $Z_{32} = (-1)^0 \cdot 2^{127-2} \cdot (1.110100...0)_2 = (-1)^0 \cdot 2^{125} \cdot (1.110100...0)_2$

31	30	29	28	27	26	25	24	23	22	21	20	19	18	17	16	15	14	13	12	11	10	9	8	7	6	5	4	3	2	1	0
0	0	1	1	1	1	1	0	1	1	1	0	1	0	0	0	0	0	0	0	0	0	0	0	0	0	0	0	0	0	0	0

VZ   Charakteristik   Mantisse

   $Z_{32} = \$3EE8\ 0000$

b) $Z_{10} = (-1)^{VZ} \cdot 2^{VZ \cdot E} \cdot (1.M)_{10} = (-1)^1 \cdot 2^{+8} \cdot 1{,}8125_{10}$ $\Rightarrow$

   $Z_{32} = (-1)^1 \cdot 2^{127+8} \cdot (1.110100.........)_2 = (-1)^1 \cdot 2^{128+7} \cdot (1.110100.........)_2$

31	30	29	28	27	26	25	24	23	22	21	20	19	18	17	16	15	14	13	12	11	10	9	8	7	6	5	4	3	2	1	0
1	1	0	0	0	0	1	1	1	1	1	0	1	0	0	0	0	0	0	0	0	0	0	0	0	0	0	0	0	0	0	0

VZ Charakteristik   Mantisse

   $Z_{32} = \$C3E8\ 0000$

c) Aus der Darstellung von Z_{10} in b) folgt:

   $Z_{64} = (-1)^1 \cdot 2^{1023+8} \cdot (1.110100............)_2$

   $\quad\ = (-1)^1 \cdot 2^{1024+7} \cdot (1.110100............)_2$

   $Z_{64} = \$C07D\ 0000\ 0000\ 0000$

Zu Aufgabe 38: IEEE-754-Format (Gleitpunkt-Multiplikation)   (I.3.1)

a) $Z1_{32} = \$C2D8\ 0000 = (-1)^1 \cdot (1.101100......0)_2 \cdot 2^{133}$

   $Z2_{32} = \$39B4\ 0000 = (-1)^0 \cdot (1.011010......0)_2 \cdot 2^{115}$

b) $(1.M1)_2 \cdot (1.M2)_2 = (10.0101111110....0)_2 = (1.00101111110....0)_2 \cdot 2^1$

c) $C = (E1 + E2) + 1 + 127 = (133 - 127) + (115 - 127) + 1 + 127$

   $\quad = 122 = (01111010)_2$

   Dabei berücksichtigt die Addition der 1 das Ergebnis der Mantissenberechnung.

d) $Z_{32} = (-1)^1 \cdot (1.00101111110....0)_2 \cdot 2^{122}$

$Z_{32} = (1 \,|\, 01111010 \,|\, 00101111110000000000000)_2$

$Z_{32} = \$BD17\ E000$

Zu Aufgabe 39: IEEE-754-Format (Umwandlung: 32 bit → 64 bit)   (I.3.1)

a) Aus

$Z_{32} = (-1)^{VZ} \cdot 2^C \cdot (1.M)_2 \ \Rightarrow$

$Z_{10} = (-1)^{VZ} \cdot 2^{C-127} \cdot (1.M)_2 = (-1)^{VZ} \cdot 2^E \cdot (1.M)_2$

Weiter folgt

$Z_{64} = (-1)^{VZ} \cdot 2^{C`} \cdot (1.M)_2 = (-1)^{VZ} \cdot 2^{E+1023} \cdot (1.M)_2$

$\quad\ = (-1)^{VZ} \cdot 2^{C-127+1023} \cdot (1.M)_2 = (-1)^{VZ} \cdot 2^{C-128+1024} \cdot (1.M)_2$

Von der Charakteristik der 32-bit-Zahl Z_{32} werden also 127 abgezogen und 1023 dazugezählt und das Ergebnis als 11-bit-Charakteristik der 64-bit-Zahl Z_{64} dargestellt.

Bei Zahlen mit positivem Exponenten (> 0) ist es leichter, 128 abzuziehen und 1024 zu addieren, da diese m it den Wertigkeiten der Bits 7 und 10 in der Charakteristik übereinstimmen. Charakteristiken, die aus positiven Exponenten berechnet werden, haben das Bit 7 stets gesetzt. Subtraktion von 128 bedeutet hier einfach eine Inversion von Bit 7, Addition von 1024 das Setzen von Bit 10.

b) $Z_{32} = \$C3B4\ 0000 = -2^{7+128} \cdot (1.01101)_2 \ \Rightarrow$

$Z_{64} = -2^{(7+128)-128+1024} \cdot (1.01101)_2 = -2^{7+1024} \cdot (1.01101)_2 = -2^{1031} \cdot (1.01101)_2$

$\quad = \$C076\ 8000\ 0000\ 0000.$

Charakteristik von

Z_{32}: 128+7 | 1 | 0 | 0 | 0 | 0 | 1 | 1 | 1 |

Z_{64}: 1024+7 | 1 | 0 | 0 | 0 | 0 | 0 | 0 | 0 | 1 | 1 | 1 |

Bit 10 9 8 7 6 5 4 3 2 1 0

Zu Aufgabe 40: Festpunktzahlen (einfache Beispiele)   (I.3.1)

a) Darstellbarer Zahlenbereich:

$-1_{10} = 1.000.....00_2 \le Z \le 0.111.....11_2 = 1 - 2^{-15} \approx 0{,}999969 < 1$

b) Dezimalzahlen:

Z1 = $7000 = 0,875   Z2 = $5B00 = 0,7109375

Z3 = $9000 = –0,875   Z4 = $FFFF = –2^{-15} = – 0,000030517578125

c) 16-bit-Festpunktzahlen in hexadezimaler Form:

Z1 = –0,5625 = $B800   Z2 = –1,0   = $8000

Z3 = 0,5625 = $4800   Z4 = 0,0625 = $0800

Zu Aufgabe 41: Festpunktzahlen (Komplement und Runden)   (I.3.1)

a) Z_1:   0 . 0 1 0 1 0 0 0 0 0 0 0 0 0 0 0 0$_{(1.15)}$

            Z_{1inv}: 1 . 1 0 1 0 1 1 1 1 1 1 1 1 1 1 1 1$_{(1.15)}$

      +   LSB: 0 . 0 0 0 0 0 0 0 0 0 0 0 0 0 0 0 1$_{(1.15)}$

            $-Z_1$:   1 . 1 0 1 1 0 0 0 0 0 0 0 0 0 0 0 0$_{(1.15)}$ = –0,3125$_{10}$

            Z_2:   1 . 1 1 0 0 0 0 0 0 0 0 0 0 0 0 0 0$_{(1.15)}$

            Z_{2inv}: 0 . 0 0 1 1 1 1 1 1 1 1 1 1 1 1 1 1$_{(1.15)}$

      +   LSB: 0 . 0 0 0 0 0 0 0 0 0 0 0 0 0 0 0 1$_{(1.15)}$

            $-Z_2$:   0 . 0 1 0 0 0 0 0 0 0 0 0 0 0 0 0 0$_{(1.15)}$ = 0,25$_{10}$

b)

$$1 = 0 \cdot (-2^0) + 1 \cdot 2^{-1} + 1 \cdot 2^{-2} + \ldots + 1 \cdot 2^{-15} + 2^{-15} \quad (= \$7FFF + 1\ LSB)$$

$$-1 = 1 \cdot (-2^0) + 0 \cdot 2^{-1} + 0 \cdot 2^{-2} + \ldots + 0 \cdot 2^{-15} \quad (= \$8000)$$

$$-Z = -d_0 \cdot (-2^0) - d_1 \cdot 2^{-1} - d_2 \cdot 2^{-2} - \ldots - d_{15} \cdot 2^{-15}) \quad \Rightarrow$$

$$1+(-1)+(-Z) = (1-d_0) \cdot (-2^0) + (1-d_1) \cdot 2^{-1} + (1-d_2) \cdot 2^{-2} + \ldots + (1-d_{15}) \cdot 2^{-15} + 2^{-15}$$

$$= \overline{d_0} \cdot (-2^0) + \overline{d_1} \cdot 2^{-1} + \overline{d_2} \cdot 2^{-2} + \ldots + \overline{d_{15}} \cdot 2^{-15} + 1 \cdot LSB$$

$$= (\overline{d_0} . \overline{d_1}\, \overline{d_2} \ldots \overline{d_{15}}) + 1 \cdot LSB \qquad \text{was zu zeigen war.}$$

c) i. aufwärts: 1000, 1001, 1010, 1011, 1100, 1101, 1110, 1111

        abwärts: 0001, 0010, 0011, 0100, 0101, 0110, 0111

   ii. E_1 = 1.011100111010111 1000$_{(1.19)}$ → Z_1 = 1.011100111011000$_{(1.15)}$

        E_2 = 0.101101100111001 0101$_{(1.19)}$ → Z_2 = 0.101101100111001$_{(1.15)}$

        E_3 = 1.001001110100100 1101$_{(1.19)}$ → Z_3 = 1.001001110100101$_{(1.15)}$

iii. Beim kaufmännischen Runden wird bekanntermaßen der Wert 0,5 zum Operanden dazuaddiert und dann der Nachkommabereich abgeschnitten. Dem entspricht hier eine Addition einer ‚1' in der Bitposition a des Restes R und anschließendes Abschneiden von R.

Beispiel

E_3 = 1.001001110100100 1101
$+$ 1 .
$\overline{E'_3 = 1.001001110100101 \;\; \cancel{0101}}$

d) i. E_1 = 1.100111011011111 1000 $_{(1.19)}$ → Z_1 = 1.100111011100000 $_{(1.15)}$

   E_2 = 0.001110011011010 1000 $_{(1.19)}$ → Z_2 = 0.001110011011010 $_{(1.15)}$

ii. gerade: abwärts (siehe E_2),   ungerade: aufwärts (siehe E_1)

Zu Aufgabe 42: Festpunktzahlen (Vergleich)   (I.3.1)

a) Herleitung:

$$Z_I \cdot 2^{-15} = (d_0 \cdot 2^{15} + d_1 \cdot 2^{14} + ... + d_{15} \cdot 2^0) \cdot 2^{-15}$$
$$= d_0 \cdot 2^0 + d_1 \cdot 2^{-1} + ... + d_{15} \cdot 2^{-15}$$
$$Z_I \cdot 2^{-15} - 2 \cdot d_0 = d_0 \cdot 2^0 + d_1 \cdot 2^{-1} + ... + d_{15} \cdot 2^{-15} - 2 \cdot d_0 \cdot 2^0$$
$$= d_0 \cdot (-2^0) + d_1 \cdot 2^{-1} + ... + d_{15} \cdot 2^{-15} = Z$$

b) i. $Z_I > Z'_I$ $\Leftrightarrow d_0 = 1, d_0' = 0$ $\Leftrightarrow Z < 0, Z' > 0$ $\Leftrightarrow Z < Z'$

   ii. $Z_I > Z'_I \Leftrightarrow (Z + 2 \cdot d_0) \cdot 2^{15} > (Z' + 2 \cdot d_0') \cdot 2^{15}$ $\Leftrightarrow Z + 2 \cdot d_0 > Z' + 2 \cdot d_0'$.

   $\Leftrightarrow Z > Z'$ da $d_0 = d_0'$

c) i. Es reicht, das MSB = 0 zu setzen. Positive Zahlen bleiben dadurch positiv, negative werden positiv.

   ii. Sei n, $0 \le n \le 30$, der Index n des höchstwertigen Bits, in dem sich die beiden Zahlen $|Z|_I$, $|Z'|_I$ unterscheiden. Aus der vorgegebenen Relation folgt dann, daß dieses Bit in $|Z|_I$ gleich 1, in $|Z'|_I$ gleich 0 ist.

   1. Fall: $23 \le n \le 30$, d.h. das Bit n gehört zur Charakteristik. Da die Charakteristik im IEEE-Format stets positiv ist, folgt, daß die Charakteristik von Z größer ist als die von Z', und zwar wenigstens doppelt so groß. Der Betrag der Mantisse ist jedoch kleiner als 2, so daß eine größere Mantisse von Z' nicht die größere Charakteristik von Z aufwiegen kann.

2. Fall: $22 \le n \le 0$, d.h. das Bit n   gehört zur (vorzeichenlosen) Mantisse. Dann ist die Mantisse von Z größer als die von Z'. Da n der höchste Index ist, in dem sich beide Beträge unterscheiden, stimmen die Charakteristiken beider Zahlen überein. Das heißt aber, daß $|Z| > |Z'|$ ist.

Zu Aufgabe 43: Festpunktzahlen (Konvertierung)   (I.3.1)

$Z = \$1750 = (0.001\ 0111\ 0101\ 0000)_2 = (1.011101010....)_2 \cdot 2^{-3}$

(um 3 Stellen nach links verschieben) $\Rightarrow$

$Z' = (-1)^0 \cdot (1.011101010.....)_2 \cdot 2^{-3+127} = \$3E3A\ 8000.$

Z' ist im folgenden Bild als Binärzahl dargestellt.

31	30	29	28	27	26	25	24	23	22	21	20	19	18	17	16	15	14	13	12	11	10	9	8	7	6	5	4	3	2	1	0
0	0	1	1	1	1	1	0	0	0	1	1	1	0	1	0	1	0	0	0	0	0	0	0	0	0	0	0	0	0	0	0

VZ   Charakteristik   Mantissenteil

Zu Aufgabe 44: Festpunktzahlen (Konvertierung)   (I.3.1)

a) Für die Wertigkeit des niederstwertigen Bit gilt: $LSB = 1/2^{15}$.

Damit folgt: $-(0.d_1....d_{15} + 0.\overline{d}_1......\overline{d}_{15} + LSB) = -1$

und somit: $Z = -0.d_1....d_{15} = -1 + 0.\overline{d}_1......\overline{d}_{15} + LSB.$

Da $Z < 0$ ist, sind nicht alle $d_i = 0$, also $\overline{d}_i = 1$. Die Addition von LSB kann also keinen Übertrag vor den Dezimalpunkt verursachen. Die Zahl im verlangten 1.15-Format lautet also:

$$Z' = 1.s_1...s_{15},$$

wobei $s_1...s_{15}$ durch bitweise Inversion der d_i und Addition von LSB entsteht.

b) Beispiel

$Z = -0.101101000000000$ (Vorzeichen und Betrag) $\Rightarrow$

$Z' = 1.010010111111111 + 0.000000000000001 = 1.010011000000000.$

Zu Aufgabe 45: Dynamik der Zahlenbereiche   (I.3.1)

a) allgemein : $Z_{fix,min} = 0.000....01_2 = 2^{-(n-1)}$ $Z_{fix,max} = 0.111...11_2 = 1 - 2^{-(n-1)}$

  für n=32: $Z_{fix,min} = 2^{-31}$ $Z_{fix,max} = 1 - 2^{-31} \approx 1$

b) $(1.M)_{min} = 1.00....00_2 = 1,0$

  $(1.M)_{nax} = 1.11....11_2 = 1 + (1 - 2^{-23}) = 2 \cdot (1 - 2^{-24}) \approx 2$

  kleinste bzw. größte positive (>0) Zahl im IEEE-Standard:

  $Z_{min} = + (1.M)_{min} \cdot 2^{Emin} = 1.0 \cdot 2^{1-127} = 2^{-126}$,   da C = 1 kleinste Charakteristik.

  $Z_{max} = + (1.M)_{max} \cdot 2^{Emax} \approx 2 \cdot 2^{254-127} = 2^{128}$,   da C = 254 größte Charakteristik.

c) $D_{fix} = (1 - 2^{-31})/2^{-31} = 2^{31} - 1 = 10^{31 \cdot 0,.301} - 1 \approx 10^{9,331}$

  $D_{float} = 2^{128}/2^{-126} = 2^{254} = 10^{254 \cdot 0,.301} \approx 10^{76,454}$

d) $D'_{fix} = 20 \cdot \log_{10} 10^{9,331}$ dB $= 20 \cdot 9,331$ dB $= 186,62$ dB

  $D'_{float} = 20 \cdot \log_{10} 10^{76,454}$ dB $= 20 \cdot 76,454$ dB $= 1529,08$ dB

Zu Aufgabe 46: Berechnung des Divisionsrests   (I.3.2)

a) R = A – B · [A/B], wobei [...] den ganzzahligen Anteil einer Zahl bezeichnet.

```
FLD        FR1,A        ; A ins Register FR1
FLD        FR2,B        ; B ins Register FR2
FDIV       FR1,FR2      ; Division A/B, nach FR1
FRNDINT    FR1          ; Abrunden zur ganzen Zahl
FMUL       FR1,FR2      ; Multiplikation B · [A/B], nach FR1
FLD        FR2,A        ; A ins Register FR2
FSUB       FR1,FR2      ; Subtraktion B·[A/B] –A, nach FR1
FCHS       FR1          ; Vorzeichenwechsel
FST        FR1,C        ; Abspeichern nach C
```

b) FGETEXP

  $160 = (-1)^0 \cdot 2^7 \cdot 1,25 = (-1)^0 \cdot 2^{127+7} \cdot (1.010...)_2$

  $= 0 \mid 10000110 \mid 0100......00_2 = \$4320\ 0000$

  FGETMAN

  $-1,625 = (-1)^1 \cdot 2^0 \cdot (1.1010....)_2$

  $= 1 \mid 01111111 \mid 10100....00_2 = \$BFD0\ 0000$

Zu Aufgabe 47: MMX-Rechenwerk (einfache Befehle)   (I.3.2)

a) 1.

	DW1	DW0	
R1:	6AE303D2	835A7F34	
R2:	12F0A234	AF061707	
	7DD3A606	1 3260963B	Der Übertrag 1 in DW0
	⇓	⇓	wird abgeschnitten
R1:	7DD3A606	3260963B	*(Wrap Around)*

2.

	B7	B6	B5	B4	B3	B2	B1	B0	
R1:	6A	E3	03	D2	83	5A	7F	34	
R2:	12	F0	A2	34	AF	06	17	07	
	7C	1D3	A5	106	132	60	96	3B	Überlauf in B6, B4, B3.
	⇓	⇓	⇓	⇓	⇓	⇓	⇓	⇓	Sättigung zum
R1:	7C	FF	A5	FF	FF	60	96	3B	größten Wert $FF

3.

	W3	W2	W1	W0	
R1:	6AE3	03D2	835A	7F34	
R2:	12F0	A234	AF06	1707	Überlauf in W1 und W0.
	7DD3	A606	13260	963B	W1 zum kleinsten negativen,
	⇓	⇓	⇓	⇓	W0 zum größten positiven
R1:	7DD3	A606	8000	7FFF	Wert gesättigt

b) R1 = (W3, W2, W1, W0) →5 bit rechts→   R1' = (W3', W2', W1', W0')

W3:	1000011101010110	→	W3': 1111110000111010 = $FC3A
W2:	0101010000110010	→	W2': 0000001010100001 = $02A1
W1:	1111001000110100	→	W1': 1111111110010001 = $FF91
W0:	0000000011110101	→	W0': 0000000000000111 = $0007

R1' = $FC3A 02A1 FF91 0007

Bemerkung:

W3 und W1 sind negativ (MSB = 1) und W2, W0 positiv (MSB = 0). Deshalb wird bei W3, W1 beim arithmetischen Rechtsschieben als Vorzeichen die ‚1‘, bei W2 und W0 die ‚0‘ von links nachgezogen. Ein Übertrag zwischen den Wörtern findet nicht statt.

Zu Aufgabe 48: MMX-Rechenwerk (Multiplikation)   (I.3.2)

a) Bestimmung der Maximalwerte:

   1. MOVQ   R3,R1   ; R3 := R1, Kopie von R1 nach R3

   2. PCMPGTD R3,R2   ; R3 := R3 > R2, Vergleich von R3 (R1) mit R2 auf ,>‘

   3. PAND   R1,R3   ; R1 := R1 AND R3, Maskieren von R1 mit R3

   4. PANDN R3,R2   ; R3 := (NOT R3) AND R2,

                                  ; Invertieren der Maske in R3 und maskieren von R2

   5. POR   R1,R3   ; R1 := R1 OR R3, Oder-Verknüpfung von R1 und R3

Auswirkungen der Befehle 1 – 5 auf die Register:

   1. R3 = ($C7A0, $50FE, $0800, $7F0B)

   2. R3 = ($FFFF, $0000, $0000, $FFFF)

   3. R1 = ($C7A0, $0000, $0000, $7F0B)

   4. R1 = ($0000, $FFFF, $ FFFF, $0000) $\Rightarrow$

       R1 = ($0000, $50FE, $A060, $0000)

   5. R1 = ($C7A0, $50FE, $A060, $7F0B)

b) Es reicht, in einem der Operanden je des zweite W ort auf $0000 zu setzen,
z.B.: W0 := W2 : = $0000.

   Dann gilt für das Ergebnis: $D1 = W3 \cdot W3' + W2 \cdot W2' = W3 \cdot W3'$

                                             $D0 = W1 \cdot W1' + W0 \cdot W0' = W1 \cdot W1'.$

c)

   1. MOVQ   R1,Adr_1   ; Laden der ersten vier Wörter Wi

   2. MOVQ   R2,Adr_1+4 ; Laden der zweiten vier Wörter Wi

   3. MOVQ   R3,Adr_2   ; Laden der ersten vier Koeffizienten Ci

   4. MOVQ   R4,Adr_2+4 ; Laden der zweiten vier Koeffizienten Ci

   5. PMULADDWD R1,R3   ; Multiplizieren der ersten vier Wörter/

                                   ; Koeffizienten mit Addition

   6. PMULADDWD R2,R4   ; Multiplizieren der zweiten vier Wörter/

                                   ; Koeffizienten mit Addition

   7. PADDD   R1,R2   ; Addition der Teilergebnisse

   8. MOVQ   R2,R1   ; Kopieren der Teilergebnisse nach R2

   9. PSWAPD   R2,R2   ; Vertauschen der Teilergebnisse in R2

  10. PADDD   R1,R2   ; Addition der Teilergebnisse im

                                   ; niederwertigen Doppelwort von R1

Auswirkungen der Befehle auf die Register:

1. $R1 = (W3, W2, W1, W0)$

2. $R2 = (W7, W6, W5, W4)$

3. $R3 = (C3, C2, C1, C0)$

4. $R4 = (C7, C6, C5, C4)$

5. $R1 = (C3 \cdot W3 + C2 \cdot W2, C1 \cdot W1 + C0 \cdot W0)$

6. $R2 = (C7 \cdot W7 + C6 \cdot W6, C5 \cdot W5 + C4 \cdot W4)$

7. $R1 = (C3 \cdot W3 + C2 \cdot W2 + C7 \cdot W7 + C6 \cdot W6, C1 \cdot W1 + C0 \cdot W0 + C5 \cdot W5 + C4 \cdot W4)$

8. $R2 = (C3 \cdot W3 + C2 \cdot W2 + C7 \cdot W7 + C6 \cdot W6, C1 \cdot W1 + C0 \cdot W0 + C5 \cdot W5 + C4 \cdot W4)$

9. $R2 = (C1 \cdot W1 + C0 \cdot W0 + C5 \cdot W5 + C4 \cdot W4, C3 \cdot W3 + C2 \cdot W2 + C7 \cdot W7 + C6 \cdot W6)$

10. $R1 = (C3 \cdot W3 + C2 \cdot W2 + C7 \cdot W7 + C6 \cdot W6 + C1 \cdot W1 + C0 \cdot W0 + C5 \cdot W5 + C4 \cdot W4,$
    $\underline{C1 \cdot W1 + C0 \cdot W0 + C5 \cdot W5 + C4 \cdot W4 + C3 \cdot W3 + C2 \cdot W2 + C7 \cdot W7 + C6 \cdot W6})$

Ergebnis im niederwertigen Teil des Ergebnisregisters R1:

$S = C7 \cdot W7 + C6 \cdot W6 + C5 \cdot W5 + C4 \cdot W4 + C3 \cdot W3 + C2 \cdot W2 + C1 \cdot W1 + C0 \cdot W0$

Zu Aufgabe 49: MMX-Rechenwerk (Bildbearbeitung)   (I.3.2)

a) ; Initialisierung

MOVQ	R2,(I2)	; Übertragung des Vektors aus Fenster 2 nach R2
MOVQ	R1,(I1)	; Übertragung des Vektors aus Fenster 1 nach R1
MOVQ	R0,(I0)	; Übertragung des Maskenvektors nach R0
MOVQ	R3,R0	; Kopie des Maskenvektors nach R3

; Berechnung

PANDN	R3,R2	; R3 := (NOT R3) AND R2; Maskenbytes = $00
PAND	R1,R0	; R1 := R1 AND R0; Maskenbytes = $FF
POR	R3,R1	; R3 := R3 OR R1; Überlagerung

; Abspeichern

MOVQ	(I3),R3	; (I3) := R3

Darstellung des Ausgabebereichs:

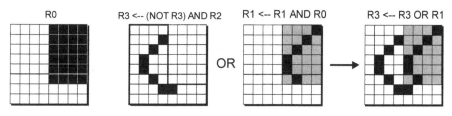

b) ; Initialisierung

MOVQ	R2,TO2	; R2 := TO2
MOVQ	R1,TO1	; R1 := TO1
MOVQ	R3,R2	; R3 := R2, Kopie von R2 nach R3
PCMPGTB	R3,R1	; R3 := R3 > R1,
		; Vergleichsergebnis TO2 > TO1

; Ermittlung der kleineren Tiefenwerte

MOVQ	R4,R3	; R4 := R3, Kopie von R3 nach R4
PANDN	R4,R1	; R4 := (NOT R4) AND R1, Minima in TO1
MOVQ	R5,R3	; R5 := R3, Kopie von R3 nach R5
PAND	R5,R2	; R5 := R5 AND R2, Minima in TO2
POR	R5,R4	; R5 := R5 OR R4, Vektor der Minima
MOVQ	TA,R5	; TA := R5, abspeichern

; Ermittlung der zugehörigen Farbwerte

MOVQ	R2,FO2	; R2 := FO2
MOVQ	R1,FO1	; R1 := FO1
MOVQ	R4,R3	; R4 := R3, Kopie von R3 nach R4
PANDN	R4,R1	; R4 := (NOT R4) AND R1,
		; Farbwerte mit min. Tiefe in TO1
MOVQ	R5,R3	; R5 := R3, Kopie von R3
PAND	R5,R2	; R5 := R5 AND R2,
		; Farbwerte mit min. Tiefe in TO2
POR	R5,R4	; R5 := R5 OR R4,
		; Vektor der Farbwerte mit min. Tiefe
MOVQ	FA,R5	; FA := R5, Vektor nach FA

Eintrag der Ergebnisse:

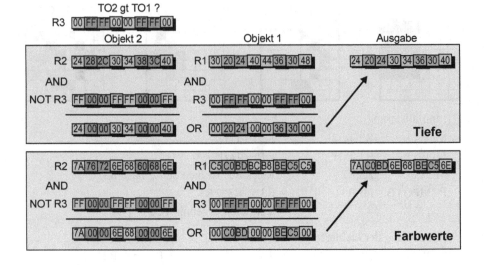

Zu Aufgabe 50: MMX-Rechenwerk (Minimum, Maximum)   (I.3.2)

Nr.	Befehl		Bemerkung
1	MOVQ	R4, R1	R4 := R1, Kopie von R1 anlegen
2	MOVQ	R3, R0	R3 := R0, Kopie von R0 anlegen
3	PCMPGTW	R3, R4	R3, R4 wortweise auf größer vergleichen
4	MOVQ	R2, #$00000000 FFFFFFFF	Maske zum Invertieren des Vergleichsergebnisses in den unteren beiden Wörtern
5	PXOR	R3, R2	R3 := R3 XOR R2, Vergleichsergebnis in unteren Stellen invertieren
6	PAND	R0, R3	R0 := R0 AND R3, in R0 in den höheren Wörtern die Maxima, in den niedrigen die Minima bestimmen
7	PANDN	R3, R1	R3 := (NOT R3) AND R1, in R1 in den höheren Wörtern die Maxima, in den niedrigen die Minima bestimmen
8	POR	R0, R3	R0 := R0 OR R3, beide Register „verodern", Ergebnis in R0

Zu Aufgabe 51: Befehlsbearbeitungszeiten   (I.3.2)

Proz. A: $(22\,\% + 12\,\%) \cdot 4 + 66\,\% \cdot 1 = 2{,}02$ Taktzyklen/Befehl

Proz. B: $(22\,\% + 12\,\%) \cdot 2 + 66\,\% \cdot 1 = 1{,}34$ Taktzyklen/Befehl

a) Proz. A benötigt pro Befehl: $2{,}02 \cdot T_A$, wobei mit T_A die Zyklusdauer seines Taktes bezeichnet ist.

Proz. B benötigt pro Befehl: $1{,}34 \cdot 1{,}15 \cdot T_A = 1{,}54 \cdot T_A$, also ist Prozessor B schneller.

b)

$$\text{Die relative Abweichung ist: } \frac{2{,}02 \cdot T_A - 1{,}54 \cdot T_A}{2{,}02 \cdot T_A} = 23{,}76\,\%$$

Zu Aufgabe 52: Befehlssatz und Adressierungsarten   (I.3.3)

a)

Label	Befehl		Adressierungsart
Start:	ROL	$56	Zero-Page-Adressierung
	EOR	$02(R4), R3	Register-relative Adressierung
	DEC	R1	Register-Adressierung
	BNE	Start	relative Adressierung
	ADD	R3, ($006E)	indirekte absolute Adressierung
	ADD	R2, R3	explizite Register Adressierung
	STB	$0061	absolute Adressierung

Register:

R1 = $0000   R2 = $0123   R3 = $FFF6   R4 = $0054

Speicher:

X	0	1	2	3	4	5	6	7	8	9	A	B	C	D	E	F
0050	92	61	5D	2C	94	88	FF	F5	60	02	22	19	87	AF	D0	11
0060	71	01	19	D4	23	55	96	A0	00	57	10	22	94	AE	00	56

b) Zunächst wird in der Schleife das Wort in den Speicherzellen $0056 und $0057 durch die Befehle ROL und EOR bitweise invertiert. Zum Ergebnis wird dann der Wert 1 (in R3) addiert. Als Ergebnis dieser Operationen steht in R3 das Zweierkomplement des bearbeiteten Speicherwortes. Dieser Wert wird zum Inhalt von R2 addiert und unter den Adressen $0061 und $0062 abgespeichert. Das Programm subtrahiert also den 16-Bit-Wert in $0056, $0057 vom Inhalt des Registers R2.

c) Minimaler Aufwand:

SUB   R2, $0056
ST   R2, $0061

Zu Aufgabe 53: Befehlssatz und Adressierungsarten   (I.3.3)

Die folgende Tabelle zeigt als Ausschnitt die Belegung des Speichers nach der Durchführung aller Befehle.

Adr.	0	1	2	3	4	5	6	7	8	9	A	B	C	D	E	F
A900	31_7	--	--	--	--	--	--	--	--	--	--	--	--	--	--	--
A910	--	--	--	--	--	--	--	--	--	--	--	--	--	--	--	--
A920	--	--	--	--	--	--	--	$3F_4$	--	--	--	--	--	--	--	--
A930	00_2	--	--	--	--	--	--	--	--	--	--	--	--	--	--	--
A940	--	--	--	--	--	--	--	--	--	--	--	--	--	--	--	--
A950	--	--	--	--	--	--	--	--	--	--	--	--	--	--	--	--
A960	$A9_8$	01_8	--	--	--	--	--	--	--	--	--	--	--	--	--	--
A970	--	--	--	--	--	--	--	--	--	--	00_9	--	--	--	--	--
A980	--	--	--	--	--	--	--	--	--	--	--	--	--	--	--	--
A990	--	--	--	--	--	--	--	--	$7F_3$	--	--	--	--	--	--	--
A9A0	--	--	--	--	--	--	--	--	--	--	--	--	--	--	--	--
A9B0	--	--	--	--	--	--	--	--	--	--	--	--	--	--	--	--
A9C0	--	--	--	--	--	--	--	--	--	--	--	--	--	--	--	--
A9D0	--	--	--	--	--	--	--	--	$D9_0$	--	--	--	$C2_1$	--	--	--
A9E0	--	--	--	--	--	--	--	--	--	--	--	--	--	--	--	--
A9F0	--	$3F_6$	--	--	--	--	--	--	--	--	--	--	--	--	--	--

Die in Klammern gesetzten Abkürzungen der folgenden Adressierungsarten beziehen sich auf ihre Numerierung im Abschnitt I.3.3.

1. indirekte absolute Adressierung (C1), EA = $A9DC

2. indirekte indizierte Adressierung (C3) mit Post-Inkrementierung
   EA = ((BR) + (IR)) = ($A9F5) = $A930, nach dem Befehl IR = $F6

3. Register-relative Adressierung (B4.2), EA = (BR) + $98 = $A998

4. Speicher-relative Adressierung (B4.1), EA = $A900 + (IR) = $A927

5. Register-relative Adressierung mit Index (ohne *Offset*) (B4.3)
   EA = (BR) + (IR) = $A900 + $27 = $A927, Akku A = $3F

6. indirekte Register-indirekte Adressierung (C2)
   EA = ($A900) = $A9F1

7. Register-relative Adressierung (B4.2), mit Post-Inkrementierung
   EA = (BR) = $A900; nach dem Befehl BR = $A901

8. Speicher-relative Adressierung (B4.1), EA = $A900 + (IR) = $A960

9. indizierte indirekte Adressierung (C4)
   EA = ((BR) + $6F) + (IR) + $10 = ($A901 + $6F) + $60 + $10
       = $A90A + $70 = $A97A

Zu Aufgabe 54: Zero-Page-Adressierung   (I.3.3)

a) Das Bild 58 zeigt die symbolische Darstellung dieser Adressierungsart.

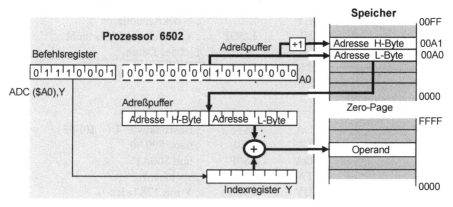

Bild 58: Postindizierte indirekte Zero-Page-Adressierung

Berechnung der effektiven Adresse:

EA = ($00,((PC)+1)+1),($00,((PC)+1))+(Y)

Herleitung:

(PC)+1	Adresse des Offsets im Befehl
((PC)+1)	Offset
$00,((PC)+1)	=: PAL Zeiger auf das L-Byte
$00,((PC)+1)+1	=: PAH Zeiger auf das H-Byte
	der Operanden-Basisadresse im Speicher

(PAH),(PAL)   =: ZA Operanden-Basisadresse im Speicher

ZA+(Y)   effektive Operandenadresse

(Das Komma kennzeichnet darin die Konkatenation zweier Bytes zu einer 16-bit-Adresse.)

b) $E000   SUM: LDA   #$00   ; Löschen der Speicher-
                    STA $A2   ; zellen $A2, $A3 für das
                    STA $A3   ; Ergebnis

           LOOP: CLC   ; Carry-Flag löschen
                    LDA $A2   ; Laden des L-Bytes der
                    ADC   ($A0),Y   ; Summe, Addition des
                    STA $A2   ; Datums und speichern

                    LDA $A3   ; Laden des H-Bytes der
                    ADC   #$00   ; Summe, Auswertung des
                    STA $A3   ; *Carry Flags*, speichern

                    DEY   ; Y dekrementieren
                    BNE   LOOP   ; Verzweigung, falls nicht
                                       ; letztes Datum
                    RTS   ; Rücksprung

Hauptprogramm:
$D000   ...
                    LDA   #$FF   ; Basisadresse–1 (= $0FFF)
                    STA $A0   ; nach $00A0
                    LDA   #$0F   ; und $00A1
                    STA $A1   ; speichern
                    LDY   #$80   ; Y mit 128 laden
                    JSR $E000   ; Aufruf von SUM
                    ...

Zu Aufgabe 55: Indirekte Adressierung   (I.3.3)

a) Das Indexregister Y zeigt auf die Anfangsadresse eines Speicherwortes aus zwei Bytes. Dieses Speicherwort gibt die Adresse des Bytes im Speicher an, mit dessen Wert der Akkumulator A geladen werden soll.

b) Die effektiven Adressen und Akkumulatorwerte sind in der folgenden Tabelle eingetragen.

Indexregister Y	effektive Adresse	Akkumulator A
0404	0412	01
041E	041F	04
0399	0404	12
040D	0416	92

c) Holen des Befehls: 2 Takte
    Holen der effektiven Adresse: 2 Takte
    Laden des Akkumulators: 1 Takt
    Summe: 5 Takte

Zu Aufgabe 56: Adressierungsarten (Umwandlung CISC→RISC)   (I.3.3)

a)
   1. Absolute Adressierung: LD R0,<Adresse>
      LD   R1, #<Adresse>   lade Adresse nach R1
      LD   R0, (R1)   lade R0 mit dem Inhalt der Speicherzelle,
                                             deren Adresse in R1 steht

   2. Indirekte absolute Adressierung: LD R0, (<Adresse>)
      LD   R0, #<Adresse>   wie 1.
      LD   R1, (R0)   lade „indirekte" Adresse nach R1
      LD   R0, (R1)   indirekter Zugriff

   3. Indirekte, indizierte Adressierung: LD R0,(<Offset>(R1)(R2))
      LD   R0, #<Offset>   lade R0 mit dem Offset
      ADD R0, R1   R0 = R0 + R1
      ADD R0, R2   R0 = R0 + R2
      LD   R1, (R0)   lade Adresse nach R1
      LD   R0, (R1)   lade Operanden nach R0

   4. Indizierte, indirekte Adressierung: LD R0, <2.Offset>(<1.Offset>(R1))(R2)
      LD   R0, #<1. Offset>   lade R0 mit dem 1. Offset
      ADD R1, R0   R1 = R1 + R0
      LD   R0, (R1)   lade „indirekte" Adresse nach R0
      LD   R1, #<2. Offset>   lade R1 mit dem 2. Offset
      ADD R1, R0   R1 := R1 + R0
      ADD R1, R2   R1 := R1 + R2
      LD   R0, (R1)   lade Operanden nach R0

b) 1. Setzen: (Vorgaben: Rj, j = 0; Bit i, i = 15)
      LD   R1, #$0000 8000   nur Bit 15 auf ‚1' setzen
      OR   R0, R1   R0 := R0 ∨ R1   (Oder-Verknüpfung)

2. Zurücksetzen: (Vorgaben: Rj, j = 0; Bit i, i = 22)

   LD   R1, #$FFBF FFFF   nur Bit 22 auf ‚0' setzen
   AND R0, R1   R0 := R0 ∧ R1   (Und-Verknüpfung)

Zu Aufgabe 57: Befehlsanalyse   (I.3.2 – I.3.3)

a)   (x: irrelevant, *don't care*)

Zeile	OpCode	Register	Operand
1	0 1 1	0 1	0 0 0 0 0 0 0 0 0 0 0
2	1 0 0	0 0 0	x x x x x x x x x x x
3	1 1 0	1 0 0	x x x x x x x x x x x
4	0 1 0	0 0	0 0 0 0 0 0 0 0 0 0 0
5	0 0 0		0 0 0 0 0 0 0 0 0 1 0 1 0
6	0 0 1	0 1	0 0 0 0 0 0 0 0 0 0 1
7	0 0 1	1 0	0 0 0 0 0 0 0 0 0 1 0
8	0 0 1	1 1	0 0 0 0 0 0 0 0 0 1 0
9	0 0 0		0 0 0 0 0 0 0 0 0 0 0 1 0
10	–	–	

b)

Zeile	Operation
1	C := 0; PC := PC + 1
2	L1: A := M(B0); PC := PC + 1
3	M(B1) := A; PC := PC + 1
4	If (A=0) PC := PC + 2 else PC := PC + 1
5	PC := END
6	C := C + 1; PC := PC + 1
7	B0 := B0 + 2; PC := PC + 1
8	B1 := B1 + 2; PC := PC + 1
9	PC := L1
10	END: ——

c) Es handelt sich um eine Zweiadreß-Maschine. Das Programm kopiert den Inhalt der Speicherzelle, deren Adresse in B0 steht, als 16-bit-Wort – d.h. mit der Länge zwei Byte – in die durch B1 selektierte Speicherzelle und inkrementiert daraufhin das Register C um 1 und die Indexregister B0, B1 jeweils um 2. Dieser Vorgang wird solange wiederholt, bis der Inhalt der durch B0 angesprochenen Speicherzelle ein „Nullwort" ($0000) ist. In diesem Fall wird das Register C nicht inkrementiert. Register C enthält die Anzahl der kopierten Wörter ohne Berücksichtigung der Nullwörter.

Zu Aufgabe 58: Programmanalyse   (I.3.2 – I.3.3)

a)

Nr.	Befehl		Bedeutung
1		LD R0,#$0010	R0 := 16
2		LD R1,(ADR)	R1 := $C7AB
3		CLR R2	R2 := 0
4	L:	RCL R1	R1 um ein Bit links durchs *Carry Flag* rotieren
5		BCC M	Sprung nach M, falls CF = 0
6		INC R2	R2 := R2 + 1, falls CF = 1
7	M:	DEC R0	R0 := R0 – 1
8		BNE L	Rücksprung, falls R0 ≠ 0
9		RCL R1	R1 um ein Bit links durchs *Carry Flag* rotieren
10		AND R2,#$0001	R2 := R2 ∧ 1, alle Bits außer LSB maskieren
11		ST R2,(ADR+1)	R2 abspeichern

b) R1 wurde 17mal durch das *Carry Flag* (links herum) rotiert. Da R1 16 bit lang ist, steht danach wieder der vorgegebene Wert in R1, d.h. R1 = $C7AB. In R2 werden die ,1'-Bits von R1 gezählt, also ihre Anzahl berechnet. Hier gilt: R2 = 10 = $A.

c) Durch den 10. Befehl wird nur das LSB *(Least Significant Bit)* von R2 ausgewählt. Dies gibt an, ob die Anzahl der ,1'-Bits von R2 gerade oder ungerade ist. In ADR+1 steht also das (gerade) Paritätsbit des Wertes aus ADR. Dieser wurde durch das Programm nicht verändert, so daß in Speicherzelle ADR der Anfangswert $C7AB liegt.

d) PUSH R

RTS

Durch den PUSH-Befehl wird der Inhalt von R, also die Sprungzieladresse, auf den Stack ausgelagert. Der nachfolgende RTS-Befehl liest diesen Wert in den Programmzähler und verzweigt – ohne weitere Stackoperation – zu der eingelesenen Adresse. Daher entspricht die Befehlsfolge einem Register-indirekten Sprung zu der in R stehenden Adresse. (Dabei ist vorausgesetzt, daß der RTS-Befehl nur den Programmzähler vom Stack liest. Ansonsten müssen die beiden oben stehenden Befehle noch durch Push-Befehle ergänzt werden, die die durch RTS zusätzlich vom Stack genommenen Register zunächst dort ablegen.)

Zu Aufgabe 59: DRAM/Cache-Zugriffszeiten   (I.4.2)

Durchschnittliche Zugriffszeit:

$$0,8 \cdot 10 \text{ ns} + 0,2 \cdot (5 \cdot 10) \text{ ns} = 18 \text{ ns.}$$

Durchschnittliche Anzahl von Wartezyklen (WZ):

$$0,8 \cdot 0 \text{ WZ} + 0,2 \cdot 4 \text{ WZ} = 0,8 \text{ WZ.}$$

(In der 10-ns-Zugriffszeit des Caches ist laut Aufgabe die Zeit für die *Hit/Miss*-Entscheidung enthalten!)

Zu Aufgabe 60: Cache (Trefferrate im MC68020)   (I.4.2)

Ohne Beschränkung der Allgemeinheit belege die Schleife die Speicherzellen mit den niederstwertigen 512 Adressen, also den Speicherbereich:

$$\$0000\ 0000 - \$0000\ 01FF\ .$$

Im Bild 59 ist die Belegung des *Tag-RAMs* für die Schleifenausführung dargestellt. Im Unterschied zum Abschnitt I.4.2 sind die Einträge in hexadezimaler Form angegeben.

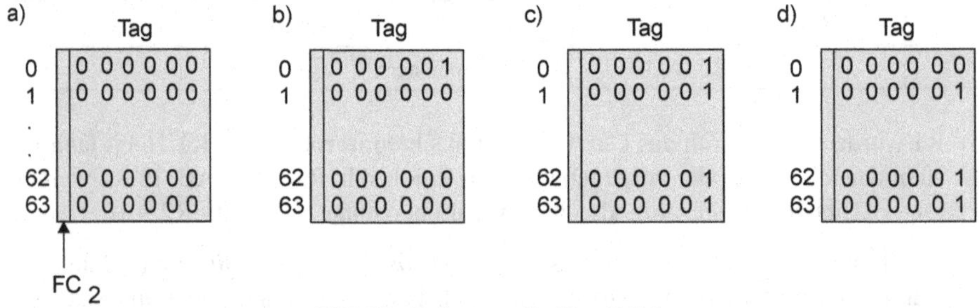

a)

	Tag
0	0 00 00 0
1	0 00 00 0
.	
62	0 00 00 0
63	0 00 00 0

FC₂

b)

	Tag
0	0 00 00 1
1	0 00 00 0
62	0 00 00 0
63	0 00 00 0

c)

	Tag
0	0 00 00 1
1	0 00 00 1
62	0 00 00 1
63	0 00 00 1

d)

	Tag
0	0 00 00 0
1	0 00 00 1
62	0 00 00 1
63	0 00 00 1

Bild 59: Belegung des *Tag-RAMs*

Im Bild 59a ist die Belegung des *Tag-RAMs* nach den ersten 64 Speicherzugriffen gezeigt, die jeweils 4 Bytes übertragen. Alle Einträge sind danach mit der Oberadresse $0000 00 belegt. Der 65. Zugriff benutzt zum ersten Mal die Oberadresse $0000 01, so daß der erste Eintrag mit dem Inhalt der vier Bytes $0000 0100 – $0000 0103 überschrieben wird (vgl. Bild 59b). Die folgenden 63 Zugriffe schreiben $0000 01 in alle *Tag*-Einträge (vgl. Bild 59c). Nach dem Rücksprung am Ende der Schleife werden diese Einträge dann wieder sukzessiv mit der Oberadresse $0000 00 überschrieben (vgl. Bild 59d). Aus dem eben Gesagten ergibt sich eine Trefferrate von 0 % .

Zu Aufgabe 61: Cache-Organisation (Direct Mapped Cache)   (I.4.2)

a) Jeder Eintrag ist 8 byte lang. Daher umfaßt die Byte-Auswahl die unteren 3 Bits.

   Es gibt $1FFF + 1 = $2000 = 8.192 Einträge. Also ist der Index 13 bit lang.

Jeder *Tag* besteht aus 3 Tetraden, ist also 12 bit lang.

Anzahl der Adreßbits:	$12 + 13 + 3 = 28$ bit
Adreßraum-Größe: 2 Mbyte	2^{28} byte $= 2^8$ Mbyte $= 256$

b) | | |
|---|---|
| Kapazität des Tag-RAMs: | $2^{13} \cdot 1{,}5$ byte $= 12$ kbyte |
| Kapazität des Datenspeichers: | $2^{13} \cdot 8$ byte $= 64$ kbyte |
| Gesamtkapazität: | $12 + 64$ kbyte $= 76$ kbyte |

c) • Nein, weil der Index in der Speicheradresse $0ACC ist und dieser Wert nicht zum dargestellten Ausschnitt des Tag-RAMs gehört.

   • Gelesener Wert: $FC34, weil der Index gleich $0ED2 ist und darunter der *Tag* $3CC gespeichert ist, der mit dem oberen Teil der Adresse übereinstimmt. Daher liegt ein *Hit* vor. Im Datenspeicher findet sich ab der Unteradresse 4 der angegebene Wert.

Zu Aufgabe 62: Cache-Organisation   (I.4.2)

a)   Anzahl der Einträge: 64 kbyte/16 byte $= 4$ k $= 2^{12} = 4.096$ Einträge

   Organisation: 4.096×16 byte

b)
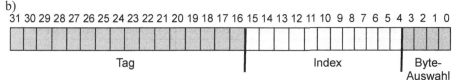

c) Organisation: 4.096 Einträge zu je 16 Bits $\Rightarrow$ 4.096×2 byte $= 4$k $\times 2$ byte

   Kapazität: 4k $\cdot 2$ byte $= 8$ kbyte

d) i. Index: $3A6 = 934_{10}$

      Adressen der veränderte Bytes im Eintrag: $A und $B

   ii. Es wird kein Cache-Eintrag verändert, da ein *Write Miss* vorliegt und der Zugriff nur auf den Arbeitsspeicher geht.

e) | | |
|---|---|
| Kapazität der Teil-Caches: | 64 kbyte/4 = 16 kbyte |
| Anzahl der Einträge pro Teil-Cache: | 16 kbyte/32 byte $= 512 = 2^9$ |
| Länge der *Tag-RAM*-Einträge: | $18 + 2$ bit $= 20$ bit |
| Organisation der *Tag-RAMs* in bit: | 512×20 bit $= 0{,}5$k $\times 20$ bit |
| Gesamtkapazität der *Tag-RAMs* in kbyte: | $4 \cdot 10$ kbit $= 40$ kbit $= 5$ kbyte |

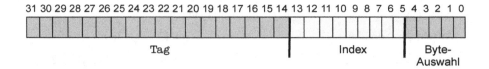

31 30 29 28 27 26 25 24 23 22 21 20 19 18 17 16 15 14 13 12 11 10 9 8 7 6 5 4 3 2 1 0

| Tag | Index | Byte-Auswahl |

Zu Aufgabe 63: Cache-Verwaltung (I.4.2)

a) In der folgenden Tabelle wird die Belegung des *Direct Mapped Caches* nach dem letzten Zugriff dargestellt.

Adresse des Eintrags	Tag		Datum	
	vor	nach	vor	nach
FF	FF	FF	03	**05**
D0	E4	E4	CD	CD
B7	A0	A0	D3	**D4**
84	CD	CD	00	00
7F	8F	8F	D2	D2
30	A5	A5	A7	**A8**
29	87	87	BC	BC
00	D0	**00**	35	**36**

Die folgende Tabelle zeigt die Ergebnisse der Speicherzugriffe.

	Befehl		Akku A	*Hit/Miss*	Veränderte Speicherzellen
1.	LDA	$CD84	$00	*Hit*	
2.	STA	$A530	$A8	*Hit*	($A530) := $A8
3.	LDA	$01FF	$47	*Miss*	
4.	LDA	$01FF	$47	*Hit*	
5.	STA	$FFFF	$04	*Miss*	($FFFF) := $04
6.	LDA	$8F7F	$D2	*Hit*	
7.	LDA	$FFFF	$04	*Hit*	
8.	STA	$FFFF	$05	*Hit*	($FFFF) := $05
9.	LDA	$FFFF	$05	*Hit*	
10.	LDA	$0000	$36	*Miss*	
11.	STA	$A0B7	$D4	*Hit*	($A0B7) := $D4

b) In der folgenden Tabelle wird di e Belegung des zweifach assoziativen Caches nach dem letzten Zugriff dargestellt.

Adresse des	Way A				SB-Bit		Way B			
Eintrags	Tag		Datum				Tag		Datum	
	vor	nach	vor	nach	vor	nach	vor	nach	vor	nach
FF	01	01	47	47	⇐	⇒	FF	FF	03	**04**
D0	E4	E4	CD	CD	⇒	⇐	7F	7F	3B	3B
B7	45	45	3D	3D	⇐	⇐	A0	A0	D3	**D4**
84	CD	CD	00	**3B**	⇐	⇒	DE	DE	6F	6F
7F	CF	CF	D0	D0	⇒	⇒	8F	8F	D2	D2
30	63	**A5**	5D	**A7**	⇐	⇐	04	**63**	7F	**5D**
29	87	87	BC	BC	⇐	⇐	00	00	45	45
00	00	**D0**	36	**35**	⇒	⇒	D0	**98**	35	**80**

Die folgende Tabelle zeigt wiederum die Ergebnisse der Speicherzugriffe.

	Befehl		Accu A	Hit/Miss	Veränderte Speicherzellen
1.	LDA	$7FD0	$3B	Hit	
2.	STA	$CD84	$3B	Hit	($CD84) := $3B
3.	LDA	$A530	$A7	Miss	
4.	LDA	$6330	$5D	Miss	
5.	STA	$FFFF	$04	Hit	($FFFF) := $04
6.	LDA	$9800	$7F	Miss	
7.	LDA	$FFFF	$04	Hit	
8.	STA	$9800	$80	Hit	($9800) := $80
9.	LDA	$01FF	$47	Hit	
10.	LDA	$D000	$35	Miss	
11.	STA	$A0B7	$D4	Hit	($A0B7) := $D4

Zu Aufgabe 64: Cache (Pseudo-LRU-Verfahren)   (I.4.2)

a) Die Belegung des Caches nach der Ausführung aller Zugriffe auf die Variablen A – F ist in der folgenden Tabelle dargestellt.

Zugriff	Variable	*Hit/Miss*	Weg 3	Weg 2	Weg 1	Weg 0	B2	B1	B0
0	–		(frei)	(frei)	(frei)	(frei)	0	0	0
1	A	*Miss*	**A**	(frei)	(frei)	(frei)	1	1	0(u)
2	B	*Miss*	A	(frei)	**B**	(frei)	0	1(u)	1
3	A	*Hit*	A	(frei)	B	(frei)	1	1	1(u)
4	C	*Miss*	A	(frei)	B	**C**	0	1(u)	0
5	D	*Miss*	A	**D**	B	C	1	0	0(u)
6	A	*Hit*	A	D	B	C	1	1	0(u)
7	E	*Miss*	A	D	**E**	C	0	1(u)	1
8	C	*Hit*	A	D	E	C	0	1(u)	0
9	F	*Miss*	A	**F**	E	C	1	0	0(u)
10	B	*Miss*	A	F	**B**	C	0	0(u)	1
11	C	*Hit*	A	F	B	C	0	0(u)	0

b) *Tag*: Bits 31 – 17, Index: Bits 16 – 7, Byte-Adresse: Bits 4 – 0

Anzahl der Bytes pro Eintrag *(Line Length)*: $2^5 = 32$

Anzahl der Einträge pro Weg: $2^{12} = 4.096$

Kapazität der einzelnen Cache-Wege: $2^{12} \cdot 2^5 = 4.096 \cdot 32 = 128$ kbyte

Gesamtkapazität des Caches: $4 \cdot 128 = 512$ kbyte

c) Die folgende Tabelle zeigt für die angesprochenen Speicheradressen die Zerlegung in *Tag*, Index und Byte-Adresse.

Speicheradresse	*Tag*	Index	Byte-Adresse
$CBC3 9AB1	65E1	CD5	11
$4635 9AA5	231A	CD5	05
$D965 D236	6CB2	E91	16

Nur die 1. und 2. Adresse belegen einen Eintrag mit derselben Nummer (Index), und zwar den Eintrag Nr. $CDF = 3.295. (Dies ist der 3.296te Eintrag, da die Zählung mit 0 begonnen wird.)

Zu Aufgabe 65: Einschränkung des Cache-Bereichs   (I.4.2)

a)

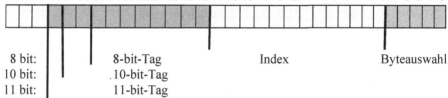

8 bit:	8-bit-Tag	Index	Byteauswahl
10 bit:	.10-bit-Tag		
11 bit:	11-bit-Tag		

Byteauswahl: Länge einer Cache-Zeile: $32 = 2^5$ byte $\Rightarrow$ Bit $4 - 0$

Index: 512 kbyte in 2 „Wegen" $\Rightarrow$ 256 kbyte/Weg $\Rightarrow$

   $8192 = 2^{13}$ *Lines*/Weg $\Rightarrow$ Indexlänge 13 bit $\Rightarrow$

   Index: Bit $17 - 5$

Tag: 1.   64 Mbyte $= 2^{16}$ kbyte $\Rightarrow$ 64 Mbyte/256 kbyte $= 2^8$ $\Rightarrow$
        Tag-Länge 8 bit; *Tag*-Bits: $25 - 18$

   2.   256 Mbyte $= 2^{18}$ kbyte $\Rightarrow$ 256 Mbyte/256 kbyte $= 2^{10}$ $\Rightarrow$
        Tag-Länge 10 bit; *Tag*-Bits: $27 - 18$

   3.   512 Mbyte $= 2^{19}$ kbyte $\Rightarrow$ 512 Mbyte/256 kbyte $= 2^{11}$ $\Rightarrow$
        Tag-Länge 11 bit; *Tag*-Bits: $28 - 18$

b) Prozentualer Anteil der *Cacheable Area* am ansprechbaren Adreßraum bei einer
    Hauptspeichergröße von 512 Mbyte bzw. 4 Gbyte:

	8 bit	10 bit	11 bit
512 Mbyte	12,5 %	50 %	100 %
4 Gbyte	1,56 %	6,25 %	12,5 %

c) Für das MESI-Protokoll mit seinen 4 Zuständen benötigt jeder Cache-Eintrag 2
    Bits. Jeder der beiden „Wege" umfaßt $8.192 = 2^{13}$ Einträge. Daraus folgt für die
    benötigte Größe des *Tag-RAMs* mit der „Breite" n bit:

$$2 \cdot 8.192 \cdot (n + 2) \text{ bit} = 16 \cdot (n + 2) \text{ kbit.}$$

   $n = 8$:   160 kbit
   $n = 10$:   192 kbit
   $n = 11$:   208 kbit

Zu Aufgabe 66: Cache-Hierarchie   (I.4.2)

a)

L1-Cache:	Tag (A23 – A8)															Index (A7 – A2)						Byte	
	23	22	21	20	19	18	17	16	15	14	13	12	11	10	9	8	7	6	5	4	3	2	1	0
L2-Cache:	Tag (A23 – A12)												Index (A11 – A2)									Byte	

b) L1: 64 Einträge, *Tag*: 16 bit = 2 byte, Daten: 4 byte
       $\Rightarrow$ Kapazität: 64×6 byte = 264 byte

   L2: 1024 Einträge, *Tag*: 12 bit = 1,5 byte, Daten: 4 byte
       $\Rightarrow$ Kapazität: $1.024 \times 5,5$ byte = 5.632 byte

c)

	L1-Cache				**L2-Cache**				**Hauptspeicher**	
Op.	Tag	Index	Datum	Op.	Tag	Index	Datum	Op.	Adr.	Datum
3	F04C	38	45 DE 23 D0		5F6	7E2	DE 89 F5 3D		FA4027	FF 45 23 3A
	F400	0D	00 11 22 33	4	~~FA4~~	~~338~~	~~45 DE 23 D0~~	6	~~012FDC~~	~~CC AC 42 3A~~
2	~~023D~~	~~2D~~	~~FC EE 56 32~~	1	022	3AE	01 23 45 67	5	DCE43C	CD ED FD 21
	AA46	1E	77 88 DD F0	5	~~DEE~~	~~10F~~	~~CA 5F DE 44~~	(1)	022EB8	01 23 45 67
1	022E	2E	01 23 45 67	5	DCE	10F	CD ED FD 21	4	FA4CE0	45 DE FD E0
5	DCE4	0F	CD ED FD 21	4	FA4	338	45 DE FD E0	6	012FDC	CC D4 56 3A
2	023D	2D	56 4D 56 32							

	Registerwert	L1-Cache	L2-Cache
1. LD R1,$022EB8	R1 = **$4567**	*Read Miss*	*Read Hit*
2. ST R2,$023DB6	R2 = $564D	*Write Hit*	–
3. LD R3,$F04CE2	R3 = **$45DE**	*Read Hit*	–
4. ST R4,$FA4CE0	R4 = $FDE0	*Write Miss*	*Write Hit*
5. LD R5,$DCE43D	R5 = **$EDFD**	*Read Miss*	*Read Miss*
6. ST R6,$012FDD	R6 = $D456	*Write Miss*	*Write Miss*

Operation

1	0	0	0	0	0	0	1	0	0	0	1	0	1	1	1	0	1	0	1	1	1	0	0	0
2	0	0	0	0	0	0	1	0	0	0	1	1	1	1	0	1	1	0	1	1	0	1	1	0
3	1	1	1	1	0	0	0	0	0	1	0	0	1	1	0	0	1	1	1	0	0	0	1	0
4	1	1	1	1	1	0	1	0	0	1	0	0	1	1	0	0	1	1	1	0	0	0	0	0
5	1	1	0	1	1	1	0	0	1	1	1	0	0	1	0	0	0	0	1	1	1	1	0	1
6	0	0	0	0	0	0	0	1	0	0	1	0	1	1	1	1	1	1	0	1	1	1	0	1

Zu Aufgabe 67: Virtuelle Speicherverwaltung und TLB (I.4.2)

a) *Tag:* LA_{31}, ..., LA_{16}, Index: LA_{15}, ..., LA_{12}

b) 64 Einträge · 4 kbyte/Eintrag = 256 kbyte

c) Es findet sich im TLB die folgende ununt erbrochene Kette von abgelegten virtuellen Oberadressen m it den dazugehöre nden physikalischen Adressen in Klammern:

$A3300 ($000F0), ..., $A330**F** ($000FF), $A33**1**0 ($00100), ..., $A33**1**4 ($00104)

Der Index ist fett dargestellt.

Der physikalische Adreßbereich ist: $000F 0000 – $0010 4FFF.
Das sind 21 · 4 kbyte = 84 kbyte.

d) Eintrag Nr. $A im Weg 3 ist ungültig, da die physikalische Adresse $0ABCDxxx
den realisierten 64-Mbyte-Adreßbereich verläßt.

e) Siehe Tabelle 31.

f) Siehe Tabelle 31.

Tabelle 31: Ergebnisse der Speicherzugriffe

LA	*Hit/Miss*	PA	Eintrag	Weg	Vneu
$02FF 6AC0	*Hit*	$012A 0AC0			
$02FF 0456	*Miss*	–	0	0	3
$A330 8000	*Hit*	$000F 8000			
$A330 9468	*Hit*	$000F 9468			
$8888 8888	*Miss*	–	8	3	2
$0001 D100	*Hit*	$0100 1100			
$00B3 2800	*Miss*	–	2	2	1
$2222 2000	*Miss*	–	2	1	0
$0333 9880	*Hit*	$0111 1880			
$3333 9880	*Miss*	–	9	2	1

Zu Aufgabe 68: Pipelineverarbeitung (I.4.3)

a) i. Ohne Pipeline: Akku A wird m it dem Inhalt von Adresse X+2 (105+2 =
$107),
also $E1, geladen.

ii. Die Belegung der dreistufigen Pipeline zeigt die folgende Tabelle.

Takt	Fetch	Decode	Execute	Bemerkung
1	CLRA			
2	LDX #$100	CLRA	–	
3	LDX #$105	LDX #$100	CLRA	A := $00
4	LDA 2, X	LDX #$105	LDX #$100	X := $100
5	–	LDA 2, X	LDX #$105	X := $105
6	–	–	LDA 2, X	A := ($107) = $E1

Akku A wird mit dem Inhalt von Adresse X+2 ($107), also $E1 geladen.

iii. Die Belegung der vierstufigen Pipeline ist in der folgenden Tabelle dargestellt. Zu beachten ist, daß im 6. Takt noch X = $100 ist! Daher gilt: EA = $102.

Tak	Fetch	Decode	Execute	Write Back	Bemerkung
1	CLRA	–			
2	LDX #$100	CLRA	–		
3	LDX #$105	LDX #$100	CLRA	–	
4	LDA 2, X	LDX #$105	LDX #$100	CLRA	A := $00 X := $100
5	–	LDA 2, X	LDX #$105	LDX #$100	X := $100
6	–	–	LDA 2, X	LDX #$105	X := $105
7			–	LDA 2, X	A := ($102) = $12

Akku A wird mit dem Inhalt von Adresse X+2 (= $102), also $12 geladen.

b) Verhindern durch Software

Am einfachsten läßt sich das Verhalten beeinflussen,   wenn der Compiler oder Programmierer zwischen die beiden Programmbefehle 3 und 4, unter denen eine Datenabhängigkeit besteht, einen „NOP"-Befehl einfügt. Alternativ kann der zweite LDX-Befehl auch verdoppelt werden. Dies ist in der folgenden Tabelle gezeigt.

Takt	Fetch	Decode	Execute	Write Back	Bemerkung
1	CLRA	–			
2	LDX #$100	CLRA	–		
3	LDX #$105	LDX #$100	CLRA	–	–
4	NOP/LDX	LDX #$105	LDX #$100	CLRA	A := $00 X := $100
5	LDA 2, X	NOP/LDX	LDX #$105	LDX #$100	X := $100
6	–	LDA 2, X	NOP/LDX	LDX #$105	X := $105
7	–	–	LDA 2, X	NOP/LDX	(X := $105)
8	–	–	–	LDA 2, X	:= ($107) = $E1

c) Verhindern durch Hardware

Die Hardware muß in der Decodierphase ein zum Schreiben vorgesehenes Register kennzeichnen, so daß der nächste Befehl im Programmfluß, falls dieser lesend auf dieses Register Bezug nimmt, verzögert ausgeführt wird. Seine Ausführungsphase wird also erst durchlaufen, wenn die Registeränderung durch die *Write-Back Phase* manifestiert ist. Dies kann z.B. hardwaremäßig durch Einfügen eines „NOPs" in die Ausführungsphase oder durch das Anhalten der Pipeline geschehen. Diese Verfahren wurden in Abschnitt I.2.5 und Abschnitt I.4.3 als *Scoreboard* und *Interlocking* bezeichnet. Moderne Prozessoren versuchen, solche Konflikte durch die sogenannte *Out-of-Order Execution* zeitsparend zu vermeiden. Bei diesem Verfahren entdeckt die Hardware obige Datenabhängigkeit und zieht den nächsten unabhängigen Befehl zur Abarbeitung vor.

Zu Aufgabe 69: Mehrfach-Pipelines   (I.4.4)

a) Nein. Von zwei aus dem Speicher geladenen Befehlen nimmt immer der „vorausgehende" die Position von B1 ein. Die Zuteilungsstrategie stellt sicher, daß von einem Befehlspaar (B1, B2) zwar B1, aber nie B2 allein zugeteilt werden kann.

b) Ja. Von einem Befehlspaar (B1, B2), das in einem Takt zugeteilt wird und in dem z.B. B1 ein Multiplizier- oder Dividierbefehl und B2 ein Addier- oder Subtrahierbefehl ist, wird der Befehl B2 einen Takt früher beendet als B1.

c) Es ergibt sich der in der folgenden Tabelle gezeigte Ablauf der Befehlsverarbeitung.

Takt	Holen		Decodieren		RW I		RW II		RW III			Zuteilung
	B2'	B1'	B2	B1	A.	R.	A.	R.	A. 1	A. 2	R	a), b), c)
0	–	–	–	–	–	–	–	–	–	–	–	–
1	2	1	–	–	–	–	–	–	–	–	–	–
2	4	3	2	1	–	–	–	–	–	–	–	–
3	5	4	3	2	–	–	1	–	–	–	–	c)
4	7	6	5	4	–	–	2	1	3	–	–	b)
5	8	7	6	5	–	–	–	2	4	3	–	a)
6	8	7	6	5	–	–	–	–	4	3	–	a)
7	8	7	6	5	–	–	–	–	–	4	–	a)
8	10	9	8	7	5	–	6	–	–	–	–	b)
9	11	10	9	8	–	5	7	6	–	–	–	c)
10	11	10	9	8	–	–	7	–	–	–	–	a)
11	12	11	10	9	8	–	–	–	–	–	–	c)
12	12	11	10	9	–	8	–	–	–	–	–	a)
13	14	13	12	11	9	–	–	–	10	–	–	b)

d) Besteht die Abhängigkeit zwischen einem Multiplizier-/Dividierbefehl und einem (beliebigen) nachfolgenden Befehl, so müssen zwischen beiden Befehlen m indestens zwei Takte (für die Ausführungsphase des ersten Befehls), also wenigstens vier Befehle liegen. Ist der erste Befehl kein Multiplizier-/Dividierbefehl, so reichen zwischen beiden Befehlen ein Takt bzw. zwei Befehle.

e) Eine mögliche Umordnung der Befehle ist in der folgenden Tabelle dargestellt.

Takt	Nr.	Befehl
1	4	MUL R3,R1,R2
	1	NOT R5,R5
2	3	DIV R9,R2,R1
	2	AND R4,R4,R2
3	7	OR R1,R5,R6
	9	ADD R7,R6,R7
4	5	ADD R0,R3,R0
	6	AND R8,R3,R8
5	8	SUB R4,R9,R1
	10	DIV R6,R6,R2

Zu Aufgabe 70: Superskalarität   (I.4.4)

a) Es existieren – ohne hier den Beweis zu bringen – 26 gleichwertige Alternativen, die Befehle in eine lineare Reihenfolge zu bringen, ohne die Programmbedeutung zu ändern. Einige davon sind – gegeben durch ihre Nummern:

$$1 - 2 - 3 - 4 - 5 - 6 - 7 - 8$$
$$1 - 3 - 2 - 4 - 5 - 6 - 7 - 8$$
$$1 - 2 - 3 - 5 - 4 - 6 - 7 - 8$$
$$1 - 3 - 2 - 5 - 4 - 7 - 6 - 8$$

Zur Vorbereitung der Lösung stellen wir di e folgende Tabelle auf, die für jeden Befehl angibt, vor welchen anderen er ausgeführt werden muß und parallel zu welchen er ausgeführt werden kann.

Daraus ergeben sich wenigstens die beiden folgenden Befehlsfolgen, die unbedingt in der ermittelten Reihenfolge abgearbeitet werden müssen:

$$1 \rightarrow 3 \rightarrow 4 \rightarrow 6 \rightarrow 8, 1 \rightarrow 3 \rightarrow 5 \rightarrow 7 \rightarrow 8, 1 \rightarrow 2 \rightarrow 7 \rightarrow 8$$

Befehl	Ausführung vor den Befehlen	parallel zu den Befehlen
1	2, 3, 4, 5, 6, 7, 8	–
2	7, 8	3, 4, 5, 6
3	4, 5, 6, 7, 8	2
4	6, 8	2, 5, 7
5	7, 8	2, 4, 6
6	8	5, 7
7	8	6
8	–	–

Eine Optim ale Befehlszuteilung benötigt al so wenigstens fünf Taktzyklen. Eine Möglichkeit, die die Bedingungen aus der oben stehenden Tabelle erfüllt, ist im folgenden Bild dargestellt.

Pipeline 1

| x | x | 7 | 5 | 2 | x | x |

Pipeline 2

| x | 8 | 6 | 4 | 3 | 1 | x |

b) Durch unterschiedliche Ausführungszeiten für die einzelnen Befehle entstehen Lücken im Verarbeitungsstrom einer (oder m ehrerer Pipelines), so daß zusätzlich geprüft werden m uß, ob diese Lücken durch die Ausführung anderer Befehle sinnvoll genutzt werden können. Des weiteren m üssen bei nicht identisch aufge-bauten Pipelines ihre unterschiedlichen Stufenzahlen und Durchlaufzeiten berück-sichtigt werden.

Zu Aufgabe 71: Verzweigungsziel-Vorhersage   (I.4.5)

Verzw.-Befehl		Anfang	1	2	3	4	5	6	7	8	9	10
innere Schleife	Vorh.	T		NT	SNT	SNT	SNT	NT		SNT	SNT	SNT
	Ausf.			ng	ng	ng	ng	g		ng	ng	ng
äußere Schleife	Vorh.	T	NT						SNT			
	Ausf.		ng						ng			

Verzw.-Befehl		11	12	13	14	15	16	17	18	19	20	21
innere Schleife	Vorh.	SNT	NT		SNT	SNT	SNT	SNT	NT			
	Ausf.	ng	g		ng	ng	ng	ng	g			
äußere Schleife	Vorh.			SNT						NT		
	Ausf.			ng						g		

richtig: n · m   innere Schleife: m-mal, äußere: n-mal
falsch: n + 1   innere Schleife: n-mal, äußere: 1 – ???

Zu Aufgabe 72: Speicherverwaltung (Zuweisungsverfahren)   (I.5.2)

a) Nach der Anwendung der beiden Verfahren ergibt sich die im   Bild 60 gezeigte Speicherbelegung.

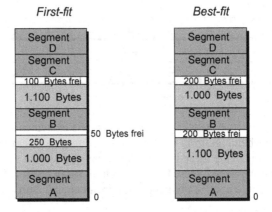

Bild 60: Speicherbelegung nach beiden Verfahren

Für die Speicheranforderung von 250 Bytes ist bei *Best-fit* kein Platz m ehr vorhanden.

b) Vom *Best-fit*-Verfahren erhofft m an sich eine geringere Fr agmentierung und damit auch eine bessere Speicherausnutzung. Der Nachteil von *Best-fit* gegenüber *First-fit* liegt im höheren Suchaufwand zum Finden einer freien Lücke.

   Bei *First-fit* sammeln sich an den unteren Adressen des Arbeitsspeichers die kleinen L ücken, während am Speicherende d ie größeren Lü cken zu finden sind. Damit erhöht sich auch die m ittlere Anzahl der erforderlichen Suchschritte zum Auffinden der ersten passenden Lücke.

Zu Aufgabe 73: Speicherverwaltung (Ersetzungsverfahren)   (I.5.2)

Für den Hauptspeicher erhält m an bei der ge gebenen Zugriffsfolge die folgende Tabelle. In der Tabelle zeigt jede Spalte die Belegung der vier dem Programm zur Verfügung stehenden Hauptspeicher-Seiten nach jedem   Seitenzugriff, geordnet nach
ihren Verdrängungsprioritäten. Dabei bestim mt die Seitennum mer in der untersten
Zeile einer Spalte m it VP = 0 die bei de r jeweiligen Ersetzungsstrategie zu opfernde
Seite.

Ω	m	3	1	2	6	3	4	1	3	2	1	VP
FIFO	m	3	1	2	6	6	4	4	3	3	1	3
	n	m	3	1	2	2	6	6	4	4	3	2
Arbeitsmenge	o	o	m	3	1	1	2	2	6	6	4	1
	p	p	o	m	3	3	1	1	2	2	6	0
Seitenfehler j/n	-	j	j	j	j	n	j	n	j	n	j	
LRU	m	3	1	2	6	3	4	1	3	2	1	3
	n	m	3	1	2	6	3	4	1	3	2	2
Arbeitsmenge	o	n	m	3	1	2	6	3	4	1	3	1
	p	o	n	m	3	1	2	6	6	4	4	0
Seitenfehler j/n	-	j	j	j	j	n	j	j	n	j	n	

- Betrachten wir z.B. die letzte Spalte bei der FIFO-Strategie: „1,   3, 4, 6", dann ist
  die Seite 6 diejenige, die sich am längsten im Hauptspeicher befindet und deshalb
  Kandidat für die nächste zu opfernde Seite ist. Die Seite 1 ist hingegen als letzte
  eingelagert worden und wird erst nach den Seiten 6, 4 und 3 geopfert.

- Beim LRU-Algorithmus kann z.B. die letzte Spalte „1, 2, 3, 4" wie folgt interpretiert werden. Die Seite, auf die zuletzt zugegriffen wor den ist, ist die Seite 1; ein
  Zugriff auf Seite 4 liegt zeitlich am längsten zurück.

Bei beiden Verfahren treten sieben Seit enfehler auf. Es l ießen sich aber leicht Zu-
griffsfolgen finden, die für eine der beiden Strategien ein günstigeres Verhalten ergeben würden. Die ersten vier Zugriffe führen offensichtlich ausnahmslos zu Seitenfeh-
lern, da zu Program mbeginn die Arbeitsm enge leer ist und (im gegebenen Beispiel)
zunächst auf vier verschiedene Seiten zugegriffen wird.

Zu Aufgabe 74: Zusammenspiel von Cache und MMU   (I.5.X)

a) Das Blockschaltbild für den virtuellen Cache ist in Bild 61 dargestellt.

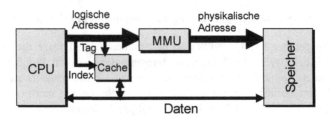

Bild 61: Virtueller Cache

Der physikalische Cache wird in Bild 62 gezeigt.

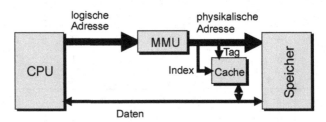

Bild 62: Physikalischer Cache

b) Aus den Angaben 32 Bytes/Block und 256 kbyte Gesamtkapazität des Datenspeichers, ergibt sich, daß der Cache $2^8 \cdot 2^{10}/2^5 = 2^{13} = 8.192$ Einträge hat. Für deren Indizierung werden 13 Adreßsignale benötigt. Für die Auswahl eines von 32 Bytes werden 5 Adreßsignale benutzt. Daraus ergeben sich die im folgenden Bild 63 gezeigten Adreßfeld-Einteilungen.

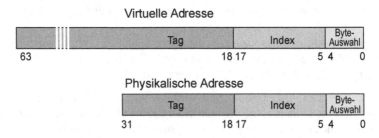

Bild 63: Die Adreßaufteilung für beide Caches

c) Der „virtuelle" *Tag* ist 46 bit, der „physikalische" 14 bit lang. Dafür werden 6 bzw. 2 Bytes benötigt. (Die zwei freien Bits pro *Tag*-Eintrag können durch e in *Valid Bit* und ein *Dirty Bit* belegt werden.) Also um faßt das *Tag-RAM* bei virtueller Adressierung $6 \cdot 8.192 = 48$ kbyte, bei physikalischer Adressierung ergeben sich $2 \cdot 8.192 = 16$ kbyte.

d) Pro virtueller Cache: kein Zeitverlust für Adreßumwandlung bei *Cache Hits*.
   Pro physikalischer Cache: kleineres *Tag-RAM*, da physikalische Adressen (m eist)
   kürzer.

e) Da externe Systemkomponenten nicht m it denselben (virtuellen) Adressen auf
   gemeinsame Daten im Arbeitsspeicher zugreifen können, ist   ein *Bus Snooping*
   zum Vergleich der „virtuellen" *Tags* nicht möglich.

f) Der „physikalische" *Tag* ist hier 20 bit lang, benötigt also 3 Bytes. Daraus ergibt
   sich die Kapazität des   *Tag-RAMs* zu 24 kbyte, was – bei   den vorgegebenen
   Adreßlängen – nur der Hälfte des *Tag-RAMs* beim virtuellen Caches entspricht.

g) Die Mischform eines virtuellen und phy sikalischen Caches ist in Bild 64 dargestellt.

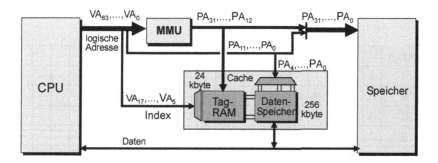

Bild 64: Virtueller/physikalischer Cache als Mischform

h) Ein Vorteil vor dem physikalischen Cache ist, daß die Adressierung des Caches
   zeitlich überdeckend m it der Adreßum wandlung geschieht, vergleichbar m it dem
   virtuellen Cache. Der Nachteil ist der höhere Aufwand für das *Tag-RAM*.
       Als Nachteil im Vergleich zum virtuellen Cache benötigt jeder Cache-Zugriff
   den Einsatz der MMU – m it der Gefahr, daß (viel) mehr als ein Taktzyklus für die
   Adreßumwandlung aufgebracht wird. Vorteilhaft ist hier aber, daß ein *Bus Snoo-*
   ping mit Vergleich der physikalischen *Tags* durchgeführt werden kann.

Zu Aufgabe 75: Segmentverwaltung (x86-Prozessoren)   (I.5.3)

a) Jeder Segm ent-Deskriptor ist 8 (2^3) byte groß. Ein Prozeß kann seine Segm ent-
   Deskriptoren sowohl in se iner LDT wie auch in der G DT haben. Der Index im
   Segment-Selektor ist 13 bit lang. Die Auswahl zwischen der GDT und der LDT
   geschieht durch das TI-Bit. Also kann   jede Tabelle höchstens 8.192 (2^{13}) Deskriptoren enthalten. Der erste Eintrag in der GDT darf jedoch nicht benutzt werden. Außerdem muß der Deskriptor für die LDT in der GDT eingetragen sein. Für
   GDT und LDT zusammen ergeben sich also maximal:

$$2^{13} - 2 + 2^{13} = 2^{14} - 2 = 16.382 \text{ Segmente.}$$

b) Jedes einzelne Segment besitzt eine maximale Größe von 2^{20} Einheiten. Die Größe der Einheit wird durch das G-Bit *(Granularity)* auf 1 byte bzw. 4 kbyte festgelegt. Damit kann ein Segment einen maximalen Adreßraum von 1 Mbyte bzw. 4 Gbyte umfassen. Die maximale Größe des virtuellen Adreßraums eines einzelnen Prozesses liegt damit (näherungsweise) im Bereich von

$$2^{14} \cdot 1 \text{ Mbyte} = 16 \text{ Gbyte} \quad \text{bis} \quad 2^{14} \cdot 4 \text{ Gbyte} = 64 \text{ Tbyte}.$$

c) Eine Segment-Basisadresse hat eine Länge von 32 bit, zu der ein 32 bit großer Offset addiert wird. Jede lineare Adresse hat also eine Länge von 32 bit, deshalb umfaßt der lineare Adreßraum:
$$2^{32} \text{ byte} = 4 \text{ Gbyte}.$$

Zu Aufgabe 76: Segmentverwaltung   (I.5.3)

a)

Aktion	–	–	–	–	–	–	–	–	–	–	–	–	–	–	–	–	–	–	–	–
A	A	A	–	–	–	–	–	–	–	–	–	–	–	–	–	–	–	–	–	–
B	A	A	B	B	B	–	–	–	–	–	–	–	–	–	–	–	–	–	–	–
C	A	A	B	B	B	C	C	C	C	C	C	C	–	–	–	–	–	–	–	–
B	A	A	–	–	–	C	C	C	C	C	C	C	–	–	–	–	–	–	–	–
D	A	A	–	–	–	C	C	C	C	C	C	C	D	D	D	D	–	–	–	–
E	A	A	–	–	–	C	C	C	C	C	C	C	D	D	D	D	E	–	–	–
F	–	–	–	–	–	C	C	C	C	C	C	C	D	D	D	D	E	F	F	–
A	–	–	–	–	–	C	C	C	C	C	C	C	D	D	D	D	E	F	F	–
C	–	–	–	–	–	–	–	–	–	–	–	–	D	D	D	D	E	F	F	–
G	–	–	–	–	–	–	–	–	–	–	–	–	D	D	D	D	E	F	F	G
H	H	H	H	H	–	–	–	–	–	–	–	–	D	D	D	D	E	F	F	G
I	H	H	H	H	I	–	–	–	–	–	–	–	D	D	D	D	E	F	F	G
J	H	H	H	H	I	J	–	–	–	–	–	–	D	D	D	D	E	F	F	G
G	H	H	H	H	I	J	–	–	–	–	–	–	D	D	D	D	E	F	F	–
F	H	H	H	H	I	J	–	–	–	–	–	–	D	D	D	D	E	–	–	–
B	H	H	H	H	I	J	B	B	B	–	–	–	D	D	D	D	E	–	–	–

b) Durch die zyklische Zuordnung der Segmente wird beim *Rotating-first-fit*-Verfahren die bei der *First-fit*-Strategie entstehende Konzentration kleiner Lücken am Anfang des Speicherbereichs vermieden. Hierdurch müssen bei der Zuweisung größerer Segmente im Durchschnitt weniger Lücken auf ihre Größe hin untersucht werden, wodurch im Mittel eine Beschleunigung der Speicherzuweisung erreicht wird.

Zu Aufgabe 77: Seitenverwaltung und Cache (I.5.4)

a) Aufteilung einer Adresse in *Tag*, Index und Byteauswahl:

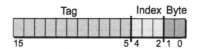

b) AS(n): Arbeitsspeicher, C(i): Cache-Eintrag i

Nr.	Befehl	Ri	Bemerkung
1	LD R0,$FA28	ECCCD53E	Datum nach R0, *non cacheable*
2	ST R1,$7F44	FE5460DC	R1→C (1), V = D = 1, PWT = 0, *Write-back*
3	LD R2,$4D0C	DD7FFF87	da V = 0: AS(4D0C)→C (1)/R2, V=1, D=0, PWT=1
4	LD R3,$7F58	34DE7FDF	C(6)→AS(A658), AS(7F58)→C(6)/R3
5	ST R4,$FA3C	01234567	R4 nach AS(FA3C), *non cacheable*
6	ST R5,$4D04	5F3C72AB	R5 nach AS(4D04), *Write-through, Write Miss*
7	LD R6,$7F4C	9A43ED01	AS(7F4C)→C(3)/R6, V = 1, D = PWT = 0
8	FLUSH		C(1)→AS(7F44), da V = D = 1, PWT = 0; alle V = 0

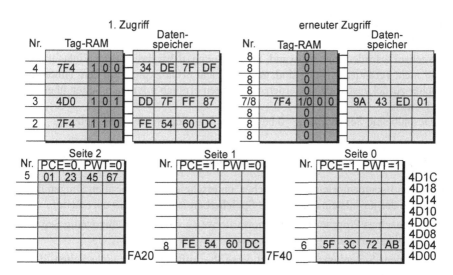

Zu Aufgabe 78: Seitentabellen-Eintrag   (I.5.4)

Es ist sinnvoll, Seiten nach der in Tabelle 32 gezeigten Prioritätenliste zu „opfern",
wobei Seiten mit zahlenmäßig niedrigerer Priorität zuerst verdrängt werden.

Tabelle 32: Prioritätenliste

Priorität	*Accessed Bit* A	*Dirty Bit* D
0	0	0
1	0	1
2	1	0
3	1	1

Berücksichtigung der Lokalitätseigenschaft

Am wichtigsten ist es zu berücksichtigen, ob eine Seite zur Arbeitsmenge gehört oder
nicht: Werden zur Arbeitsmenge gehörende Seiten ausgelagert, führt dies zu einer
vermehrten Anzahl von Seitenwechseln. Daher sollten möglichst Seiten ausgelagert
werden, die nicht dazu gehören.

Auf diejenigen Seiten, bei denen das *Accessed Bit* gesetzt ist, wurde in letzter Zeit
zugegriffen, d.h. sie gehören mit großer Wahrscheinlichkeit auch zur Arbeitsmenge.

Demnach sollten zunächst Seiten mit A = 0 geopfert werden.

Aufwand für einen Seitenwechsel

Ein zweites Kriterium für die Auswahl einer zu opfernden Seite ist der für einen Seitenwechsel erforderliche Aufwand. Solche Seiten, die während ihrer Einlagerungs-
dauer nicht verändert worden sind, müssen nicht mehr explizit auf den Hintergrund-
speicher zurückgeschrieben werden, sie können einfach mit neuen Seiten überschrieben werden.

Deshalb sind Seiten mit D = 0 bevorzugte Kandidaten für eine Ersetzung.

Zu Aufgabe 79: Vergleich Seiten- vs. Segmentverwaltung   (I.5.3 – I.5.7)

Seiten- und segmentorientierte Speicher unterscheiden sich vor allen Dingen durch
die Größe der jeweils einzulagernden Speicherbereiche (Segment oder Seite).

- Ein einzelnes Programm besitzt normalerweise verhältnismäßig wenig Segmente,
  die wiederum relativ groß sein können.

- Bei einem Seitenkonzept benötigt derselbe Auftrag relativ viele Seiten, die ver-
  gleichsweise sehr klein sind (häufig 4 kbyte).

- **Speicherausnutzung**

  Der Speicher läßt sich normalerweise bei einem Seitenkonzept effizienter ausnut-
  zen. Segmente bilden zwar besser die logische Struktur des Programmes ab, sie

sind aber so groß, daß sie u.U. wesentlich mehr als die in der Arbeitsmenge benötigten Daten enthalten. Bei kleinen Seiten kann wesentlich besser dafür gesorgt werden, daß nur die aktuelle Arbeitsmenge eingelagert ist.

- **Prozeßkommunikation** *(Data Sharing)*

  Bei Seitenspeichern können kleinere Datenbereiche gemeinsam benutzt werden, was der Idee minimaler Schnittstellen zwischen zwei Prozessen gerecht wird: Es sollten wirklich nur die von beiden Prozessen benötigten Daten geteilt werden. Diese Möglichkeit kann aber nur durch *Alias*-Versionen einzelner Seitentabellen-Einträge realisiert werden. Dies führt zu einem hohen Arbeitsaufwand des Betriebssystems, das sämtliche *Alias*-Versionen verwalten muß. Weil Seiten sehr viel häufiger als Segmente ein- und ausgelagert werden, ändern sich auch die Basisadressen der Seiten entsprechend häufig und damit auch alle zugehörigen Seiteneinträge.

- **Schutzmechanismen** *(Protections)*

  Zur Implementierung von Schutzmechanismen erscheint eine Segmentierung von Vorteil. Meist beziehen sich Zugriffsrechte auf größere Programmcode- oder Datenmengen, als sie in einer einzelnen Seite enthalten sind. Vielmehr werden sie bestimmten logischen Programmteilen, z.B. einem Code- oder Datenmodul, zugeteilt. Dieser Sichtweise entspricht eher ein segmentorientierter Speicher.

Zu Aufgabe 80: Speicherverwaltung der x86-Prozessoren   (I.5.4)

a) Der Selektor in der logischen Adresse hat den Wert $8CDE. Die oberen 13 Bits bilden den Index, der mit 8 skaliert wird. Damit erhält man die Nummer des Segments in der LDT zu: $8CD8. Unter diesem Index findet man in der LDT den Eintrag: $3397 6600. Addiert man zu diesem den Offset $053 4A00 der logischen Adresse, so erhält man die lineare Adresse: $38CC 0600.

    Das Bit 2 des Selektors ist Das TI-Bit, das hier durch den Wert TI = 1 anzeigt, daß die LDT – und nicht die GDT – angesprochen wird. Die Bits 1, 0 geben die Privileg-Ebene RPL = 10_2 = 2 vor.

b) Die lineare Adresse zerfällt in die drei Teile:

Bit 31 – 22:   00 1110 0011$_2$ = $0E3   Index im STV

Bit 21 – 12:   00 1100 0000$_2$ = $0C0   Index in ST2

Bit 11 – 00: 0110 0000 0000$_2$ = $600   Offset in der Seite

Im STV steht unter dem Index $03E die Basisadresse $54FC9000 der ST2.
In ST2 steht unter dem Index $0C0 die Seiten-Oberadresse $FFC4A.
Daraus ergibt sich die physikalische Adresse durch Konkatenation des Offsets $600:

c) physikalische Adresse: $FFC4A600

d) Hinweis: Alle Seiten sind 4 kbyte groß.

Tabelle	Größe	Adreßbereich
LDT	$D000 = 52 kbyte	$FFC089AA – $FFC159A9
STV	4 kbyte	$A75DC000 – $A75DC3FF
ST1	4 kbyte	$86FDC800 – $86FDCBFF
ST2	4 kbyte	$54FC9000 – $54FC93FF
ST3	4 kbyte	$BD3F5C00 – $BD3F5FFF

Zu Aufgabe 81: Trojanisches-Pferd-Problem   (I.5.5)

Eine mögliche Lösung des Problems ist die Verwendung eines *Conforming*-Segmentes. In diesem Fall kann die Betriebssys temroutine C0 von sämtlichen Privileg-Ebenen aufgerufen werden (vgl. Bild 65). Dabei nimmt die Betriebssystemroutine C0 das *Current Privilege Level* CPL des Prozesses an, von dem sie aufgerufen wurde. Die Betriebssystemroutine arbeitet nach ihrem Aufruf durch den Anwendungsprozeß C3 also auf Ebene 3, was im untenstehenden Bild durch den Prozeß C0' symbolisiert wird. Sie verletzt som it die Zugriffsregeln, sobald sie auf ein Datensegm ent D1 der Ebene 1 zugreift. In diesem Fall generiert der Prozessor eine *Exception*.

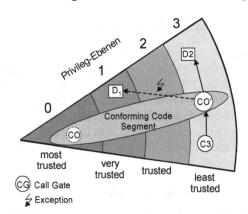

Bild 65: Verwendung eines *Conforming Code Segments*

Zu Aufgabe 82: *Nonconforming Code Segment* (I.5.3)

a) Die Segmentgröße *(Limit)* ist definiert als der größtmögliche Offset. Es gilt damit:

Segmentgröße = Größe des Segments in byte – 1 = $040000 – 1 = $03FFFF.

Für das Zugriffsbyte *(Access Byte)* bekommt man aus der Aufgabenstellung die im folgenden Bild gezeigte Belegung.

P	DPL	S	E	C	R	A
1	1 1	1	1	0	1	0

Hexadezimal ist dies: $FA.

Für den Segment-Deskriptor erhält man daraus die im folgenden Bild dargestellte Belegung:

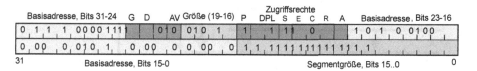

In hexadezimaler Form entspricht dies: $7343FAA1 0300FFFF.

b) Die virtuelle Adresse wird durch den Index, den Tabellenindikator TI und die Privileg-Ebene RPL bestim mt. Mit 250 = $FA erhalten wir die im folgenden Bild gezeigte Belegung.

In Hexadezimal-Schreibweise ist dann der Selektor: $07D3
und damit die komplette logische Adresse:

$07D3 : $022A 0FA3.

Die zugehörige lineare Adresse ergibt sich, indem man Basisadresse und Offset addiert:

$73A1 0300 + $022A 0FA3 = $75CB 12A3.

Zu Aufgabe 83: Berechnung physik. Adressen in 4-Mbyte-Seiten   (I.5.4)

Die Berechnung der physikalischen Adresse in einer 4-Mbyte-Seite ist im Bild 66 dargestellt.

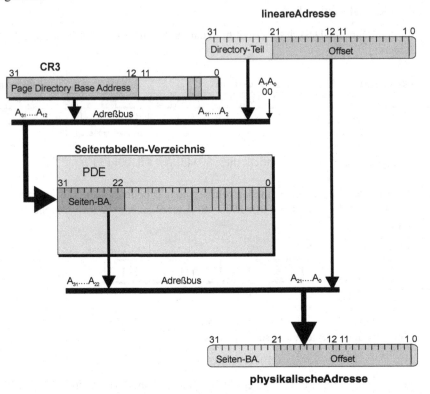

Bild 66: Adressierung bei 4-Mbyte-Seiten

Zu Aufgabe 84: LRU-Ersetzungsstrategie   (I.5.4)

Bei der Seiteneinlagerung (Einlagerung auf Anforderung) wird das *Accessed Bit* zunächst durch die Betriebssoftware zurückgesetzt. Bei jedem Zugriff wird danach das *Accessed Bit* automatisch durch den Prozessor gesetzt. Aufgabe des Betriebssystems ist es nun, dieses Bit in regelmäßigen, verhältnismäßig kurzen Zeitabständen T zurückzusetzen.

Wird nun zu einem beliebigen Zeitpunkt t eine zu opfernde Seite gesucht, dann ist bei diesem Vorgehen gesichert, daß auf Seiten mit gesetztem *Accessed Bit* im Zeitraum [t–T,t] zugegriffen worden ist.

Diese Strategie wird in vielen Betriebssystemen angewendet, um ein LRU-ähnliches Verhalten zu erzielen. Allerdings wird nicht der exakte LRU-Algorithmus implementiert, denn dann müßten die genauen Zugriffszeitpunkte aller im Hauptspeicher eingelagerten Seiten gemerkt werden. Alle Seiten, auf die im genannten Intervall nicht zugegriffen worden ist, sind Kandida ten für eine Ersetzung. Bei diesem „Pseudo-LRU-Verfahren" kann nicht weiter differenziert werden, auf welche dieser Kandidatenseiten am längsten nicht zugegriffen wurde.

Zu Aufgabe 85: Berechnung der physikalischen Adresse   (I.5.4)

a) Ermittlung des Selektors des Eintrags im Seitentabellen-Verzeichnis:
   Der Eintrag im Seitentabellen-Verzeic hnis wird nach Bild I.5.4-6 durch $001F AFFC selektiert. (Die niederstwertige Tet rade entsteht aus den Bits 22 und 23 der linearen Adresse und zwei angehängten ‚0'-Bits: 1100 = $C.)

b) Ermittlung des Eintrags im Seitentabellen-Verzeichnis:
   Die vier Bytes des durch $001F   AFFC selektierten Eintrags im Seitentabellen-Verzeichnis sind: $0020 0025. Darin sind $00200 die oberen 20 Bits der Basisadresse ($0020 0000) der gesuchten Seitent abelle. Der Rest, also $025, legt die zugehörigen Zustandsbits fest. In Binärschreibweise erhalten wir dafür die im folgenden Bild gezeigte Belegung.

verfügbar f. BS			G	PS		A	PCD	PWT	U/S	R/W	P
0	0	0	0	0	0	1	0	0	1	0	1

Darin bedeuten im einzelnen:

P = 1:   die durch den Eint rag spezifizierte Seitentabelle befindet   sich im Hauptspeicher;
R/W = 0:   sie ist nur lesbar;
U/S = 1:   sie befindet sich im Benutzermodus;
PWT = 0:   als Cache-Strategie wird *Write-through* gewählt;
PCD = 0:   die Einträge der Seitentabe lle dürfen in den Cache eingelagert werden;
A = 1:   auf sie ist bereits zugegriffen worden;
PS = 0:   die gewählte Seitengröße ist 4 kbyte;
G = 0:   es liegt keine globale Seite vor.

c) Ermittlung des Seitentabellen-Eintrags:
   Die Nummer $FFC des Seitentabellen-Eintrags erhält m an durch den *Page-Table*-Teil der linearen Adresse (Bits b_{21} bis b_{12}: 1111 1111 11) mit zwei angehängten ‚0'-Bits (s. Bild I.5.4-6). Mit der Seitent abellen-Basisadresse läßt sich nun der Eintrag in der Seitentabelle durch $0020 0FFC selektieren.

d) Ermittlung der physikalische Adresse:
   Im selektierten Eintrag der Seitent abelle findet sich $0030 1006. Die höherwertigen 20 Bits bestimmen wiederum die Basi sadresse der gesuchten Seite; diese ist

also $0030 1000. Durch Konkatenation mit dem Offset $002 der linearen Adresse ergibt sich als physikalische Adresse: $0030 1002. Die Zustandsinformation $006 der Seite ist in Binärschreibweise: 000 0000 0110. Daraus folgt die im folgenden Bild gezeigte Belegung.

verfügbar f. BS			G		D	A	PCD	PWT	U/S	R/W	P
0	0	0	0	0	0	0	0	0	1	1	0

P = 0:   Die gesuchte Seite befindet sich nicht im Hauptspeicher;
R/W = 1:   die Seite darf auch beschrieben werden;
U/S = 1:   die Seite befindet si ch im Benutzermodus, d.h. auf sie darf von Pro-
             zessen aller Privileg-Ebenen zugegriffen werden;
PWT = 0:   als Cache-Strategie wird *Write-through* gewählt;
PCD = 0:   die Daten der Seite dürfen in den Cache eingelagert werden;
A = 0:   auf die Seite wurde noch nicht zugegriffen;
D = 0:   auf die Seite wurde noch nicht schreibend zugegriffen;.
G = 0:   es liegt keine globale Seite vor.

e) Unter der physikalischen Adresse $0030 1002 findet sich der Wert $20.

Zu Aufgabe 86: Adreßraum-Erweiterung (I.5.4)

a) Die Berechnung der physikalischen Adresse in einer 4-kbyte-Seite m   it Adreß-
    raum-Erweiterung PAE ist im Bild 67 gezeigt.

b) maximale Anzahl der verwalteten Seiten
    (PDPTE: *Page-Directory Pointer-Table Entry*, PDE: *Page-Directory Entry*,
    PTE: *Page-Table Entry*)

    - 4-kbyte-Seiten, keine Adreßraumerweiterung:

      1.024 PDEs zu je 1.024 PTEs = 2^{20} 4-kbyte-Seiten;

    - 4-Mbyte-Seiten, keine Adreßraumerweiterung;:

      1.024 PDEs = 2^{10} 4-Mbyte-Seiten;

    - 4-kbyte-Seiten, mit Adreßraumerweiterung:

      4 PDPTEs zu je 512 PDEs zu je 512 PTEs = 2^{20} 4-kbyte-Seiten;

    - 2-Mbyte-Seiten, mit Adreßraumerweiterung:

      4 PDPTEs zu je 512 PDEs = 2^{11} 2-Mbyte-Seiten;

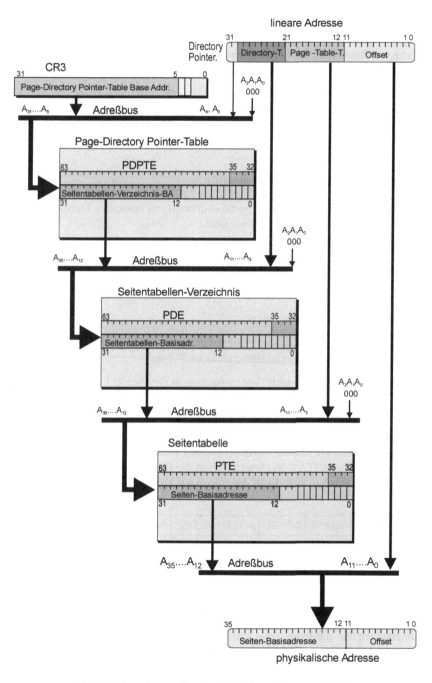

Bild 67: Berechnung der physikalischen Adresse mit PAE

Zu Aufgabe 87: Prozeß-Kontroll-Block   (I.5.6)

a) Wenn ein Prozeß auf der Privileg-Ebene PL $= 2$ gestartet worden ist, kann er niemals in die Privileg-Ebene 3 wechseln. Deshalb gibt es hier keinen Stack für Ebene 3.

b) Wenn der Prozeß auf Ebene 2 block iert wurde, befindet sich der Stackzeiger der Privileg-Ebene 3 auf dem Platz für den St ack der Privileg-Ebene 2 (Bytes 20 – 27 im TSS).

Zu Aufgabe 88: Daten-Adreßgenerator   (I.6.3)

a) i.   Da L0 > 0 ist, wird die Ri ngpuffer-Adressierung selektiert. Dabei findet eine Post-Inkrementierung um M0 $= 3$ statt.

   ii. Die ausgegebene Adreßfolge ist:

        0x1EB8, 0x1EBB, 0x1EBE, 0x1EB9, 0x1EBC, 0x1EBF, 0x1EBA, 0x1EBD, 0x1EB8.

b) i.   Größe des Operandenbereichs:

        $M1 = 0x0800 = 2^{11} = 2^{14-N} \Rightarrow N = 3$,

        d.h. die Größe des Operandenbereichs ist $2^3 = 8$.

   ii. Die Basisadresse BA ist lt. Voraussetzung in bitreverser Form   im Indexregister I1 als Startwert abgelegt. Aus I1 $= 0x075E = 00\ 0111\ 0101\ 1110$, folgt durch Lesen von rechts nach links: BA $= 01\ 1110\ 1011\ 1000 = 0x1EB8$.

   iii. Wegen L1 $= 0$, M1 $= 0x0800$ durchläuft das Indexregister I1 eine Adreßfolge, wie sie durch die lineare Adressierung m it Post-Inkrementierung erzeugt wird. Das Bit 1 im MSTAT-Register aktiviert die Bit-Um kehrlogik (vgl. Bild II.6.3-7). Damit ergeben sich die in der folgenden Tabelle dargestellten Adreßfolgen.

I1	0x075E	0x0F5E	0x175E	0x1F5E	0x275E	0x2F5E	0x375E	0x3F5E	0x075E
OpAdr	0x1EB8	0x1EBC	0x1EBA	0x1EBE	0x1EB9	0x1EBD	0x1EBB	0x1EBF	0x1EB8
RelAdr	0	4	2	6	1	5	3	7	0
BitUmk	0	1	2	3	4	5	6	7	0

Die Zeile RelAdr stellt die unteren drei Adreßbits der Operandenadressen als Dezimalzahlen dar, die letzte Zeile BitUm k diese 3-bit-Zahlen nach der Bitumkehr. Man sieht, daß – wie gewünscht – die relativen Operandenadressen 0 – 7 in bitreverser Form ausgegeben werden.

Zu Aufgabe 89: Schiebe-Normalisier-Einheit   (I.6.3)

a) i. 1. Möglichkeit: SI um 10 Bits logisch nach rechts, Bezug: Bit 0 von SR1 (HI):

      Befehl: SR = LSHIFT SI BY −10 (HI);

      2. Möglichkeit: SI um 6 Bits logisch o. arithmetisch nach links, Bezug: Bit 0 von SR0 (LO):

      Befehl: SR = LSHIFT SI BY 6 (LO);   oder

                      SR = ASHIFT SI BY 6 (LO);

      Das folgende Bild zeigt das Ergebnis für beide Möglichkeiten.

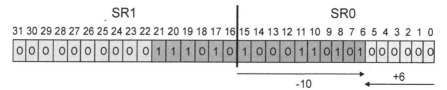

  ii. Eine Möglichkeit: SI um 9 Bits arithmetisch nach rechts verschieben, Bezug: Bit 0 von SR0 (LO).

      Befehl: SR = ASHIFT SI BY –9 (LO);

      Das Ergebnis ist im folgenden Bild dargestellt.

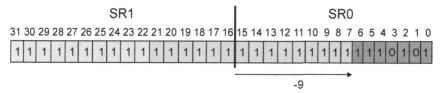

  iii. SI um 12 Bits logisch nach rechts, Bezug: Bit 0 von SR1 (HI), Inhalt von SE: −12:

      Befehl: SR = LSHIFT SI (HI).

      Seine Wirkung ist im folgenden Bild gezeigt.

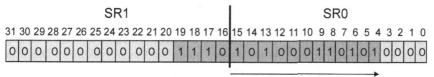

b) Beide Lösungen sind im folgenden Bild dargestellt.

1. Lösung: SR = ASHIFT AR BY 8 (LO);

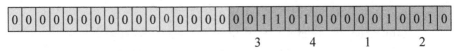

        0   0   3   4

                                                          8

SR = SR OR ASHIFT SI BY 0 (LO);

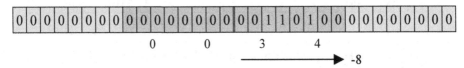

                  3   4   1   2

2. Lösung: SR = LSHIFT AR BY −8 (HI);

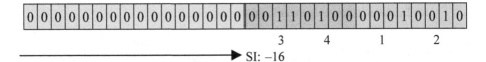

        0   0   3   4

                                            -8

SR = SR OR ASHIFT SI BY −16 (HI);

                  3   4   1   2

                                    SI: −16

Zu Aufgabe 90: DSP-Programmierung (Vektoraddition)   (I.6.3)

a) Da die Längenregister L_i = 0 für alle beteiligten Indexregister sind, kann nur die lineare oder die bitreverse Adressierung vorliegen. Die zuletzt genannte Adressierungsart wird durch die Vorgabe, daß im MSTAT-Register Bit 1 = 0 ist, ausgeschlossen. Alle benutzten Modifizier-R egister haben ei nen W ert ungleich ‚0'. Daraus folgt, daß hier die lineare Adressi erung mit Post-Inkrem entierung für alle drei Speicherbereiche vorliegt.

b) Das Programm lädt in einer Schleife m it 10 Durchläufen jeweils einen Eingabewert aus einem zusam menhängenden Bereich im Program m- und Datenspeicher und addiert diese W erte. Die Sum me wird in einem dritten Speicherbereich abgelegt. Es findet also eine „Vektoraddition" statt. Der Eingabevektor im Datenspeicher belegt den Speicherbereich DM(0x1000) – DM(0x1009), der Eingabevektor im Programmspeicher den Bereich   PM(0x1000) – PM(0x1009). Der Ausgabevektor wird im Datenspeicher unt er den Adressen DM(0x2000) – DM(0x2009) abgelegt.

c) Der Multi-Ladebefehl in Zeile 10 m uß das erste Paar Eingab edaten vorzeitig laden, damit es für die erste Addition in Zeile 12 bereitsteht. Im letzten Schleifendurchlauf wird bereits parallel das letzte Paar von Eingabedaten gelesen. Diese
müssen daher in Zeile 14 außerhalb des Schleifenkörpers gesondert addiert werden. Das Ergebnis dieser letzten Addition kann in Zeile 15 im Speicher abgelegt
werden.

d) Für die Vorbereitung der Schleifenausführung in den Zeile 1 bis 10 werden 10
Taktzyklen benötigt, für die „Nachbereitung" in den Zeilen 14 und 15 zusätzlich
2. Jeder Schleifendurchlauf benötigt 2 Zyklen. Daraus ergi bt sich für n Schleifendurchläufe der Zeitbedarf zu:

$$10 + n \cdot 2 + 2 = 12 + n \cdot 2 \text{ Taktzyklen.}$$

e) Der beschriebene universelle Prozessor benötigt für jeden Schleifendurchlauf die
folgenden sechs zusätzlichen Operationen.

1. Lade R0 mit dem Eingabeoperanden 1.

2. Lade R1 mit dem Eingabeoperanden 2.

3. Addiere R0 und R1, bringe das Ergebnis nach R2.

4. Speichere das Ergebnis R2 ab.

5. Dekrementiere den Schleifenzähler.

6. Verzweige an den Schleifenanfang 1, falls das Ende noch nicht erreicht wurde.

Für n Schleifendurchläufe werden als o wenigstens $n \cdot 6$ Taktzyklen benötigt. Der
beschriebene Mikroprozessor braucht daher ungefähr dreim al so viele Taktzyklen
wie der DSP für die Abarbeitung der Schleife.

Zu Aufgabe 91: DSP-Programmierung (32-bit-Multiplikation)   (I.6.3)

a) $ZH = (ZH_{15}, ZH_{14}, ..., ZH_0)$ Wertigkeit des MSB: -2^0, Format: S

   $ZL = (ZL_{15}, ZL_{14}, ..., ZL_0)$ Wertigkeit des MSB: 2^0, Format: U

   $Z = (Z_{31}, Z_{30}, ..., Z_0)$ Wertigkeit des MSB: -2^0, Format: S

   $Z = 1 \cdot ZH + 2^{-16} \cdot ZL$

b) $P = X \cdot Y = (XH + 2^{-16} \cdot XL) \cdot (YH + 2^{-16} \cdot YL)$

   $= XH \cdot YH + 2^{-16} \cdot (XH \cdot YL + XL \cdot YH) + 2^{-32} \cdot XL \cdot YL$

   $= P3 + (P2 + P1) + P0$ (Diese Bezeichnungen werden für Teil 3 benötigt.)

   Format von: P3: SS, P2: SU, P1: US, P0: UU.

c)

Adresse	Befehl	Kommentar
PM(0x0100)	MX0 = DM(0x3800)	; Z00 laden, L-Wort
PM(0x0101)	MX1 = DM(0x3801)	; Z01 laden, H-Wort
PM(0x0102)	MY0 = DM(0x3802)	; Z10 laden, L-Wort
PM(0x0103)	MY1 = DM(0x3803)	; Z11 laden, H-Wort
PM(0x0104)	I0 = 0x3810	; Zeiger auf Ergebnis
PM(0x0105)	L0 = 0x0000	; lineare Adressierung
PM(0x0106)	M0 = 0x0001	; automatische Modifikation um 1
PM(0x0107)	DIS M_MODE	; *Fractional*-Modus wählen
PM(0x0108)	MR = MX0·MY0 (UU)	; Berechnung von P0 (s.o.)
PM(0x0109)	DM(I0,M0) = MR0	; abspeichern
PM(0x010A)	MR0 = MR1	; P0 um 16 Stellen nach ...
PM(0x010B)	MR1 = MR2	; ... rechts verschieben
PM(0x010C)	MR = MR + MX0 · MY1 (US)	; Berechnung von P1 und Addition
PM(0x010D)	MR = MR + MX1 · MY0 (SU)	; Berechnung von P2 und Addition
PM(0x010E)	DM(I0,M0) = MR0	; abspeichern
PM(0x010F)	MR0 = MR1	; um 16 Stellen nach ...
PM(0x0110)	MR1 = MR2	; ... rechts verschieben
PM(0x0111)	MR = MR + MX1·MY1 (SS)	; Berechnung von P3 u. Addition
PM(0x0112)	DM(I0,M0) = MR0	; Abspeichern des höchst- ...
PM(0x0113)	DM(I0,M0) = MR1	; ... wertigen 32-bit-Ergebnisses
PM(0x0114)		;
PM(0x0115)		;
PM(0x0116)		;

IV.2 Lösungen der Übungen zu Band II

Zu Aufgabe 92: PCI-Bus   (II.1.5)

a) Die Binärdarstellung der Adresse – in die verschiedenen Bitfelder unterteilt – lautet nach Bild II.1.5-9:

1	0000000	00000011	00101	000	001100	01
Enable	reserviert	Busnummer	Gerät	Funktion	Register	Typ

Daraus ergeben sich die Antworten auf gestellten Fragen zu:

- Busnummer: 3
- Gerätenummer: 5
- Funktionsnummer: 0
- Register: 12

Im Register 12 (m it den Byteadressen: \$30 – \$33) des Konfigurationsbereichs ist die Basisadresse des Erweiterungs-ROMs eingetragen. Der Lesezugriff liefert als 32-bit-Wert: \$0180 0000.

b) Durch das Einschreiben des W ertes \$FFFF FFFE wird die Kartensteuerung dazu aufgefordert, die Größe des ROM-Bereichs (\$80 0000) zu überm itteln. Als Antwort auf den folgenden L esebefehl auf das CONFIG_DATA-Register wird dieser Wert von der Kartensteuerung zur Host-Brücke ausgegeben, die ihn ihrerseits zum Prozessor überträgt.

Zu Aufgabe 93: SCSI-Bus   (II.1.6)

a)

Phase	Abkürzung	BSY#	SEL#	MSG#	I#/O	C#/D
Bus free	BF	0	0	0	0	0
Arbitration	AR	1	0	0	0	0
Selection	SEL	1	1	0	0	0
Command	CMD	1	0	0	0	1
Data in	DI	1	0	0	1	0
Data out	DO	1	0	0	0	0
Status	ST	1	0	0	1	1
Message in	MI	1	0	1	1	1
Message out	MO	1	0	1	0	1

b)

Takt	Phase	Erklärung	I/T
1	BF	Busfreigabe durch alle Initiatoren in spe	I
2	AR	Arbitration: ID7 und ID5 bewerben sich um den Bus, ID7 siegt	I, T
3	SEL	ID7 identifiziert sich und wählt ID3 als Target	I
4	MO	Identifizierungsnachr.: LUN 1 gewählt, Unterbrechung erlaubt	I⇒T
5	MO	erweiterte Nachricht	Verhandlung über synchrone oder asynchrone Übertragung
6	MO	noch drei Bytes folgen	
7	MO	synchrone Übertragung gewünscht	I⇒T
8	MO	min. Dauer pro Byte: 33 · 4 ns = 132 ns	
9	MO	REQ/ACK-Offset 15 gewünscht	
10	MI	erweiterte Nachricht	Antwort auf Verhandlung über synchrone oder asynchrone Übertragung
11	MI	noch drei Bytes folgen	
12	MI	synchrone Übertragung akzeptiert	T⇒I
13	MI	min. Dauer pro Byte: 35 · 4ns = 140 ns	
14	MI	REQ/ACK-Offset 7 akzeptiert	
15	MO	erweiterte Nachricht	Verhandlung über Übertragungsbreite
16	MO	noch zwei Bytes folgen	
17	MO	Anfrage auf breite Übertragung	I⇒T
18	MO	gewünschte Datenbusbreite 16 bit	
19	MI	erweiterte Nachricht	Antwort auf Verhandlung über Übertragungsbreite
20	MI	noch zwei Bytes folgen	
21	MI	Anfrage auf breite Übertragung	T⇒I
22	MI	nur 8 bit Datenbusbreite akzeptiert	
23	CMD	6-byte-Befehl, Lesen eines Datenblocks	Befehl: Lesen von zwei Datenblöcken ab logische Blockadresse LBA = $1B178
24	CMD	LUN 1 selektiert, LBA: $1	
25	CMD	LBA: $B1	I⇒T
26	CMD	LBA: $78	
27	CMD	Länge: 2 Blöcke zu je 512 byte = 1024 byte	
28	CMD	Steuerbyte: keine Verkettung, kein Flag	
29	DI	1. Datum: $F5	Datenübertragung vom Target zum Initiator über unteren Datenbus
30	DI	2. Datum: $3D	
....	DI	....	T⇒I
1052	DI	1024. Datum: $97	
1053	ST	Statusmeldung: *Good*, Befehl erfolgreich abgearbeitet	T⇒I
1054	MI	Ein-Byte-Nachricht: Befehl beendet *(Command Complete)*	T⇒I
1055	BF	Bus freigegeben	I

Zu Aufgabe 94: USB   (II.1.7)

a) 12 Mbit/s entsprechen 12 kbit = 1,5 kbyte pro ms

Pro 1-ms-Zeitrahmen können also 1,5 kbyte übertragen werden.

b) Erforderliche Übertragungsrate: $44.100 \cdot 2 \cdot 2$ byte/s = 176.400 byte/s

Dies entspricht: 176,4 byte ≈ 1.411 bit pro Zeitrahmen.

Es reicht also ein Zeitschlitz von 0,118 ms des 1-ms-Zeitrahmens.

c)

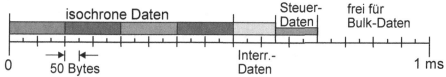

zu i.   200 kbyte/s entsprechen 200 byte pro Rahmen.

zu ii.   10 % von 1500 byte pro Rahmen entsprechen 150 byte pro Rahmen

Für die Bulk-Übertragung bleiben daher $1.500 - 4 \cdot 200 - 2 \cdot 150 = 400$ byte pro Rahmen frei.

d) Nach c) können in jedem Rahmen höchstens 400 byte als Bulk-Daten übertragen werden. Daher werden für die 12 Mbyte = 12.582.912 byte der Bilddaten 31.458 Zeitrahmen benötigt. Bei einer Frequenz von 1.000 Rahmen/s entspricht dies einer Übertragungsdauer von wenigstens 31,5 s.

e) Nach Abschnitt II.1.7 können im Bulk-Modus maximal $19 \cdot 64 = 1.216$ byte pro Rahmen übertragen werden. Für die 12.582.912 byte der Bilddaten werden also:

12.582.912/1.216 ≈ 10.348 Rahmen benötigt.

Dies entspricht einer Übertragungsdauer von 10,348 s.

Zu Aufgabe 95: CAN-Bus (Arbitrierung)   (II.I.9)

a)   i.

Nr.	Bitfolge (hexadezimal)	Format (S/E)	Kennung (hex.)	Rahmentyp (D/A)	Datenfeldlänge (DLC)
1	$4339AC5D00	E	$8339AC5D	A	0
2	$39A18ABCDE	S	$39A	D	6
3	$FE9BDCFE10	E	$FE9BDCFE	D	4
4	$3A7A725900	E	3A7A7259	A	0
5	$3C716ADEF0	S	$3C7	D	5

ii. Ungültige Kennung: Nr. 3, weil die oberen 7 Bits säm tlich rezessiv, also ‚1'
sind.

iii.

1.	0	**1**	0	0	0	0	1	1	0	0	1	1
2.	0	0	1	1	1	0	0	1	1	0	1	0
3.	**1**	1	1	1	1	1	1	0	1	0	0	1
4.	0	0	1	1	1	0	**1**	0	0	1	1	1
5.	0	0	1	1	1	**1**	0	0	0	1	1	1

Buszustand: 0 0 1 1 1 0 0 1 1 0 1 0

(Die fettgedruckten Stellen zeigen an, wann   die zugehörigen Nachrichten
unterliegen und ausscheiden.)

Reihenfolge: 3 – 1 – 5 – 4

iv. AKR = 00111001_2 = \$39,   da es mit den oberen 8 Bits der Kennu ng überein-
stimmen muß.

ALCR = 00000000_2 = \$00, da jede Stelle an der Auswahl beteiligt sein m uß,
also keine Stelle maskiert werden darf.

v. ALCR = 23 = \$17,   da dieser Knoten in der Bitposition 6 von links
unterliegt, die dem Identifikationsbit ID23 ent-
spricht.

b) Angenommene Übertragunsrichtung: linkes Bit zuerst!

i. ___Sender_____CAN-Bus_____

00100111011111010000000000110... $\Rightarrow$ 00100111011111**0**1010000001000001110

ii. ___CAN-Bus_____Empfänger_____

10100000**1**0011111**0**001000001**0**110... $\Rightarrow$ 101000000011111001000000110.........

c) i.

Nr.	1	2	3	4	5	6	7	8	9	10	11	12	13
Kennung	k	k	f	k	f	k	k	k	f	k	k	k	k
Zähler	0	0	8	7	15	14	13	12	20	19	18	17	16

ii. Im Mittel m üssen nach jeder fehlerhaft en Nachricht wenigstens 8 fehlerfreie
gesendet werden, um die Erhöhung des Fehlerzählers um 8 wieder rückgängig
zu machen. Daraus folgt, daß im Mittel höchstens jede 9. Nachricht fehlerhaft
sein darf. Dies entspricht einem Prozent von ca. 11 %.

Zu Aufgabe 96: CAN-Bus (Nachrichtenempfang)   (II.1.9)

a)

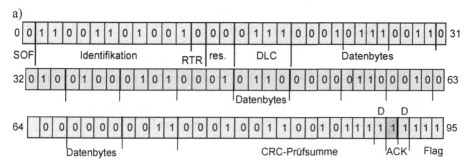

(RTR: Remote Transmission Request, DLC: Data Length Field,
ACK: Acknowledge, D: Delimiter Bit)

b) Datenbytes in Hexadezimaler Form: $17324516062003

   Urzeit (hh:mm:ss):   17:32:45
   Datum (TT.MM.JJJJ):   16.06.2003

c) Nein, da das ausgesendet ACK-Bit im mer noch im rezessiven Zustand („1') ist,
   also von keinem Empfänger in den dominanten „0'-Zustand verändert wurde.

d) ID1 = $CD2

e) ID1 = 11001101 0010
   ID2 = 110011100111

   Die Nachricht der Funkuhr set zt sich im (unterstrichenen) Bit ID22 durch und
   wird daher zuerst übertragen.

f)   ID1 = 11001101 (0010)
   Äquivalenz   AKR = 11111100
                                  11001110
   Oder-Verknüpfung: AMR = 00110001
   Und-Verknüpfung: 11111111   ⇒   1

   Die Und-Verknüpfung über die Ergebnisbits liefert den W ert „1'. Also wird die
   Nachricht akzeptiert.

Zu Aufgabe 97: CAN-Bus (Nachricht senden)   (II.1.9)

a) i.   ──────────▶   Zeit
$$ID_A = \$772 \quad = \quad 0111\ 0111\ 0010$$
$$ID_B = \$62E \quad = \quad 0110\ 0010\ 1110 \qquad \text{Nachricht A unterliegt B im 4. über-}$$
tragenen Bit
$$ID_C = \$967 \quad = \quad 1001\ 0110\ 0111 \qquad \text{Nachricht C unterliegt allen anderen}$$
im 1. Bit
$$ID_D = \$61C \quad = \quad 0110\ 0001\ 1100 \qquad \text{Nachricht B unterliegt D im 7. über-}$$
tragenen Bit

Also ergibt sich die Übertragungsreihenfolge: D, B, A, C.

ii. Nachricht B unterliegt A im 4. Bit, also Bit ID25. Daher steht im   ALCR der
Wert 25, d.h. ALCR = 25 = $19.

iii. Das letzte (rechte) Bit ist das RTR-Bit *(Remote Transmission Request)*. Es ist
nur bei Nachricht C rezessiv (‚1‘), sonst dom inant (‚0‘). Also fordert nur die
Nachricht C Daten an; A, B, D hingegen übertragen selbst Daten.

iv. Durch AMR werden die unteren drei Bits des AKR-Inhalts zu *don't cares* er-
klärt. Daher werden alle Nachrichten akzeptiert, die mit der Bitfolge ‚0110 0‘
beginnen. Dies sind die Nachrichten B und D.

v. Wie unter iv. hergeleitet, müssen alle akzeptierten Nachrichtenidentifikationen
mit der Bitfolge ‚0110 0‘ beginnen. Daraus ergibt sich in binärer Form der gesuchte Bereich zu: 0110 0000 0000 bis 0110 0111 1111
oder hexadezimal: $600 bis $67F.

b) Der 6stellige Temperaturwert T in BCD-Darstellung belegt 3 Bytes. Für den angegebenen Wert gilt:

$$-32{,}65°C \equiv \$10\ 32\ 65 = 0001\ 0000\ 0011\ 0010\ 0110\ 0101\ .$$

Die vorgegebene Identifikation ist: $65E = 0110 0101 1110.

Weiterhin sind: SOF = 0, RTR = 0, DLC = $3 = 0011.

Die Anzahl der ‚1‘-Bits bis zum CRC-Feld ist als BCD-Zahl

17 = $0017 = 000 0000 0001 0111.

Daraus ergibt sich die Nachricht als Bitfolge zu:

0 01100101111 0   00 0011 00010000001100100110 0101
SOF Identifikation RTR DLC   Daten

0000000000101111*l* 1*l* 1111111
CRC   ACK Flag   *(l: Delimiter Bit)*

In Hexadezimal-Darstellung lautet die Nachricht: $32F062064CA005FFF

Zu Aufgabe 98: Speicherorganisation (II.2.2)

a) Für n = 13 hat die Adresse die Form A_{12}, ..., A_0. Also ist
m = 2^{13} = 8.192 = 8 k, d.h. es liegt ein 8k×8-bit-Speicher (8 kbyte) vor.

Aus 8.192 · 8 = 2^{16} = $2^8 \cdot 2^8$ ergibt sich eine quadratische Aufteilung der Speichermatrix in jeweils 2^8 (= 256) Zeilen und Spalten.

Also ist (i + 1) = 8.   Zeilenadresse: (A_7, ..., A_0),

Spaltenadresse: (A_{12}, ..., A_8).

Für die Anzahl der Leitungen pro Bündel ergibt sich: K = $2^8/8$ = 32.

b) Die Schaltung ist im Bild 68 dargestellt.

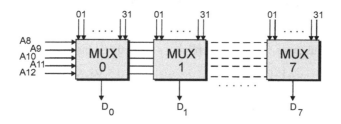

Bild 68: Multiplexer-Schaltnetz

Zu Aufgabe 99: Speicherzellen (mit Ohmschen Widerständen) (II.2.3)

Im Bild 69 ist eine Lösung mit Widerständen skizziert.

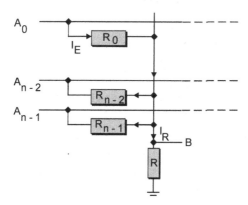

Bild 69: Speicherzellen mit Koppelwiderständen

Der Strom I_E, der in die selekt ierte Auswahlleitung A_0 eingespeist wird, fließt nicht nur über den Abschlußwiderstand R des Leseverstärkers, sondern auch über die Koppelwiderstände R_i der nicht selektierten Zeilen ab. Denn die liegen ja auf Massepotential. Daraus resultiert eine große Strom aufnahme der Speicherm atrix und ein kleiner Spannungsabfall über den Widerständen R.

Zu Aufgabe 100: EPROM-Baustein   (II.2.4)

a) Kapazität: 64 kbit = 8 kbyte
   Organisation: 8k × 8 bit

b) Plastik-DIP-Gehäuse *(Dual-in-line Package)* m it 28 Anschlüssen, davon einer ohne Verbindung zum Chip *(No Connection – NC)* ode r PLCC-Gehäuse *(Plastic Leaded Chip Carrier)* mit 32 Anschlüssen, davon 3 NC.

c) Betriebsspannung: $V_{CC} = +5$ V ± 5 %

d) Eingang-/Ausgangs-Spannungsbereich: $-0{,}6$ V bis 7 V

e) Eingänge: L-Pegel: $-0{,}5$ V $\leq V_{IL} \leq +0{,}8$ V
                H-Pegel: $2{,}0$ V $\leq V_{ICH} \leq V_{CC} + 0{,}5$ V
   Ausgänge: L-Pegel: $V_{OL} \leq 0{,}45$ V
                H-Pegel: $2{,}4$ V $\leq V_{OH}$

f) Der Baustein unterscheidet zwei *Standby*-Modi m it unterschiedlichen Strom aufnahmen:
   CMOS-Modus: $U_{CE} = V_{CC}$ ($\pm 0{,}3$ V), Stromaufnahme: 100 µA,
                Leistungsverbrauch: 500 µW.

   TTL-Modus: $U_{CE} = V_{IH}$ ($\geq 2{,}0$ V), Stromaufnahme: 1 mA,
                Leistungsverbrauch: 5 mW.

g) Zugriffszeit: 55 ns $\leq t_{ACC} \leq$ 250 ns je nach Typ.
   Die Typbezeichnung Am27X64-55 steht für eine Zugriffszeit von 55 ns.

h) An CE# m uß ein L-Pegel, also V_{IL}, liegen, damit der Baustein selektiert ist, und OE# muß ebenfalls auf L-Pegel sein, damit die Ausgangstreiber aktiviert sind. Für die *Output Hold Time* gilt: min $t_{OH} = 0$ ns, d.h. das Datum darf unm ittelbar nach Rücknahme der Steuer- oder Adreßsignale ungültig werden.

i) Die Adressen müssen wenigstens für die Zeit t $_{ACC}$ bis t_{OE} stabil anliegen. Dam it erhält man für:
   Am27X64-55: $t_{ACC} - t_{OE} = 55 - 35$ ns $= 20$ ns,
   Am27X64-255: $t_{ACC} - t_{OE} = 250 - 50$ ns $= 200$ ns.

j) Die m aximale Verzöger ung *(Delay)* vom Anliegen des CE-Signals am Baustein bis zur Ausgabe des Datums beträgt für den Am27X64-55 $t_{CE} = 55$ ns (und stimmt daher mit der Zugriffszeit t_{ACC} überein). Also liegt das Datum spätestens nach der Zeit $t_{DEC} + t_{CE} = 65$ ns an den Ausgängen vor.

k) Der Prozessor muß 6 Wartezyklen einlegen, da erst für diese Anzahl von Warte-zyklen

$$t_{BC} + 6 \cdot t_W = 70 \text{ ns} \geq t_{DEC} + t_{CE} = 65 \text{ ns}$$

gilt. (t_{BC}: Buszykluszeit, t_W: Wartezyklus)

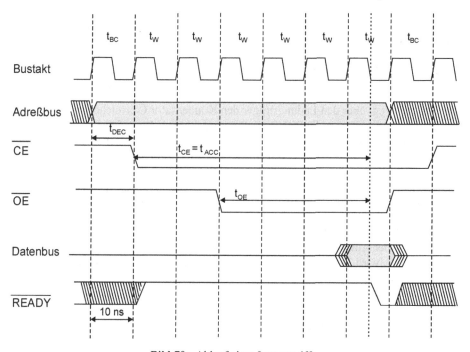

Bild 70: Ablauf eines Lesezugriffs

Zu Aufgabe 101: Statische CMOS-Zelle   (II.2.4)

Das Ansprechen der Zelle geschieht durch ein H-Potential auf der Auswahlleitung A. Dadurch werden beide Koppeltransistoren T_4 und T_5 leitend.

Lesen

Ist z.B. T_0 gesperrt und somit T_2 leitend, so werden durch die Rückkopplung des *Drain*-Potentials von T_0 auf das *Gate* von T_1 dieser leitend und T_3 gesperrt. In diesem Fall liegt über die Koppeltransistoren T_4 bzw. T_5 ein L-Potential auf der Bitleitung B_1 und ein H-Potential auf der Bitleitung B_0.

Schreiben

Werden z.B. die Bitleitungen B$_0$ auf H-Potential, B$_1$ auf L-Potential gelegt, so liegt auch am Gate von T$_1$ und T$_3$ hohes Potential. Daher schaltet T$_1$ durch, und T$_3$ sperrt. Am *Drain*-Anschluß von T$_1$ liegt über T$_5$ Massepotential, das auf das *Gate* von T$_0$ und T$_2$ zurückgekoppelt wird. Es sorgt dafür, daß T$_0$ sperrt und T$_2$ leitet. Nach Abschalten der Spannung auf A bleibt dieser Zustand der Transistoren erhalten, obwohl in der Zelle (bis auf Reststöm e) kein Strom fließt, in jedem Transistorpaar (T$_0$, T$_2$) bzw. (T$_1$, T$_3$) sperrt nämlich immer ein Transistor.

Zu Aufgabe 102: Dynamische 3-Transistor-Speicherzelle   (II.2.4)

Beschreibung der Funktion

Schreiben

Der einzige Weg, über den Ladungsträger den Kondensator C erreichen oder von dort abfließen können, ist über die Bitleitung B$_Y$ und den Schalttransistor T$_Y$. Dazu muß die Auswahlleitung Z$_Y$ auf H-Potential gelegt werden, so daß T$_Y$ leitet. Liegt am Eingang B$_Y$ H-Potential, so wird C aufgeladen; liegt dort L-Potential, so wird C entladen.

Lesen

Durch den Kondensator C wird der Zustand des Transistors T$_{SP}$ festgelegt: Ist C geladen, so leitet T$_{SP}$; ist C entladen, so sperrt T$_{SP}$. Über den Schalttransistor T$_X$ und die Bitleitung B$_X$ kann der Zustand von T$_{SP}$ abgefragt werden. Dazu muß T$_X$ durch ein H-Potential auf der Auswahlleitung Z$_X$ in den leitenden Zustand versetzt werden. Ist nun T$_{SP}$ leitend, so wird B$_X$ auf Massepotential heruntergezogen. Falls T$_{SP}$ jedoch sperrt, so wird B$_X$ über den Widerstand R auf H-Potential gehalten.

a) X = Lesen, Y = Schreiben.

b) R/$\overline{W}$ wird dem Und-Gatter der Z$_X$-Leitung direkt, dem Und-Gatter der Z$_Y$-Leitung invertiert zugeführt (s. Bild 71).

c) Nein, da der Zustand des Transistors nur am *Drain*-Anschluß abgefragt wird und keine Ladungsträger von der *Gate*-Kapazität über den SiO$_2$-Isolator des Transistors abfließen können.

d) Ja, denn wie bei der 1-Transistor-Zelle fließen auch hier Ladungsträger als Leckstrom durch den gesperrten Transistor T$_Y$ zur Bitleitung B$_Y$ ab.

e) Siehe Bild 71. Die Bitleitung B$_X$ muß invertiert werden, um die ursprünglich eingeschriebene Information wieder zu erhalten.

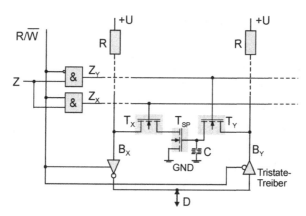

Bild 71: Vollständige 3-Transitorzelle mit Ansteuerung

Zu Aufgabe 103: Leseverstärker für dynamische RAMs   (II.2.4)

Der qualitative Verlauf aller wich tigen Signale für das Lesen der gewünschten Speicherzellen ist im Bild 72 dargestellt.

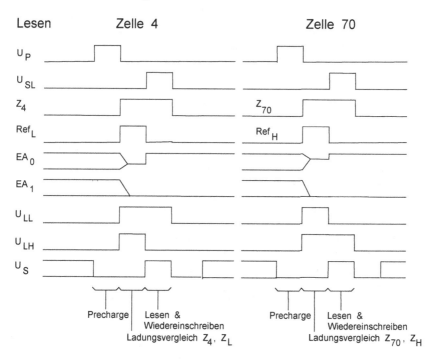

Bild 72: Qualitativer Verlauf der wesentlichen Signale

Zu Aufgabe 104: Bank- und Seitenadressierung   (II.2.6)

a) i. Da nach Voraussetzung die m eisten Zugriffe auf ganze Speicherwörter stattfinden, sollte zwischen konsekutiven Zugriffen dieser Art jeweils ein   Bankwechsel stattfinden. Daraus folgt, daß das niederwertige Bankauswahlsignal
BS_0 mit dem Adreßsignal A_m belegt werden muß. Für die Selektion einer von
2^s Bänken werden insgesam t s Signale BS_{s-1}, ..., BS_0 benötigt. Die Organisation der DRAMs geht hier nicht in die Rechnung ein. Dam it ergibt sich für die
Wahl der Adreßsignale:

$$BS_{s-1}, ..., BS_0 = A_{m+(s-1)}, ..., A_{m+0} = A_{m+s-1}, ..., A_m$$

   ii. Es sind: m = 3, s = 2. Daraus folgt: $(BS_1, BS_0) = (A_4, A_3)$

b) i. Eine Seite der DRAMs enthält 2^{p-3} byte. Damit enthält jede Seite

$$2^{p-3}/2^q = 2^{p-3-q}$$

Daten der Länge $n = 2^q$ byte, auf die durch di e gleiche Anzahl von konsekutiven Adressen zugegriffen werden kann. Beim   vorausgesetzten wortweisen
Zugriff auf die Speicherbänke we rden m it jeder Adresse $M = 2^m$ byte ange-
wählt, so daß eine bestimmte Zeilenadresse in einer Speicherbank

$$2^{p-3-q} \cdot 2^m = 2^{p-q+m-3}$$

Bytes selektiert. Diese werden durch die niedrigen (p–q+m –3) Adreßsignale
$A_{p-q+m-4}$, ..., A_0 angesprochen. Dam it ergibt sich für das erste Bankauswahlsignal:

$$BS_0 = A_{p-q+m-3}$$

Insgesamt ergibt sich für die Auswahlsignale:

$$BS_{s-1}, ..., BS_0 = A_{m+(s-1)}, ..., A_{m+0} = A_{p-q+m+s-4}, ..., A_{p-q+m-3}.$$

   ii. Der Seitengröße 4.096 bit entspricht p = 12. Die RAM-Datenbreite n = 16 bit
= 2 byte führt zu q = 1, die Speicherbreite von M = 4 byte zu m = 2. Für zwei
Speicherbänke erhält m an s = 1. Nun haben wir alle Daten zusam men, um die
Adreßleitungen zur Bankauswahl zu bestimmen:

$$BS_0 = A_{10}$$

Da nur zwischen zwei Bänken um geschaltet werden muß, wird nur dieses
Adreßsignal zur Bankauswahl benötigt.

Zu Aufgabe 105: Interrupt-Controller (Steuerregister)   (II.3.2)

CE-Bit

In seiner Wirkung entspricht dieses Bit dem CE#-Eingang eines Peripheriebausteins.
Jedoch gestattet es, den Baustein softwa remäßig (für gewisse Zeiten) abzuschalten.
Dadurch werden alle Unterbrechungsanforderungen an seinen Eingängen unter-
drückt.

I/P-Bit bzw. ENI-Eingang

Durch diese wird nur die W eitergabe einer Unterbrechungsanforderung zum Prozessor gesteuert. Die Bausteineingänge bleiben jedoch stets aktiviert, und die   Anforderungen werden in den Registern gespeichert und ausgewertet.

Zu Aufgabe 106: Interrupt-Controller (im PC)   (II.3.2)

a) Das folgende Bild 73 zeigt die geforderten Verbindungen zwischen den Interrupt-Controllern.

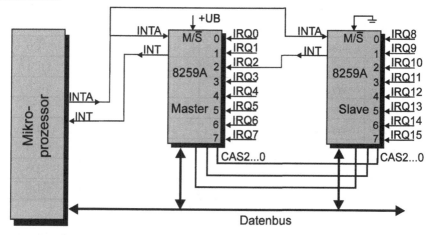

Bild 73: Verbindungen zwischen den Interrupt-Controllern

b) Erklärungen zur Lösung in der folgenden Tabelle:

- Die Controller werden im *Special Nesting Mode* betrieben, daher besitzen die Eingänge jedes Controllers für sich eine aufsteigende Prioritätenreihenfolge und die Interrupts des Slave-Controllers „drängen" sich zwischen die Interrupts IRQ1 und IRQ3 des Masters. IRQ2 hat keine   eigene Priorität, da er durch jeden Interrupt des anhängenden Slaves mit dessen Priorität ersetzt wird.

- Die Interruptvektor-Nummern ergeben sich durch das Anhängen der IR-Eingangsnummern an die vorgegebenen Startwerte $08 (Master) und $70 (Slave).

- Die relativen Adressen der Interruptvekt oren – bezogen auf die Basisadresse der IVN-Tabelle – bekommt man durch Multiplikation der IVN m it der Länge der Interruptvektoren, also hier IVL = 4 byte.

Signal	Komponente	Priorität	INT $n	rel. Adresse
IRQ0	Timer 0	0	08	$020
IRQ1	Tastatur	1	09	$024
IRQ2	Slave-PIC	–	–	–
IRQ3	serielle Schnittstelle 2 (COM2)	10	0B	$02C
IRQ4	serielle Schnittstelle 1 (COM1)	11	0C	$030
IRQ5	parallele Schnittstelle 2 (LPT2)	12	0D	$034
IRQ6	Disketten-Controller	13	0E	$038
IRQ7	parallele Schnittstelle 1 (LPT1)	14	0F	$03C
IRQ8	Echtzeituhr	2	70	$1C0
IRQ9	reserviert	3	71	$1C4
IRQ10	reserviert	4	72	$1C8
IRQ11	reserviert	5	73	$1CC
IRQ12	reserviert	6	74	$1D0
IRQ13	Coprozessor	7	75	$1D4
IRQ14	Festplatten-Controller	8	76	$1D8
IRQ15	reserviert	9	77	$1DC

c)

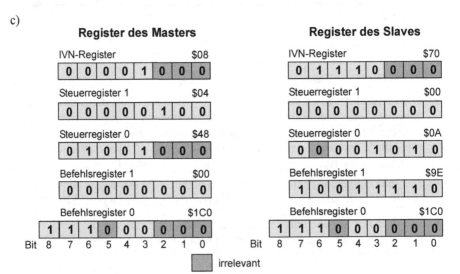

Zu Aufgabe 107: Timer (Zählmodi)   (II.3.4)

Die Länge der Zählzyklen sind in der folgenden Tabelle angegeben. Die Addition der
‚1' ist jeweils nötig, da voraussetzungsgemäß jeder Zählzyklus erst mit dem Ende des
Nullzustandes abgeschlossen ist.

	16 bit	2 × 8 bit
dual	$4749 + 1 = 18.250	($47+1) · ($49+1) = 72 · 74 = 5.328
BCD	4749 + 1 = 4.750	(47+1) · (49+1) = 48 · 50 = 2.400

Zu Aufgabe 108: Timer (Frequency Shift Keying)   (II.3.3)

a) i. Betriebsmodus 1: $1110\ 0110_2 = \$E6$

   ii. Betriebsmodus 2: $1011\ 0100_2 = \$B4$

b) Für a) i. Betriebsmodus 1:

   G = 0:

   Länge des Intervalls: ($28 + 1) · ($9F + 1) = 41 · 160 = 6.560 Takte

   Zählzykluszeit: $T_0 = 6.560 · 1/T = 6.560 · 1/1$ MHz = 6.560 · 1 µs = 6,56
ms

   G = 1:

   Länge des Intervalls: ($05 + 1) · ($13 + 1) = 6 · 20 = 120 Takte

   Zählzykluszeit: $T_1 = 120 · 1/T = 120 · 1/1$ MHz = 120 · 1 µs = 0,12 ms

   Für a) ii. Betriebsmodus 2:

   G = 0:

   Länge des Intervalls: $289F + 1 = 10.400 Takte

   Zählzykluszeit: $T_0 = 10.400 · 1/T = 10.400 · 1/0,2$ MHz

                         = 10.400 · 5 µs = 52 ms

   G = 1:

   Länge des Intervalls: $0513 + 1 = 1.300 Takte

   Zählzykluszeit: $T_1 = 1.300 · 1/T = 1.300 · 1/0,2$ MHz

                         = 1.300 · 5 µs = 6,5 ms

Die Impulsdauer des *Strobe*-Signals beträgt einen Takt, d.h. 0,25 µs.

Beachten Sie in der folgenden Skizze die unterschiedlichen Zeit,maßstäbe.

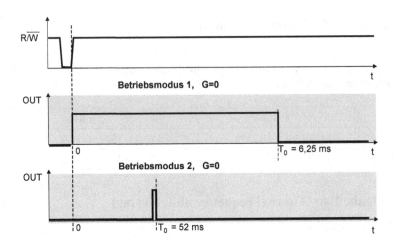

c) $C1 = 1100\ 0001_2$

Der Timer wird auf den folgenden Modus programmiert:
Interner Takt, auf 1:8 heruntergeteilt, 16-bit-Zählmodus, periodischer Zählbetrieb,
Interrupt zum Prozessor aktiviert, Ausgang des Timers freigegeben.

d) $G = 0$:

Länge des Intervalls: $28F9 + 1 = 10.400$ Takte

Zählzykluszeit: $T_0 = 10.400 \cdot 8 \cdot 1/T = 10.400 \cdot 8 \cdot 1\ \text{MHz}$

$\qquad = 10.400 \cdot 8 \cdot 1\ \mu s = 83.200\ \mu s = 83,2\ \text{ms}$

$G = 1$:

Länge des Intervalls: $0513 + 1 = 1.300$ Takte

Zählzykluszeit: $T_1 = 1.300 \cdot 8 \cdot 1/T = 1.300 \cdot 8 \cdot 1\ \text{MHz}$

$\qquad = 1.300 \cdot 8 \cdot 1\ \mu s = 10.400\ \mu s = 10,4\ \text{ms}$

Verhältnis: $T_0 : T_1 = 8$

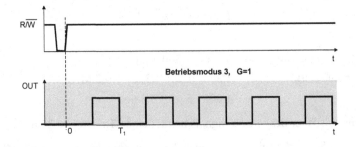

Zu Aufgabe 109: Timer (Wobbel-Generator)   (II.33)

a) Der Skizze ist zu entnehmen, daß das Signal durch das Lese-/Schreibsignal R/W getriggert und nicht periodisch ausgegeben wird. Nach den Ausführung im Kapitel II.3.4 kann daher nur der Monoflop-Betrieb im 2×8-Zählmodus vorliegen.

Die Länge des positiven Impulses IL wird durch das L-Byte des Zählers gegeben. IL kann maximal 256 Zählschwingungen lang sein, beim internem 1-MHz-Takt wären das nur 256 μs. Also muß der interne Frequenzteiler *(Prescaler)* 1:8 aktiviert sein.

Aus IL = 1,6 ms = 8 · 200 μs ergibt sich ein Wert für den LSB-Zähler von $AW_{LSB} = 200 - 1 = 199 = \$C7$. Aus der Zeit V = 320 ms bis zur Ausgabe des Impulses folgt dann:

$$V = (AW_{MSB} + 1) \cdot IL \Rightarrow AW_{MSB} = V/IL - 1 = 200 - 1 = 199 = \$C7.$$

Also muß das Auffangregister vor dem Zähler mit dem Anfangswert AW = \$C7C7 geladen werden.

Für das Steuerregister CR ergibt sich aus dem Gesagten: CR = \$E7.

OE	IE	FIC		CM	CL	PR
1	1	1	0	0	1	1	1

b) Der minimalen Frequenz entspricht die maximale Schwingungsdauer, die beim maximalen Anfangswert des Zählers \$FFFF erreicht wird. Im 16-bit-Modus werden 65.536 Takte bis zum Zustandswechsel am Ausgang OUT gezählt. Im 2×8-bit-Modus findet hingegen bereits während des Zählzyklus – also früher – der Übergang statt. Durch den 1:8-Prescaler wird die Länge des Zählzyklus vergrößert. Aus diesen Angaben ergibt sich für die Programmierung des Steuerregisters CR = \$C3.

OE	IE	FIC		CM	CL	PR
1	1	0	0	0	0	1	1

Eine Schwingungsdauer am Ausgang OUT berechnet sich aus zwei Zählzyklen des Timers. Für die maximale Schwingungsdauer gilt:

$$D = 2 \cdot (AW+1) \cdot 8 \cdot 1 \ \mu s = 1.048.576 \ \mu s \approx 1 \ s.$$

Die minimale Frequenz ergibt sich daraus näherungsweise zu 0,95 Hz.

c) Der Zustand des „laufenden" Zählers im Timer muß sich spätestens nach der maximalen Taktdauer von 8 · 1 μs ändern. Im Programm(stück) kann daher der Zählerzustand gelesen und in einem Register abgelegt werden. Das Programm muß danach eine Zeitverzögerung von wenigstens 8 μs erzeugen (z.B. durch eine Zählschleife oder einen weiteren Timer) und dann den neuen Zählerzustand ermitteln. Nur dann, wenn dieser mit dem abgespeicherten Wert übereinstimmt, war der Zähler zwischenzeitlich gestoppt.

Problematisch kann dieses „Verfahren" jedoch dann werden, wenn der Zählzyklus so kurz ist, daß während der Zeitverzögerung bereits ein Zählzyklus endet und nach der erneuten Initialisierung die Abfrage des Zählers zufällig wieder den gleichen Wert ergibt. Dann wird ein „Stillstand" des Timers vorgetäuscht. Um dies zu vermeiden, muß die Zeitverzögerung kürzer als 8 µs gewählt werden, wenn der Timer ohne *Prescaler* arbeitet.

d) Programmskizze:

1) Die Werte für die Schwingungsdauern von Start- und Endfrequenz werden in Pufferregistern als Vielfaches der gewünschten Zähltaktdauer (1 µs oder 8 µs, *Prescaler* aus- bzw. eingeschaltet) abgelegt.

2) Der Timer wird mit dem Wert CR = $C3 (*Prescaler* ein) bzw. CR = $C2 (*Prescaler* aus) programmiert – abhängig von dem gewünschten Frequenzbereich; dadurch werden der Ausgang OUT und die Int errupterzeugung aktiviert und periodische Rechteckschwingungen im 16-bit-Modus m it dem internen Zähltakt ausgegeben.

3) Der Startwert wird in das Register LATCH geschrieben und dadurch der Timer initialisiert.

4) Nach einer bestim mten Anzahl von Aufrufen der Interruptroutine zum Tim er wird der Wert im Register LATCH um 1 erhöht; die vorgegebene Anzahl der Aufrufe muß gerade sein, u m jeweils Vollschwingungen des Ausgangssignals OUT zu berücksichtigen.

5) Nach Erreichen des W ertes der Endfrequenz wird der W ert im LATCH-Register – analog zu 4. – erniedrigt, bis wiederum der Startwert erreicht wird.

e) Hier muß der *Strobe*-Modus (mit Software-Triggerung) und aktiviertem Interrupt gewählt werden. Der Ausgang m uß nicht aktiviert sein, da der Tim er den Alarm über seinen Interruptausgang zur CPU melden kann. Also ergibt sich für das Steuerregister die Belegung:

$$CR = 0111\ 0010_2 = \$72,\ \text{Dauer: } 1\ \text{ms} = (AW + 1) \cdot 1\ \mu s \Rightarrow AW = 999 = \$03E7.$$

Zu Aufgabe 110: Timer (Impulslängen-Messung)   (II.3.3)

a) Das Steuerwort $1E = 0001\ 1110_2 definiert die folgenden Betriebszustände:

Bit 7:	0	Ausgang OUT abgeschaltet,
Bit 6:	0	Interrupts gesperrt *(Interrupt disabled)*,
Bits 5 – 3:	011	Pulsbreitenvergleich mit Interrupt, falls Zählzyklus > Pulsbreite,
Bit 2:	0	16-bit-Zählmodus,
Bit 1:	1	interner 1-MHz-Zähltakt,
Bit 0:	0	1:8-Frequenzteiler nicht aktiviert.

Der Timer mißt also die Länge des Im pulses am Gate-Eingang. Der Zähler wird dazu durch die positive Flanke des Impulses mit dem Anfangswert $FFFF gestartet und mit der negativen Flanke gestoppt.

Die im Bild vorgegebene Im pulslänge ist 16,384 m s = 16.384 µs = $4000 µs und entspricht damit $4000 Periodendauern des internen 1-MHz-Zähltaktes. Nach diesen Zähltakten steht der Zähler auf dem Wert $FFFF − $4000 = $BFFF.

b) Der Prozessor „rechnet":

Anfangswert − Endwert = $FFFF − $BFFF = $4000 Periodendauern

Das entspricht einer Zeit von 16.384 µs = 16,384 ms.

c) Es muß das Steuerwort $76 eingetragen werden:

Bit 7:	1	Ausgang OUT eingeschaltet,
Bit 6:	0	Interrupts gesperrt *(Interrupt disabled)*,
Bits 5 − 3:	110	Strobe-Modus mit Software-Triggerung,
Bit 2:	1	16-bit-Zählmodus,
Bit 1:	1	interner 1-MHz-Zähltakt,
Bit 0:	0	1:8-Frequenzteiler nicht aktiviert.

Ins Auffangregister m uß der W ert $4000 eingetragen werden, d.h. der Zählzyklus dauert $4001 Takte. Der *Strobe*-Impuls wird nach $4000 = 16.384 Takten während des Zählerstandes $0000 ausgegeben.

d) Das Auffangregister muß in beiden Fällen m it dem Wert $FFFF geladen werden. Es m uß das (binäre) Steuerwort 1000 0x01$_2$ ins Steuerregister eingetragen werden, durch das Interrupts deaktiviert, der Ausgang OUT f reigegeben, der periodische Zählm odus m it Software-Triggerung gewählt sowie der 1:8-Frequenzteiler aktiviert werden. Durch Bit 1 = 0 wird der langsamere externe 0,2-MHz-Takt ausgewählt.

Der Wert x bestimmt den Zählmodus:

- x = 0: 16-bit-Zählmodus, Steuerwort: $81
  max. Zählzyklus (inkl. Nullzustand): $FFFF + 1 = $10000
  Periodendauer: $65.536 \cdot 8 \cdot 5$ µs = 2,621 s
- x = 1: 2×8-bit-Zählmodus, Steuerwort: $4B
  max. Zählzyklus: ($FF + 1) · ($FF + 1) = $10000
  (gleiche) Periodendauer: $65.536 \cdot 8 \cdot 5$ µs = 2,621 s

e) Es muß der Monoflop-Betrieb m it Software-Triggerung gewählt werden. Der 1:8-Frequenzteiler muß aktiviert sein, um eine Im pulslänge IL von 1024 µs (256 · 8 Taktperioden) zu erreichen. Die Impulslänge wird durch den Anfangswert des LSB-Zählers m it $(AW_{LSB} + 1)$ vorgegeben. Aus der geforderten Im pulslänge ergibt sich:

$$\text{Aus } IL = (AW_{LSB} + 1) \cdot 8 \text{ µs} = 1.024 \text{ µs} \quad \Rightarrow \quad AW_{LSB} = 127 = \$7F.$$

Für die Gesamtlänge des Zählzyklus erhält man:

Länge = $(AW_{MSB} + 1) \cdot (AW_{LSB} + 1)$,

wobei AW_{MSB} den Anfangswert des höherwertigen Zählers bezeichnet. Damit das geforderte Rechtecksignal mit gleicher Impulslänge und -Pause entsteht, muß die Zählzykluslänge doppelt so lang sein wie die Impulsdauer. Daraus folgt: $AW_{MSB} = 1$. Also muß das Auffangregister mit dem Wert \$017F geladen werden. Für das Steuerwort ergibt sich daraus der Wert: $CR = 1010\ 0111_2 = \$A7$.

Zu Aufgabe 111: Timer (Frequenzmessung)   (II.3.4)

a)

Bitfeld	bin. Wert	Bedeutung im aktuellen Fall
OE	0	Ausgang OUT deaktiviert
IE	1	Interrupt von Timer aktiviert
FIC	001	Frequenzvergleich mit Interrupt, falls Zählzy klus > Schwingung
CM	0	16-bit-Zählmodus
CL	1	interner 1-MHz-Zähltakt
PR	1	1:8-Freqenzteiler aktiviert

CR = \$4B, LATCH = \$FFFF = 65.535

b)

Frequenz	Interrupt	Zählerwert	berechnete Schwingungsdauer
1000 Hz	ja	FF82	1 ms
100 Hz	ja	FB1D	10 ms
10 Hz	ja	CF2B	100 ms
1 Hz	nein	-----	-----
0.1 Hz	nein	-----	-----
1,907 Hz	ja	0000	524 ms

c) $N = (AW - Zählerwert) \cdot 8 \Rightarrow Zählerwert = AW - N/8$

T in Zähler-Taktperioden:

$T = (AW - Zählerwert) \cdot 8\ \mu s = (AW - Zählerwert) \cdot 0,008\ ms$

d) Spätestens nach $N = 65.535 \cdot 8 = 524.280$ Taktperioden muß die zweite negative Flanke des Signals erscheinen. Für diesen Wert ist der Zähler des Timers auf den Wert \$0000 heruntergezählt worden. Daraus folgt:

LATCH = \$FFFF, T = 524,28 ms, f = 1,907 Hz

Zu Aufgabe 112: Timer (Impulserzeugung)   (II.3.4)

a) i. $CR = 1100\ 0011_2 = \$C3$,

  LATCH $= \$4000 = 16.384$ mit 1:8-Vorteiler

  Berechnung: 128 ms $= 128.000$ µs $= 8 \cdot 16.000$ µs

  $\approx 8 \cdot 16.384$ µs $= 8 \cdot \$4000$ µs

  Betriebsmodus: periodischer Zählbetrieb (mit oder ohne ISL)

  Zählmodus: 16-bit-Modus

 ii. $CR = 1100\ 0110_2 = \$C6$

  LATCH $= \$090A = 2.314$

  Berechnung:

  Dauer einer Zählperiode: $(m+1) \cdot (k+1)\ T$ $T = 1$ µs

  Impulsdauer $kT \Rightarrow$ $k = 10,\ m = 9$ (Periode: $10 \cdot 11\ T = 110\ T$)

  Betriebsmodus: periodischer Zählbetrieb

  Zählmodus: 2   ×8-bit-Modus

b) $CR = 1100\ 0011_2 = \$C3$

  LATCH $= \$FFFF = 65.535$

  Berechnung mit $(1\ k = 2^{10})$:

  max. Zählzykluslänge: $64k \cdot 8$ µs $= 512k$ µs ≈ 512 ms

  Impulslänge: $64k$ µs ≈ 64 ms

  Betriebsmodus: zyklischer   Zählbetrieb

  Zählmodus: 16-bit-Modus

Das Verhältnis Im pulslänge/Zykluslänge = 1:8 ist durch Ein-/Ausschalten des Vorteiler-Bits mit jeder zweiten Taktflanke erreichbar.

Interruptroutine:

Nr.	Marke	Befehl	Bemerkung
1	INT	LDA CR	; Steuerwort lesen
2		EORA #$01	; Prescaler-Bit 0 toggeln (1:8 ⇔ 1:1)
3		STA CR	; Steuerwort ins Steuerregister
4		LDA SR	; Löschen des Interrupt-Flags
5		RTI	; Rücksprung ins unterbr. Programm

c) CR = $C2, FLAG = 0000 1111$_2$ = $0F,   LATCH = $63 = 99$_{10}$

In Zeile 6 der Interruptroutine wird der Ausgang OUT aktiviert, wenn das in Zeile 3 geladene Steuerwort $C2 übernommen wird, aber deaktiviert, wenn das Steuerwort $42 aus Zeile 5 benutzt wird. Die Auswahl trifft jeweils das aktuelle ins *Carry Flag* geschobene Bit der Speicherzelle FLAG.

Ausgabesignal:

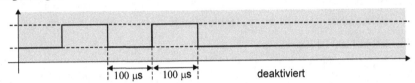

Zunächst ist im Steuerregister CR der Ausgang OUT aktiviert.   In der Interruptroutine wird nach vier N ulldurchgängen, also vier Flanken von OUT, der Ausgang OUT deaktiviert. Da der zyklische Zählbetrieb gewählt ist, werden zwei Schwingungen eines Rechtecksignals ausgegeben,   bevor das Ausgangssignal deaktiviert und dadurch nach Voraussetzung konstant auf L-Pegel geschaltet wird. Das Zählen der vier Flanken geschieht durch Rechtsschieben von FLAG, in d em vier ‚1'-Bits gespeichert sind. Die Untersuchung auf ‚0' oder   ‚1' wird im *Carry Flag* ausgeführt. Im puls und Pause der Schwingung sind ($63+1)   µs = 100 µs lang.

Zu Aufgabe 113: Parallelport (Ausgangsschaltung)   (II.3.5)

a) Der Zustand Q des Flipflops DR $_i$ muß auf den Eingang D $_i$ zurückgekoppelt werden, wenn:

- das Datenregister angesprochen wird, also $EN_{DR} = 1$ ist,
- ein Lesezugriff stattfindet, also R/W# = 1 ist,
- die Portleitung P_i als Ausgang geschaltet ist, also das Bit $DRR_i = 1$ ist.

Daraus ergibt sich die im Bild 74 dargestellte Beschaltung.

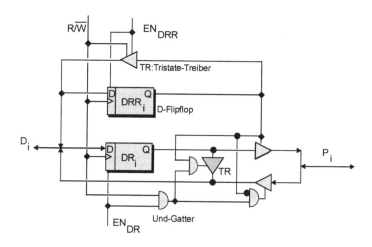

Bild 74: 1. Variante der Portbeschaltung

b) Bei der 2. Variante wird bei jedem Lesezugriff auf das Datenregister die Portlei-
tung P_i auf die Datenleitung D_i durchgeschaltet – unabhängig von der gewählten
Übertragungsrichtung der Portleitung. Deshalb entfällt hier die Verbindung des
Bits DRR_i zum Eingangstreiber. Im Bild 75 ist diese Realisierung gezeigt.

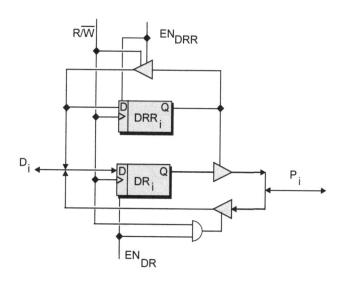

Bild 75: 2. Variante der Portbeschaltung

Zu Aufgabe 114: Parallelport (Zeitlicher Verlauf der Zugriffe)   (II.3.5)

Lesezugriff (s. Bild 76)

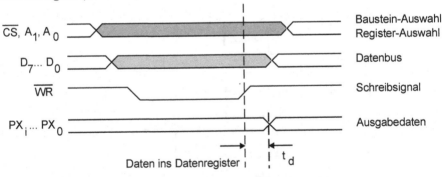

Bild 76: Zeitlicher Ablauf eines Lesezugriffs

Nachdem durch das CS-Signal der Baustein und   durch die Adreßsignale A_1, A_0 das Datenregister DR des Ports selektiert wurden, schaltet die   negative Flanke des RD-Signals die Portleitungen PX_i auf die Datenbusleitungen D_i. Mit der positiven Flanke des RD-Signals wird das Datum   in den Mikroprozessor übernom men. Dabei ist es sehr wohl m öglich, daß sich – anders als im   Bild dargestellt – der Zustand der Port-leitungen noch während des aktiven Zustands des RD-Signals (RD# = 0) ändert. Ver-langt wird lediglich, daß während der Zeitspanne t_{DS} *(Data Setup)* vor der positiven RD-Flanke das Datum stabil anliegt.

Schreibzugriff (s. Bild 77)

Bild 77: Zeitlicher Ablauf eines Schreibzugriffs

Nach der Anwahl des Bausteins und des Datenregisters DR durch die Signale CS#, A_1, A_0 legt der Prozessor die Daten auf den Datenbus D_i. Diese werden m it der posi-tiven Flanke des W R-Signals in das Regi ster DR übernom men. Mit einer kleinen Verzögerung t_d *(Delay)* erscheinen sie dann auf den Portleitungen PX_i.

Zu Aufgabe 115: Parallelport (Halbduplex-Übertragung)   (II.3.5)

Ein Zeitdiagram m der bidire ktionalen Übertragung ist im Bild 78 dargestellt. Der wichtigste Unterschied zum Bild II.3.5-7 besteht darin, daß di e acht Portleitungen PA_7, ..., PA_0 *(Peripheral Bus)* immer dann hochohmig geschaltet sind, wenn nicht gerade ein Datum übertragen wird. Die Steuerung der Tristate-Treiber wird vom Peripheriegerät übernommen: Einerseits legt es selbst ein Datum auf diesen Bus und triggert die Übernahme in den Eingabepuffer IB_A durch das Strobe-Signal STB#. Andererseits schaltet es m it seinem Quittungssignal Ack# die Treiber des 8255 durch und übernimmt die vom Prozessor im Datenregister DR_A abgelegte Inform ation. Durch die negative Flanke des Signals RD# wird, wie im Bild II.3.5-6 angedeutet, nur dasjenige Interrupt-Flipflop (FF) zurückgesetzt, das dem STB-Eingang zugeordnet ist.

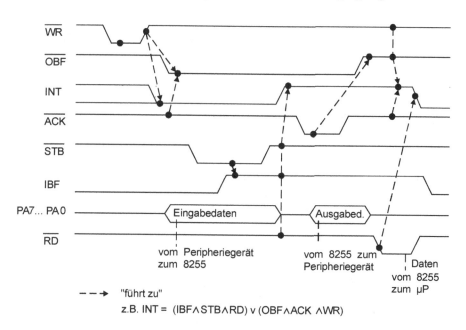

Bild 78: Zeitdiagramm der bidirektionalen Übertragung

Zu Aufgabe 116: Parallelport (Centronics-Schnittstelle)   (II.3.5)

Bei der angesprochenen Lösung bietet sich die folgende Zuordnung zwischen den Signalen des 8255 und der Centronics-Schnittstelle an:

$$PA0,...,PA7 \longleftrightarrow DATA1-8$$

$$\overline{OBF} \longleftrightarrow \overline{STROBE}$$

$$\overline{ACK} \longleftrightarrow \overline{ACKNLG} \ .$$

Dabei ergeben sich jedoch die nachstehenden Schwierigkeiten:

- Es gibt keinen freien 8255-Eingang für das BUSY-Signal.

- Die negative Flanke des OBF(-STROBE)-Signals kann mit dem Zeitpunkt zusammenfallen, zu dem die Daten auf den PA$_i$(-DATAi)-Leitungen stabil vorliegen. In diesem Fall wird die geforderte Zeitspanne ($\geq 0,5$ µs) zwischen diesen beiden Ereignissen nicht eingehalten.

- Das OBF-Signal wird erst durch die positive Flanke des ACK-Signals zurückgenommen. Bei der Centronics-Schnittstelle gibt das Peripheriegerät das Signal ACKNLG jedoch erst nach der positiven Flanke des STROBE-Signals aus.

Zu Aufgabe 117: Parallelport (Centronics-Schnittstelle)   (II.3.5)

a) Fünf Gründe, die den Drucker dazu veranlassen können, die BUSY-Leitung auf einen H-Pegel zu setzen:

- der Drucker ist mit der Datenausgabe beschäftigt,

- im Drucker ist ein Fehler aufgetreten,

- der Empfangspuffer des Druckers ist voll,

- der Drucker führt gerade einen RESET durch,

- der Drucker hat kein Papier mehr.

b) Nachdem der Rechner ein Byte auf die Datenleitungen gelegt hat, legt er die STROBE#-Leitung auf den L-Pegel und hält es in diesem Zustand, bis das Endgerät den erfolgreichem Empfang durch Aktivierung des Signals ACKNLG# quittiert hat.

c)

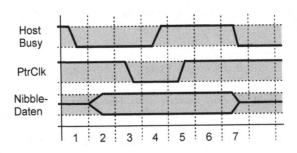

1. Der Computer setzt das HostBusy-Signal auf L-Pegel.

2. Das Peripheriegerät legt das niederwertige Nibbel auf die dafür vorgesehenen vier Meldeleitungen (Nibbel-Daten).

3. Nach einigen Mikrosekunden setzt das Peripheriegerät die PtrClk-Leitung auf L-Pegel.

4. Das Nibble wird nun vom Computer entgegengenommen. Dieser setzt nun das HostBusy-Signal wieder auf H-Pegel.

5. Das Peripheriegerät setzt das PtrClk-Signal wieder auf H-Pegel.

6. Durch das Zurücknehmen des HostBusy-Signals signalisiert der Computer seine Bereitschaft, diesen Vorgang mit dem höherwertigen Nibbel zu wiederholen.

7. Das Peripheriegerät darf nun die Nibble-Datenleitungen für die nächste Übertragung ändern.

Notwendigkeit von Schritt 5

Durch PtrClk# wird dem Computer angezeigt, daß ein neues Nibble bereitsteht. Um zu verhindern, daß der Computer sofort nach dem erneuten Rücksetzen von HostBusy (Schritt 6) die alten Daten erneut einliest, muß PtrClk# wieder auf H-Pegel gesetzt werden.

Möglichkeit eines Burst-Betriebs

Ein Burst-Betrieb ist nicht möglich, denn das oben beschriebene Protokoll verlangt ein Handshake-Verfahren nach jedem übertragenen Nibble. Aufgrund der im allgemeinen sehr unterschiedlichen Arbeitsgeschwindigkeiten von Computer und Peripheriegerät kann auf dieses Handshake nicht verzichtet werden.

Zu Aufgabe 118: Parallelport (Druckeranschluß)   (II.3.5)

a) Modus 0. Port PA: Ausgang; Port PB: Eingang; Port PC_L: Ausgang.

b) Das Flußdiagramm ist im Bild 79 dargestellt. Das Unterprogramm beginnt mit der Ermittlung des Gerätestatus und stellt dabei fest, ob ein „Papier Ende"-Fehler oder ein beliebiger „anderer Fehler" vorliegt. Is t dies der Fall, wird das Programm sofort beendet.

Im anderen Fall wird das Zeichen in de n Port PA geschrieben. Es folgt die zeitgerechte Erzeugung des STROBE-Signals auf der Portleitung PC0.

Nach der geforderten Zeitverzögerung von wenigstens 0,5 µs, während der die Daten weiterhin stabil vorliegen müssen, wird das BUSY-Signal an der Portleitung PB1 überprüft. Spätestens nach einer Sekunde muß dieses Signal einen L-Pegel annehmen. Ist dies nicht der Fall, so veranlaßt die Zeitüberwachung einen Abbruch des Program ms. (Dabei kann eventuell wieder der Status des Gerätes über den Port PB erm ittelt und die genaue re Ursache für die Zeitüberschreitung ermittelt werden.)

Wird die vorgegebene Zeit nicht überschritten, so schließt das Programm mit der Abfrage des Signals ACKNLG# an der Portleitung PB0. Dieses Signal m uß zunächst den ‚0'-Zustand und danach wieder den ‚1'-Zustand einnehmen. Zur Beschleunigung der Übertragung kann der Mikroprozessor jedoch darauf verzichten, die Beendigung des Signals ACKNLG# abzuwarten. Diese   Möglichkeit ist im Bild gestrichelt gezeichnet.

Das angegebene Program m stellt die Übertragung eines einzelnen Zeichens dar. Die Sachlage ändert sich etwas, wenn – wie heute üblich – der Drucker über einen relativ großen Pufferspeicher (z.B. 32 Mbyte) verfügt. In diesem Fall sollte die Abfrage des Gerätezustandes vor   jedem Zeichentransfer entfallen und nur noch nach einer Zeitüberschreitung ausgeführt werden. Das BUSY-Signal   muß hier vom Drucker dazu benutzt werden, dem Mikroprozessor m itzuteilen, ob freier Pufferplatz zur Verfügung steht oder nicht.

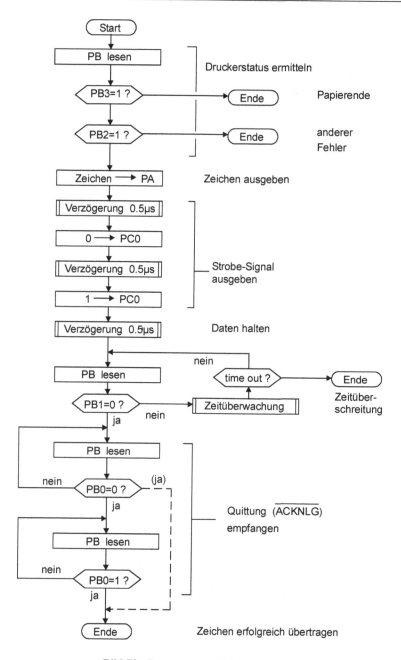

Bild 79: Programm zur Zeichenausgabe

Zu Aufgabe 119: Asynchrone serielle Schnittstelle   (II.3.6)

a) Aus den Vorgaben:

- 8 Datenbits, 1 Stopbit,
- 4800 baud, interner Empfängertakt

folgt: $CR = 0001\ 1100_2 = \$1C$

Die restlichen Vorgaben:

- kein Paritätsbit (PMC kann willkürlich auf PCM = 00 gesetzt werden),
- *"Receiver Echo Mode"* deaktiviert,
- Sender aktiviert, Sender-Interrupt aktiviert, Empfänger-Interrupt deaktiviert,
- DTR: „Prozessor will Daten austauschen"

ergeben: $IR = 0000\ 011_2 = \$07$

 b)

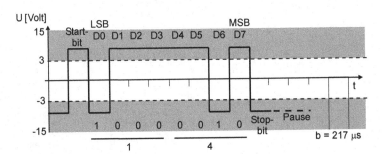

 c)

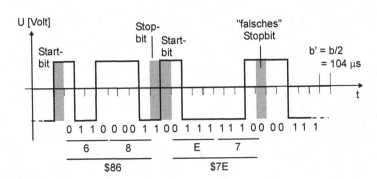

1. Zeichen: $Z1 = 1000\ 0110_2 = \$86$

Statusregister: $SR = 1001\ 1000_2 = \$98$

Kein Fehler, da Rahm en und Parität nicht verletzt, kein *Overrun* n. Voraussetzung.

2. Zeichen: $Z2 = 0111\ 1110_2 = \$7E$
Statusregister: $SR = 1001\ 1010_2 = \$9A$

Fehler: *Framing Error* (FE = 1), da nach letzten Datenbit ein Stopbit m it L-Pegel kommen müßte. (Parität nicht verletzt, kein *Overrun* nach Voraussetzung.)

Zu Aufgabe 120: Asynchrone serielle Schnittstelle   (II.3.6)

a) Anzahl der Bits pro Zeichen: 7
    Anzahl der Stopbits: 1
    Parität: (aktiviert/nicht aktiviert, Art):   aktiviert, gerade Parität
    Empfängertakt (extern/intern):   interner Takt
    Empfängerinterrupt (aktiviert/nicht aktiviert):   aktiviert
    "Receiver Echo Mode" (aktiviert/nicht aktiviert):   nicht aktiviert
    Sender (aktiviert/nicht aktiviert):   aktiviert
    Senderinterrupt (aktiviert/nicht aktiviert):   nicht aktiviert
    Baudrate: 4800

b) Volle Signalbezeichnung:

    Data Terminal Ready – „Daten-Endeinrichtung betriebsbereit"

    Abkürzung: DTR
    Bitzustand bei Initialisierung nach a):   1   (Bit 0 im Befehlsregister IR)
    Pegel auf der Signalleitung: H-Pegel;   12 V

c) Tragen Sie in das folgende Diagram m für die unter a) bestim mte Übertragungsart den Signalverlauf auf der V.24-Über tragungsleitung RxD für das ASCII-Zeichen ‚9' ($39) ein?

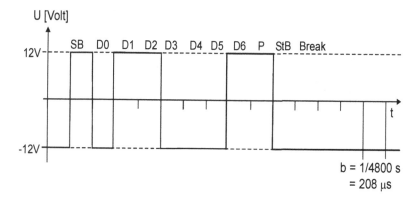

Kennzeichnen Sie alle Bits (SB: Startbit, Di: Datenbit i, P: Paritätsbit, StB: Stopbit). Zeichen Sie auch die Spannungspegel für den (gewählten) H- und L-Pegel, die Bitdauer b sowie das „Pausensignal" – beschriftet mit *"Break"* – bis zum nächsten übertragenen Zeichen ein.

d)

Bit	Bezeichnung	Wert	Bedeutung im gegebenen Fall
0	PE	1	Paritätsfehler liegt vor
1	FE	0	kein Rahmenfehler
2	OVRN	1	Überlauf, wenigstens ein Zeichen ging verloren
3	RDRF	1	ein Zeichen liegt im Empfangsregister
4	TDRE	1	ein Zeichen liegt im Senderegister
5	DCD#	0	Trägersignal erkannt
6	DSR#	0	Kommunikationspartner übertragungsbereit
7	IRQ	1	Unterbrechungsanforderung an CPU gestellt

Zu Aufgabe 121: Asynchrone serielle Schnittstelle   (II.3.6)

a) CR = 00111010_2 = \$3A

   IR = 01100101_2 = \$65

b) ‚K' = \$4B = 1001011_2, Paritätsbit: 0 (7-bit-ASCII-Code)

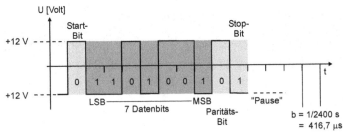

c)

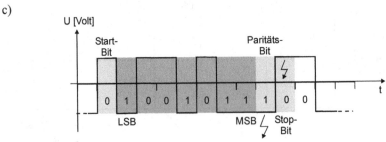

   SR = 10011011_2 = \$9B

Bit	Wert	Begründung
PE	1	*Parity Error*: Parität verletzt, ungerade Anzahl von 1-Bits
FE	1	*Framing Error*: Stop-Bit = 0 = H-Pegel, anstatt L-Pegel
OVRN	0	*Overrun Error*: laut Aufgabenstellung kein Überlauf
RDRF	1	Zeichen empfangen, lt. Aufgabe noch nicht von µP gelesen
TDRE	1	TDR laut Aufgabenstellung leer
DCD#	0	Zeichen wurde empfangen, also Empfänger eingeschaltet
DSR#	0	DTR = 1, da ACIA Daten empfängt $\Rightarrow$ DSR# = DTR# = 0
IRQ	1	Empfangsinterrupt-Anforderung aufgetreten, da RDR voll

Zu Aufgabe 122: Asynchrone serielle Schnittstelle   (II.3.6)

a) Übertragungsfrequenz: $f \approx 1/(0,1 \text{ ms}) = 10 \text{ kHz}$

„standardisierte" Baudrate: 9.600 bd = 9.600 bit/s

b)

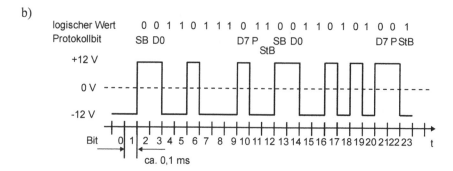

Bitslot 2 stellt in obiger Skizze das Startbit SB des 1. Zeichens dar, da es das erste Bit mit positiver Polarität ist..

Die Annahme eines 7-bit-Codes (Bits 3 – 9) verlangt in Bitslot 10 ein Paritätsbit, da erst Bitslot 11 – wegen der geforderten negativen Polarität – das (erste) Stopbit sein könnte. Das Paritätsbit 10 würde eine ungerade Parität berechnen. Bit 13 ist dann das zweite Startbit SB; das zweite Zeichen belegt die Bitslots 14 – 20. Das zugehörige Paritätsbit folgt in Bitslot 21, berechnet in diesem Fall aber eine gerade Parität. Dies ist ein Widerspruch zur vorausgesetzten Fehlerfreiheit der Übertragung.

c) $Z1 = 0111\ 0110_2 = \$76$ (Bitslots 10 – 3)

$Z2 = 0101\ 0110_2 = \$56$ (Bitslots 21 – 14)

d) Zwischen den Startbits SB beider Zeichen liegen 10 Bits. Das 1. Zeichen   umfaßt davon 8 Bits (Slot 3 – 10, s. Teilaufgabe c), Die Annahm e, daß Bit 11 das (erste Stopbit) ist, ist falsch, da dann auch Bit 22 das (erste) Stopbit des 2. Zeichens sein, also auf –12V liegen m üßte. Also si nd Bit 11 und 22 die Paritätsbits der übertragenen Zeichen. Da durch sie die Anzahl der ,1'-Bits in jedem Zeichen auf eine gerade Anzahl ergänzt wird, liegt gerade *(even)* Parität vor.

e) Anzahl der Stopbits pro Zeichen: 1, da nach d) jedes Zeichen aus 8 Datenbits und einem Paritätsbit besteht, zwischen den zwei Startbits aber nur 10 Bitslots liegen.

f) Übertragung von 8 Datenbits erfordert:

Startbit + 8 Datenbits + Paritätsbit + Stopbit = 11 Bits

Netto-Rate: $8/11 \cdot 9.600$ bd ≈ 6.982 bd

g) $IR = 0110\ 0101_2 = \$65$

$CR = 0001\ 1110_2 = \$1E$

Zu Aufgabe 123: Synchrone serielle Schnittstelle   (II.3.7)

a) Auflösen der Formel nach SCLKDIV liefert:

SCLKDIV = (Frequenz von CLKOUT)/(2 · Frequenz von SCLK) – 1.

b) i.   Frequenz von SCLK = 9.600 Hz[1]:

SCLKDIV = $0,5 \cdot 12.288.000/9.600 - 1 = 639 = 0x027F$

ii. Frequenz von SCLK = 2,048 MHz:

SCLKDIV = $0,5 \cdot 12,288/2,048 - 1 = 2 = 0x0002$

c) Auflösung der Formel nach RFSDIV liefert für die vorgegebenen Werte:

RFSDIV = (Frequenz von SCLK) / (Frequenz von RFS) – 1
$= 2.048/8 - 1 = 255 = 0x00FF$

Zu Aufgabe 124: Digital/Analog-Wandlung   (II.3.8)

$U_{DA,max} = U_{DA}(2^n - 1) = (2^n - 1) \cdot (U_{max} - U_{min})/2^n + U_{min} = U_{max} - LSB$

U_{max} entspricht 2^n.

---

[1] 0x.... ist die von der Firma Analog Devices benutzte Kennzeichnung hexadezimaler Zahlen.

Zu Aufgabe 125: D/A-Wandlung und PWM-Signal   (II. 3.8)

a) $U_{DA} (\$A0) = [\$A0 \cdot 5V + (\$100 - \$A0) \cdot 0\ V]/256 = 160 \cdot 5/256\ V = 3{,}125\ V$

b) Die Schaltung zur Erzeugung des PWM-Signals ist in Bild 80 dargestellt.

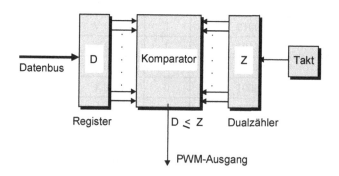

Bild 80: Schaltung zur Erzeugung des PWM-Signals

Der Digitalwert D wird in ein Register eingeschrieben. Ein Komparator vergleicht ihn kontinuierlich mit dem Zustand Z eines frei um laufenden Dualzählers. Die Umlaufdauer dieses Zählers be stimmt die Schwingungsdauer T_S des Ausgangssignals. Der Ausgang „D ≤ Z" des Kom parators ist im mer dann im ‚1'-Zustand, wenn der Zähler den Wert D noch nicht erreicht hat, und danach bis zum Ende des Zyklus im ‚0'-Zustand.

c) $T_I = 1/(10\ \text{MHz}) = 0{,}1\ \mu s = 100\ \text{ns}$,

$T_S = 2^n \cdot T_I = 256 \cdot 0{,}1\ \mu s = 25{,}6\ \mu s$,

$T_P = \$A0 \cdot T_I = 160 \cdot 0{,}1\ \mu s = 16\ \mu s$.

Maximale Wandlungsrate: $1/(25{,}6\ \mu s) = 39{,}0625\ \text{kHz}$.

Zu Aufgabe 126: D/A-Wandler (II.3.9)

a) $U_{LSB} = 3{,}2/2^4 = 0{,}2$ Volt

b)

Wert	B6,B5,B4,B3,B2,B1,B0	Kanal	Wert (Volt)	Fehler (ja/nein)
$52	101 0010	1	2,0 V	nein
$0D	000 1101	2	0,2 V	nein
$2D	010 1101	2	1,0 V	ja
$51	101 0001	0	2,0 V	nein
$7A	111 1010	1	3,0 V	nein

c)

Baudrate	Anzahl der Kanäle
2400	0
4800	1
9600	2
19200	4
38400	4

Zu Aufgabe 127: Systembus-Controller (II.4.3)

$BG = 0010_2 = 2$

$AR = 1010\ 0110\ 0000\ 0010_2 = \$A602$

Adreßbereich des Speichers: $A600 – $B5FF

Bustyp: kein Adreß/Daten-Multiplexbetrieb mit 16-bit-Adreßbus A15, ..., A0 und gemultiplextem 8-bit-Datenbus D7, ..., D0.

$SR = 0000\ 0000\ 1111\ 1100_2 = \$00FC$

Zu Aufgabe 128: Virtuelle Speicherverwaltung (II.4.3)

a) Aus der Länge der Seitennummer von 10 bit $\Rightarrow 2^{10} = 1.024$ Seiten.
   Die Seiten können sich nicht überlappen, da die physikalische Adresse jeder Speicherzelle auf eindeutige Weise aus Seitennummer und Offset gebildet wird.

b) Durch die beiden oberen Bits der virtuellen Adresse ('10' = 2) wird DPP2 selektiert. Die Konkatenation aus den unteren 10 Bits von DPP2 und dem Offset $3400
   ergibt binär:

<u>00 0000 1111</u> <u>11 0100 0000 0000</u> = 0000 0011 1111 0100 0000 0000 = $03F400
DPP2   Offset

Zerlegung der binären Adresse ergibt:

$A7CE38 = <u>1010 0111 11</u> / <u>00 1110 0011 1000</u>
                    DPP3   Offset

Damit ergibt sich: DPP3 = 0000 00<u>10 1001 1111</u> = $029F
Virtuelle Adresse: 11 <u>00 1110 0011 1000</u> = $CE38

Zu Aufgabe 129: JTAG-Test   (II.4.3)

a)

	A	B
	1 2 3 4 5 6 7 8	1 2 3 4 5 6 7 8
T_{ein}	X X 1 0 0 1 0 0 1 0 X X	X X 0 0 0 0 0 1 1 1 X X ....
T_{aus}	X X 1 1 0 1 0 0 1 1 X X	X X 0 1 0 0 0 1 0 1 X X ....

b)

- Es liegt ein Kurzschluß gegen Masse in der Verbindung A1 → B6 vor, da eine Änderung des Ausgangspegels an A1 stets als ‚0' an B6 gelesen wird.

- Es liegt ein Kurzschluß gegen +U $_B$ in der Verbindung B3 → B7 vor, da eine Änderung des Ausgangspegels an B3 stets als ‚1' an B7 gelesen wird.

- Die Verbindung vom Punkt P → A5 muß unterbrochen sein, da

  - A3 → B5 (über P) keinen Fehler aufweist,

  - an A5 jedoch stets eine ‚1' anliegt.

c) Wenn weitere Fehler ausgeschlossen werd en können (z.B. ein Kurzschluß zu einer weiteren Leiterbahn), reicht es, zwei Testmuster einzugeben, die sich jeweils im Zust and der Ausgänge A7 und B1 unterscheiden. Nach Voraussetzung setzt sich dann der Ausgang A7 durch und erzeugt in B6 ein falsches Testergebnis, das nicht vom Ausgang B1 erzeugt wurde. Dies ist im folgenden Bild skizziert, wobei die Zustände aller anderen Ein-/Ausgänge irrelevant sind.

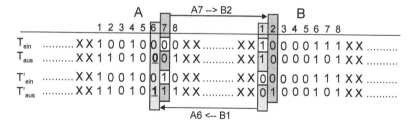

IV.3 Antworten auf die Ja/Nein-Fragen

Sind die folgenden Aussagen richtig oder nicht?	ja/nein

1. Bei einem **mikroprogrammierten Mikroproz essor** kann der Anwender den Befehlssatz s elbst ändern und so seinen Anforderungen anpassen.

   nein

   Dies ist nur bei den mikroprogrammier baren Prozessoren der Fall. Der Befehlssatz von mikroprogrammierten Prozessoren wird vom Hersteller festgelegt.

2. Die **Arbeitsgeschwindigkeit** m oderner Prozessoren wird nur durch die Schaltgeschwindigkeit der verwendeten Transistoren begrenzt.

   nein

   Bei den modernen Prozessoren wird die Arbeitsgeschwindigkeit wesentlich durch die Laufzeit der Signale auf den Verbindungsleitungen zwischen den Transistoren beschränkt.

3. Unter dem Begriff **Mikroprogramm** versteht m an jedes Maschinenprogramm, das von einem Mikroprozessor ausgeführt werden kann.

   nein

   Der Begriff „Mikroprogramm" bezeichnet Abfolgen von elementaren Steuerwörtern (Mikrobefehlen), durch die die Maschinenbefehle eines mi kroprogrammierten Prozessors ausgeführt werden. Mikroprogramme sind in ei nem Festwertspeicher (Control Store) auf dem Prozessor-Chip abgelegt und können i.d.R. vom Benutzer nicht geändert werden.

4. Der Arbeitsspeicher eines Mikrorechner-System s wird auch als **Mikroprogramm-Speicher** bezeichnet.

   nein

   Ein Mikroprogrammspeicher enthält die Mikroprogramme zur Realisierung der Maschinenbefehle.

5. Eine Unterbrechungsanforderung, die durch die Bearbeitung eines ungültigen Befehlscode auftritt, heißt **Software-Interrupt**.

   nein

   *Unterbrechungsanforderungen, die aus der Abarbeitung von Befehlen entstehen, heißen **Traps**. Software-Interrupts hingegen werden durch spezielle (gültige) Befehlscodes erzeugt.*

Sind die folgenden Aussagen richtig oder nicht?	**ja/nein**

6. Die Abkürzung **MMX** *(Multimedia Extension)* steht für die Erweiterung eines Personal Computers um Einheiten zur Ausgabe von Graphiken, Musik und Geräuschen (Graphikkarten, Soundkarten) usw.   **nein**

MMX bezeichnet die Erweiterung des Befehlssatzes um Befehle zur parallelen Ausführung von Integer-Operationen auf Datenvektoren.

7. Ein **Registersatz** unterscheidet sich von einem kleinen Schreib-Lesespeicher (RAM) nur dadurch, daß er mit auf dem Prozessorchip integriert ist.   **nein**

Viele Sonderfunktionen möglich: Rücksetzen, Mehrfachzugriff, Zählen, gleichzeitiger Schreib-/Lesezugriff, automatische Modifikation etc.

8. Ein **synchroner Systembus** verlangt von allen angeschlossenen Komponenten die Einhaltung derselben strengen Anforderungen an ihre Zugriffsgeschwindigkeit.   **nein**

Vgl. das READY-Signal im Abschnitt I.2.1

9. Auf einem **synchronen Systembus** wird mit jedem Taktimpuls genau ein Datum übertragen.   **nein**

Bei der DDR-Technik (Double Data Rate) wird z.B. mit jeder Taktflanke ein Datum, mit jedem Taktimpuls also zwei Daten übertragen.

10. Unter einem *Strobe* versteht man ein Triggersignal, das nach dem Eintreten eines Ereignisses nur für einen einzigen odere wenige Taktzyklen seinen Signalpegel ändert.   **ja**

11. Gleitpunktzahlen nach dem IEEE-754-Standard werden stets durch **Abschneiden** *(Truncation)* niederwertiger Bits gerundet.   **nein**

Der Standard unterscheidet 4 verschiedene Rundungsmöglichkeiten, z.B. auch zur nächstgelegenen darstellbaren Zahl.

12. Die **Assemblerbefehle** „logisches Linksschieben" und „arithmetisches Linksschieben" (LSL bzw. ASL) können in denselben Maschinenbefehl übersetzt werden.   **ja**

Beide Befehle bewirken dieselbe Operation des Rechenwerks.

13. Bei der **indirekten Adressierung** zeigt die im Befehl spezifizierte Adresse nicht unmittelbar auf den Operanden selbst, sondern auf ein Speicherwort, in dem die eigentliche Operandenadresse zu finden ist. *richtig, vgl. Abschnitt I.3.3.*   **ja**

Sind die folgenden Aussagen richtig oder nicht?	ja/nein

14. Der Controller eines Cache-Speichers wird auch als **Speicherver-waltungseinheit** bezeichnet.

nein

Die Speicherverwaltungseinheit übernimmt die Adreß-Umsetzung bei der virtuellen Speicherverwaltung.

15. Die beiden Begriffe **Datenkohärenz** und **Datenkonsistenz** für einen Cache-Speicher werden stets synonym verwendet, d.h. sie haben dieselbe Bedeutung.

nein

Die Forderung der Datenkonsistenz ist stärker, da sie verlangt, daß der Wert eines Datums in allen Speichern stets gleich ist. Die Datenkohärenz verlangt nur, daß bei einem Datenzugriff immer der neueste Wert gelesen wird.

16. In einem *N-Way Set Associative Cache* wird der Eintrag zur Aufnahme eines neuen Datum s eindeutig durch das **Indexfeld** in seiner Speicheradresse bestimmt.

nein

Für jeden Eintrag stehen n Pl ätze zur Verfügung, die assoziativ verwaltet werden.

17. Beim **LRU-Verfahren** *(Least Recently Used)* kann u.U. auch das zuletzt eingelagerte Datum als erstes wieder verdrängt werden.

ja

Dies geschieht z.B. dann, wenn auf das zuletzt eingelagerte Datum nicht mehr, auf alle anderen Dat en im Cache jedoch wiederholt zugegriffen wird.

18. In einem *Direct Map ped Cache* werden die Daten im mer unter eindeutigen Speicheradressen abgelegt.

ja

Die eindeutige Adresse jedes Datums wird durch den Index gege-ben, also durch eine feste Anzahl von Adreßbits der Datenadresse.

19. Unter *Hardware Int erlocking* versteht m an eine Maßnahm e, den Systembus gegen unerlaubte Zugriffe von externen Rechnerkomponenten zu sperren.

nein

Hardware Interlocking ist eine Maßnahme zur Behandlung von Pipeline-Hemmnissen, bei der die Pipeline solange angehalten wird, bis der Konflikt aufgelöst ist.

20. Nur RISC-Prozessoren arbeiten Befehle in einer oder m ehreren **Pipeline(s)** ab.

nein

Alle modernen universellen Mikroprozessoren arbeiten die Befehle in Pipelines ab, unabhängig ob es sich um RISC-, CI SC oder hy-bride Prozessoren handelt. Beispiele sind der Motorola MC68040, der Pentium und der PowerPC.

Sind die folgenden Aussagen richtig oder nicht?	ja/nein

21. Für die **Ausführung eines Maschi nenbefehls** benötigt jeder Mikroprozessor im Mittel wenigstens einen Taktzyklus.

    Superskalare Prozessoren können im Mittel mehrere Befehle pro Taktzyklus beginnen und beenden.

    nein

22. Bei einem **superskalaren** Mikroprozessor m it Super-skalaritäts-grad n werden in jedem Takt im mer n Befehle gleichzeitig in die Pipelines eingespeist.

    Der Superskalaritätsgrad gibt ledi glich die maximale Anzahl von Befehlen an, die in ei nem Takt eingespeist werden können. Sehr häufig stehen jedoch nicht immer genügend parallelisierbare Befehle zur Verfügung, so daß in vi elen Taktzyklen weniger als n Befehle gestartet werden.

    nein

23. Unter der **Speicherabbildungsfunktion** der virtuellen Speicherverwaltung versteht m an die Berechnung der physikalischen Speicheradresse aus der logischen/virtuellen Adresse durch die Speicherverwaltungseinheit. *Vgl. Abschnitt I.5.2.*

    ja

24. Der ***Translation Lookaside Buffer*** ist ein kleiner Cache zur Unterstützung der Speicherverwaltungsei nheit bei der Um setzung virtueller in physikalische Adressen. *Vgl. Abschnitt I.5.4.*

    ja

25. Digitale Signalprozessoren besitzen typischerweise eine **Harvard-Architektur.**

    Richtig, da sie für die schnelle Reihenberechnung in jedem Takt einen Befehl und (wenigstens) einen Operanden lesen müssen.

    ja

26. **Digitale Signalproz essoren** verfügen oft über m ehrere schnelle Parallelports, über die sie mit anderen Digitalen Signalprozessoren kommunizieren können.

    Die sog. Link Ports mit typ. 8 bit Breite erlauben Übertragungsraten zw. DSPs, die von der Taktfrequenz der Prozessoren abhängen. Beispiele: Analog Devices SHARC, Texas Instruments: TMS320C40/44.

    ja

27. Neben der Multiplikation spielt die möglichst schnelle Ausführung der **Division** bei Digitalen Signalprozessoren eine wichtige Rolle.

    Die Division spielt bei der digitalen Signalverarbeitung nur eine sehr untergeordnete Rolle, da die häufig auftretende Division durch konstante Größen durch die Multiplikation mit den Reziprokwerten ersetzt wird.

    nein

Sind die folgenden Aussagen richtig oder nicht?	ja/nein

28. Eine Speicherverwaltungseinheit wird auch als **MAC** *(Memory Access Control)* bezeichnet.

    nein

MAC steht für Multiplier/Accumulator; die Speicherverwaltungseinheit heißt MMU (Memory Management Unit).

29. Der **PCI-Bus** ist ein synchroner Multiplexbus, der größere Datenmengen in Blöcken *(Bursts)* übertragen kann.

    ja

Der PCI-Bus ist getaktet und überträgt Adressen und Daten im Burstbetrieb über dieselben Leitungen.

30. In jedem **Flash-Speicherbaustein** können alle Zellen nur gem einsam gelöscht werden.

    nein

Falsch. Viele Bausteine sind in mehrere Speicherblöcke unterteilt, die jeweils für sich gelöscht werden können.

31. In einem **statischen Schreib-/Lese-Speicherbaustein** bleiben die Daten auch nach dem Abschalten der Betriebsspannung erhalten.

    nein

Statische Schreib-/Lesespeicher speichern die Information in Flip-Flopzellen und verlieren sie daher nach dem Abschalten der Betriebsspannung.

32. Die **Arbeitsgeschwindigkeit** m oderner Mikroprozessoren stim mt in der Regel mit ihrer Zugriffsgeschwindigkeit auf den Arbeitsspeicher überein.

    nein

Die maximale Arbeitsgeschwindigkeit ist mit über 3 GHz wesentlich höher als die Zugriffsgeschwindigkeit mit typischerweise 100 – 200 MHz.

33. Die Begriffe **Speicherseite** und **Speicherbank** bedeuten dasselbe, werden also synonym gebraucht.

    nein

„Speicherseite" bezeichnet eine Zeile in der Speichermatrix eines Bausteins, „Speicherbank" hingegen einen weiteren Speicherbaustein (bzw. eine weitere Speichermatrix).

34. Der Zugriff auf **dynamische RAM-Bausteine** wird im mer im Handshakeverfahren, d.h. ohne den Einsatz eines Taktsignals durchgeführt.

    nein

Synchrone dynamische RAM-Bausteine, DDR-RAMs und RDRAMs sind getaktet.

Sind die folgenden Aussagen richtig oder nicht?	ja/nein

35. Für die Realisierung eines **DDR-RAMs** *(Double Data Rate)* muß die Zugriffsgeschwindigkeit auf seine Speicherzellen gegenüber konventionellen DRAM-Zellen verdoppelt werden.   **nein**

Die Zugriffsgeschwindigkeit bleibt gleich. Es wird nur doppelt so schnell auf die Register im Speicherbaustein zugegriffen, die mehr als ein Datum bereithalten.

36. Je größer ein (zusam menhängender) Speicherbereich ist, desto mehr Adreßsignale braucht ein **Adreßdecoder** für die Erzeugung eines Auswahlsignals für diesen Bereich (z.B. Chip Select-Signal).   **nein**

Je größer der Bereich, desto weniger Signale werden benötigt. Die Hälfte des Adreßbereichs kann z.B. durch ein einziges Adreßsignal selektiert werden.

37. Die Realisierung eines **Handshake-Verfahrens** zur Synchronisation der Datenübertragung setzt die Verwendung eines Taktsignals voraus.   **nein**

Nein, durch ein Handshake-Verfahren wird eine asynchrone Übertragung ohne Taktsignal verwirklicht.

38. Zur Realisierung eines **Handshake-Verfahrens** zur Synchronisation der Datenübertragung werden weni gstens zwei Signale benötigt.   **ja**

Es wird wenigstens ein Si gnal zur Anforderung (Request) einer Übertragung und eines zur Quittierung (Acknowledge) benötigt.

39. Die **Kaskadierung** m ehrerer Interrupt-Controller bezeichnet man auch als Daisy Chaining.   **nein**

Falsch: Beim Daisy Chaining werden die Interrupt-Controller in eine Kette hintereinander geschaltet. Eine Kaskade ist stets hierarchisch organisiert.

40. Die Aktivierung bzw. Deaktivierung der Tristate-Treiber zwischen einem lokalem Bus und dem System bus wird von sog. **DMA-Controllern** gesteuert.   **nein**

Falsch: Die für diese Aufgabe verantwortlichen Komponenten bezeichnet man als Bus-Arbiter.

41. Unter dem Begriff **DMA** *(Direct Memory Access)* versteht m an den direkten Zugriff des Prozessors auf den Arbeitsspeicher ohne den Umweg über den Cache.   **nein**

DMA bezeichnet den Transport von Daten vom/zum Arbeitsspeicher ohne Hilfe des Prozessors.

Sind die folgenden Aussagen richtig oder nicht?	ja/nein

42. Die m aximalen **Zählzykluslängen** eines 16-bit-Tim ers sind im
    2 ×8-bit- und 16-bit-Zählmodus gleich.

ja

*Die maximalen Zählzykluslängen ergeben sich in beiden Fällen
für den Anfangswert $FFFF.*

*Beim 16-bit-Modus beträgt sie $FFFF + 1 = 65536 Takte, beim
2x8-bit-Modus ($FF + 1) · ($FF + 1) = 256·256 = 65536 Takte.
Also sind beide Längen gleich.*

43. Das Ausgangssignal eines **Digital/Analog-Umsetzers** ist ein kon-
    tinuierliches Signal, das jeden beliebigen Wert im Ausgangsspan-
    nungsbereich annehmen kann.

nein

*Das Ausgangssignal ist ein diskretes analoges Signal, kann also
nur endlich viele Werte annehmen und weist „Treppenstufen" auf.*

44. **Mikrocontroller** mit 8-bit-Prozessorkern spielen heute keine we-
    sentliche Rolle mehr.

nein

*8-bit-Mikrocontroller sind in einfac hen Anwendung en, wie z.B. in
Chipkarten, noch in riesigen Stückzahlen im Einsatz.*

IV.4 Antworten auf die Ergänzungsfragen

1. Ein **8-bit-Indexregister IR** verfüge über die Möglichkeiten der automatischen Modifikation „autoinkrement/autodekrement" und Skalierung. W elcher W ert W wird zur Adreßberechnung verwendet, wenn IR = $1E, Skalierungsfaktor m = 8 und prädekrement mit n = 2 gewählt wird?

   W = ($1E − 2) · 8 = $E0 ($1C 3-mal linksschieben)

2. Das **IEEE-754-Format** zur B erechnung von Gleitpunkt zahlen unterscheidet sich hauptsächlich durch die beiden folgenden Eigenschaften von der „norm a-len" Darstellung von (binären) Gleitpunktzahlen durch Vorzeichen, Mantisse und Exponent:

   1. Anstelle des Exponenten wird die Charak teristik berechnet, die aus der Verschiebung des Exponenten in den positiven Zahlenbereich entsteht.

   2. Die höchstwertige ‚1' der Man tisse wird vor den Dezimalpunkt verschoben und nicht dargestellt

3. Die Verwaltung großer Registersätze in Form von **überlappenden Registerbänken** bietet insbesondere die folgenden beiden Vorteile:

   1. Für die Parameterübe rgabe zwis chen aufrufendem und aufgerufenem Programmteil müssen keine Registerinhalte transferiert werden

   2. Die Register in einer Bank können durch eine kurze relative Adresse selektiert werden

4. Nennen Sie wenigstens zwei wichtige Eigenschaften, die den Einsatz von **Mikrocontrollern** in kleinen, tragbaren Geräten unterstützen:

   1. kompakte Maße durch Integration vieler Komponenten auf dem Chip

   2. Stromsparmodi zur Verlängerung der Akku-/Batterie-Betriebsdauer

5. Geben Sie an, durch welche Teile einer Speicheradresse beim *Direct Mapped Cache* eine **Inhaltsadressierung** bzw. eine **Ortsadressierung** durchgeführt wird!

   Inhaltsadressierung: durch die höherwertigen Adreßbits, den Tag,

   Ortsadressierung: durch die mittleren Adreßbits, den Index.

6. Welche Funktionen besitzen die beiden folgenden Register eines Mikroprozessors? Befehlsregister und Befehlszähler

    Das Befehlsregister enthält stets den gerade in Ausführung befindlichen Befehl.

    Der Befehlszähler zeigt immer auf den nächsten zu ladenden Befehl bzw. Befehlsteil

7. *Traps* (im engeren Sinne) und *Faults* gehören zu den internen/externen *(Nichtzutreffendes streichen!)* Unterbrechungsanforderungen. Sie unterscheiden si ch dadurch, daß

    Traps i.d.R. zum Abbruch des Befehls führen,

    Faults durch eine Wiederholung der Operation behoben werden können.

8. Die Verwaltung eines großen **Registerspeichers** in disjunkten Registerbänken hat insbesondere die folgenden Vorteile gegenüber seiner Verwaltung als homogenen Registersatz:

    1. Es können im Befehl kurze relative Adressen verwendet werden,

    2. Zur Parameterübergabe zwischen Programmen ist kein physikalischer Transport von Registerinhalten nötig.

9. Mit **Output Compare** bezeichnet man eine Funktion eines *Zeitgeber-/Zähler-Bausteins,* durch d ie *am Ausgang des Bausteins Si gnalwechsel zu periodisch wiederkehrenden Zeitpunkten erzeugt werden.*

10. Der Begriff **PCI** steht für *Peripheral Component Interconnect* und beze ichnet *einen synchronen Peripheriebus.*

11. Nennen Sie jeweils einen Vor- und einen Nachteil von **dynamischen Speicherzellen** gegenüber statischen Speicherzellen:

    Vorteil: erheblich geringerer Platzbedarf $\Rightarrow$ höhere Integrationsdichte

    Nachteil: regelmäßiges Auffrischen erforderlich

12. **Verzweigungsbefehle** unterscheiden sich durch die beiden folge nden Eigenschaften von Sprungbefehlen:

    1. Ihre Ausführung wird von einer Bedingung abhängig gemacht.

    2. Das Verzweigungsziel wird relativ durch einen Offset zum Programmzähler angegeben.

13. Unter der **Superskalarität** eines Mikroprozessors versteht m an die Eigenschaft seines Steuerwerks *(im Idealfall) in jedem Takt die Ausführung von mehr als einem Befehl zu starten, wobei diese Befehle aus einem konventionellen Befehlsstrom, d.h. ohne besondere Unterstützung zur Parallelverarbeitung, genommen werden.*

14. Die (meisten) **Digitalen Signalprozessoren** verfügen über die beiden folgen-
    den speziellen Adressierungsarten zur Ausführung von Algorithmen der digi-
    talen Signalverarbeitung:

    *1. Ringpufferadressierung (modulo-Adressierung), bei der ein Speicherbereich
    zyklisch bearbeitet wird,*

    2. Adressierung mit Bitumkehr für die schnelle Fourier-Transformation (FFT).

15. Nennen Sie jeweils einen Vor- und einen Nachteil der **Festkomma-Zahlen-
    darstellung** gegenüber der **Gleitpunkt-Zahlendarstellung**:

    Vorteil: einfachere Rechenwerke

    *Nachteil: kleinerer darstellbarer Zahlenbereich
    (auch kleinerer Dynamik-Bereich, gegeben durch das Verhältnis von größ-
    ter positiver zu kleinster positiver darstellbaren Zahl)*

16. Der Begriff **PWM** steht für *Pulsweiten-Modulation* und bezeichnet ein Verfah-
    ren, bei dem *das digitale Ausgangssignal eine feste Schwingungsdauer hat und
    das Verhält nis zwischen Impu lsdauer und Schwingungsdauer proportional
    zum ausgegebenen Digitalwert ist.*

17. Nennen Sie wenigstens zwei ve rschiedene Maßnahmen, die im **CAN-Bus** zur
    Sicherung gegen Übertragungsfehler eingesetzt werden:

    *1. Prüfsummen (CRC) in den Paketen
    2. Fehlerzähler (Error Counter) für Sender und Empfänger*

18. Nennen Sie jeweils einen Vorteil und einen Nachteil eines **asynchronen Sy-
    stembusses** gegenüber einem synchronen Bus:

    *Vorteil: durch Verwendung des Handshake-Verfahrens unterschiedlich schnel-
    le Komponenten problemlos anschließbar,*

    *Nachteil: wegen interner Signal synchronisierung langsamer als synchrone
    Busse.*

19. Unter dem **Durchschreib-Verfahren mit** *Write Around* auf einen Cache ver-
    steht man *eine Cache-Verwaltung, bei der ei n „fehlgeschlagener" Schreibzu-
    griff (Write Miss) nur auf den Arbeitsspeicher durchgeführt wird.*

20. Ein **Übertragungsverfahren**, bei dem zusam menhängende Datenblöcke in
    gleichmäßigen Zeitabständen und mit gleichen Zeitdauern transferiert werden,
    wird als *isochrone* Übertragung bezeichnet. Sie kann z.B. im folgenden Bussy-
    stem eingesetzt werden: *FireWire (IEEE 1394) oder USB.*

21. Was versteht man unter *Busy Waiting*?

    *Beim aktiven Warten (Busy Waiting) führt der Prozessor eine Schleife aus, bei
    der er ausschließlich eine Abfrage des Statusregisters des Schnittstellenbau-
    steins durchführt.*

22. Erläutern Sie den Begriff *Fly-by-Transfer* für einen DMA-Controller.

    Beim sog. Fly-by-Transfer legt der DMA-Controller die Adresse des Operan-
    den an den Speicher. Gleichzeitig selektiert er die E/A-Schnittstelle, so daß das
    Datum nun direkt ohne de n Umweg über den DMA-Baustein zur Schnittstelle
    gelangen kann. Bei diesem Verfahren wird also nur ein einziger Buszugriff be-
    nötigt.

23. Erläutern Sie die Funktionsweise einer *Watch Dog*-Schaltung!

    Ein Timer wird derart programmiert, daß er beim Erreichen des Null-Wertes
    ein Strobe-Signal erzeugt. Dieses Signal wird bei einer Watch Dog-Schaltung
    zur Auslösung eines Alarms und ggf. weiterer Maßnahmen, z.B. einem   Neu-
    start des Systems, verwendet. Das überw achte System verhindert ein vorzeiti-
    ges Ablaufen des Timers durch   regelmäßige, zum Arbeitsablauf synchron
    ausgelöste Triggersignale, durch die der Timer wieder auf seinen Anfangswert
    zurückgesetzt wird. Bleiben diese Trigger-Signale aufgrund einer Fehlfunktion
    der überwachten Schaltung aus, läuft der Timer ab und löst den Alarm aus.

24. Unter der **speicherbezogenen Adressierung** von Peripheriebausteinen *(Me-*
    mory-mapped Addressing) versteht m an *die Einbettung der Register der Peri-*
    pheriebausteine im Speicher-Adreßraum des Prozessors,   d.h. ihre Selektion
    über „normale" Speicheradressen ohne spezielle Befehle.

25. Unter dem Begriff **Speicherabbildungsfunktion** versteht man *die Berechnung*
    von physikalischen Speicheradressen aus logischen/virtuellen Adressen. Dabei
    ist die Speichereinteilung in Segmente und/oder Seiten zu berücksichtigen.

26. Unter dem Begriff **Pipeline-Verarbeitung** versteht m an *die parallele gleich-*
    zeitige Verarbeitung mehrerer Befehle in überlappender Form, d.h. jeder Be-
    fehl durchläuft eine Kette von Verarbeitungsstufen,   und die Pipeline enthält
    gleichzeitig mehrere Befehle in den verschiedenen Stufen.

27. Unter einer **maskierbaren Unterbrechungsanforderung** versteht m an *eine*
    Unterbrechungsanforderung, deren Ausführung vom Zustand eines bestimmten
    Bits im Steuerregister (IE – Interrupt Enable Flag) abhängig ist. Nur wenn
    dieses Bit entsprechend gesetzt ist, wird die Unterbrechungsanforderung vom
    Prozessor akzeptiert.

28. Unter dem Begriff *Instruction Prefetching* versteht m an *das vorzeitige Ein-*
    lesen eines oder mehrerer Befehle in den Prozessor noch während der Abar-
    beitung des vorhergehenden Befehls bzw. der vorhergehenden Befehle.

29. Unter dem **M.E.S.I.-Protokoll** bei Cache-Speichern versteht m an *ein standar-*
    disiertes Hardware-Protokoll zur Gewährleistung der   Cache-Kohärenz in
    Multiprozessor-Systemen, das für jeden Eintrag im Cache vier verschiedene
    Zustände unterscheidet.

30. Die wesentlichen Nachteile des   **Rückschreibverfahrens** gegenüber dem **Durchschreibverfahren** bestehen darin, daß *der Erhalt der Cache-Kohärenz schwieriger zu gewährleisten ist und mehr Aufwand für die Cache-Steuerung erfordert.*

31. Unter dem Verfahren des **verteilten Auffrischens** versteht man *die gleichmäßige Verteilung der Auffrischzyklen über ei n Auffrischintervall, so daß nach jeweils einer festen Zeit (15,6 μs) eine neue Speicherzeile aufgefrischt wird.*

32. **Digitale Signalprozessoren** sind Mikroprozessoren, die *für die schnelle Berechnung von Algorithmen der digitalen Signalverarbeitung optimiert sind* und dazu insbesondere über *über eine Harvard-Architektur und eine Multiplizier/ Akkumulier-Einheit* verfügen.

33. Der **Multiplexbus** hat gegenüber dem nicht **gemultiplexten Bus** den

    Vorteil: weniger Leitungen und Anschlüsse zu benötigen,

    Nachteil: langsamer zu sein, da Adressen und Daten nacheinander übertragen werden und dazwischen Umschaltzeiten eingefügt werden müssen.

34. Das **Hardware Interlocking** einer Pipeline hat gegenüber einem **Bypass** den

    Vorteil: einer einfachen Steuerung und universellen Einsatzmöglichkeiten bei Pipeline-Hemmnissen.

    Nachteil: einer zusätzlichen Verzögerung der Befehlsbearbeitung bei Pipeline-Hemmnissen.

35. Ein **vollassoziativer Cache** hat gegenüber einem *Direct Mapped Cache* den

    Vorteil, daß Daten an beliebigen Stellen im Cache eingelagert werden können,

    Nachteil, daß der Komparator zum Adreß-Vergleich viel komplexer sein muß.

36. Der Anschluß eines Druckers über die **V.24-Schnittstelle** hat gegenüber dem Anschluß über die **Centronics-Schnittstelle** den

    Vorteil: mit 3 bis 5 Leitungen auszukommen und durch hohe Spannungspegel gegen Störungen unempfindlicher zu sein,

    Nachteil: einen hohen Protokoll-Overhead (Start-Stopp-Bits) zu haben u nd durch serielle Übertragung langsamer zu sein.

37. Unter einem *Floating Gate* versteht man *die Elektrode (Gate) eines MOS-Transistors, die ohne Kontakt zur   „Außenwelt" vollständig im Isolator des Transistors eingeschlossen ist.*

    Man findet es z.B. in der folgenden Schaltung: *EPROM-Speicherzelle*

38. Unter d em **Auffrischen** von dynam ischen Speicherbausteinen versteht m an *das in regelmäßigen zeitlichen Abstände n durchzuführende Baustein-interne Lesen und erneutes Rückschreiben der ge speicherten Information in ihre Speicherzellen.* Es wird ausgeführt, um *den Datenverlust durch Leckströme zu verhindern.*

39. Die **schnellste Form der Datenübert ragung** zwischen dem Hauptspeicher und einer Ein-/Ausgabe-Schnittstelle wird wird *Direkter Speicherzugriff (DMA) mit impliziter Adressierung (Implicit Address ing, Fly-by Transfer)* genannt und benötigt im Idealfall für jedes übertragene Datum *einen Buszyklus/Buszyklen.*

40. Ein wesentlicher Unterschied zwischen den **bitorientierten** bzw. **z eichenorientierten Protokollen** der synchronen seriellen Datenübertragung besteht darin, daß *bei den erst genannten nur die Position der Datenbits im Übertragungsrahmen über deren Bedeutung (Steuerinformation oder Daten) entscheidet, bei den letztgenannten diese Unterscheidung durch spezielle Steuerzeichen vorgenommen wird.*

41. Geben Sie an, wofür die Abkürzung **CPI** und **IPC** stehen und in welchem Verhältnis diese Größen zueinander stehen:

    CPI: Cycles per Instruction – mittlere Anzahl der Taktzyklen pro Befehl

    IPC: Instructions per Cycle – mittlere Anzahl der Befehle pro Taktzyklus

    Verhältnis: CPI = 1/IPC, d.h. beide Größen sind reziprok zueinander

42. Ein Speicherbaustein, der elektrisch in der Schaltung selbst gelöscht und programmiert werden kann, wird abkürzend als EEPROM-Baustein bezeichnet. Die Abkürzung steht für *Electrically Erasable and Programmable Read-Only Memory.*

43. Eine **CapCom-Schaltung** ist eine Erweiterung eines Tim er-Bausteins und wird zur Realisierung der beiden folgenden Funktionen eingesetzt:

    Output Compare – Ereignisgenerator

    Input Capture – Erfassung von Signalwechseln

44. Geben Sie für die **FIFO-** und **LRU-Ersetzungsstrategie** an, wofür die Abkürzungen stehen und welchen Eintrag sie ersetzen, wenn Platz für einen neuen Eintrag benötigt wird:

    FIFO (First-In, First-Out): Es wird der zuerst eingeschriebene Eintrag verdrängt.

    LRU (Least-Recently Used): Es wird der Eintrag verdrängt, auf den am weitesten zurückliegend zugegriffen wurde.

45. Der Vorgang, der zur Erhaltung der gespeicherten Inform ation in einem **dynamischen RAM** nötig ist, wird als *Auffrischen (Refresh)* bezeichnet und muß regelmäßig in Zeitintervallen m it einer Dauer von *2 ms* bis *64/128 ms* durchgeführt werden.

46. Wie werden die speziellen Rechenwerke eines **Digitalen Signalproz essors** (DSP) genannt, die die A uswahl der Operan den im Speicher zur Aufgabe haben?

Adreß-Rechenwerke (Address Generation Units)

Wie viele dieser Rechenwerke muß ein DSP wenigstens besitzen? (Begründung!)

Erforderliche Anzahl: 2, da in vielen DSV-Algorithmen in jedem Takt auf zwei Operanden zugegriffen werden muß.

Index